矿井排水技术与装备

刘志民　潘 越　张步勤　张伟元　刘永生　编著

北 京
冶 金 工 业 出 版 社
2020

内 容 提 要

本书对矿井排水技术与装备进行了系统、全面的介绍，内容主要包括：矿井排水的意义、特点、方式，以及矿井排水泵和排水技术的国内外研究现状与发展趋势；水泵房与水泵附属设备，离心式水泵的工作原理、分类、结构组成与基本理论；离心式水泵的运行、调节及测试；离心式水泵的选型设计；矿井排水设备电气装置；矿井排水设备的操作、维护、拆装与故障处理；矿井排水系统先进技术等。

本书可供矿山、机械设备行业的工程技术人员阅读，也可作为高等院校机械工程、采矿工程、安全工程等相关专业的教学用书，以及矿山企业技术人员的培训教材。

图书在版编目(CIP)数据

矿井排水技术与装备/刘志民等编著. —北京：冶金工业出版社，2020. 9

ISBN 978-7-5024-5662-7

Ⅰ. ①矿… Ⅱ. ①刘… Ⅲ. ①矿山排水 Ⅳ. ①TD74

中国版本图书馆 CIP 数据核字(2020)第 181766 号

出 版 人　苏长永

地　　址　北京市东城区嵩祝院北巷 39 号　邮编　100009　电话　(010)64027926

网　　址　www. cnmip. com. cn　电子信箱　yjcbs@ cnmip. com. cn

责任编辑　高　娜　美术编辑　郑小利　版式设计　禹　蕊

责任校对　郭惠兰　责任印制　李玉山

ISBN 978-7-5024-5662-7

冶金工业出版社出版发行；各地新华书店经销；三河市双峰印刷装订有限公司印刷

2020 年 9 月第 1 版，2020 年 9 月第 1 次印刷

169mm×239mm；16. 25 印张；316 千字；248 页

50. 00 元

冶金工业出版社　投稿电话　(010)64027932　投稿信箱　tougao@cnmip. com. cn

冶金工业出版社营销中心　电话　(010)64044283　传真　(010)64027893

冶金工业出版社天猫旗舰店　yjgycbs. tmall. com

(本书如有印装质量问题，本社营销中心负责退换)

前　言

矿井排水是伴随采矿工程而产生的一项附加系统工程，是保证矿井安全生产的关键环节。矿井排水技术涉及采矿、机械、自动化、电子、计算机、网络、通信等多学科知识领域。随着计算机技术、自动控制技术、传感检测技术、信息化技术的不断发展，矿井排水技术及其装备得到了长足发展。部分矿井开发研制的井下泵房无人值守系统，可以完全实现矿井排水自动化控制和地面远程监控，能够有效减少看护人员，降低工人劳动强度，延长水泵电机使用寿命，提高排水系统效率和排水能力，增强矿井排水系统的安全性和可靠性。目前，以矿山智能化建设为核心的各类研究、探索和尝试已成“燎原之势”，矿井排水技术正向高度集成、综合应用、预测预报、智能决策、智能控制的方向发展。

矿山智能化装备技术的不断发展，对高校培养高素质智能化矿山机械装备研发与制造的人才提出了越来越高的要求。然而在人才培养实施过程中，各类院校普遍面临的突出问题是教材内容陈旧、知识老化。想要有效解决这一问题，必须处理好教材的继承性与先进性、知识性与方法性、理论性与实践性的关系。因此，为满足矿山机械使用单位、生产厂家和高校相关专业学生的迫切需求，解决当前我国矿井排水技术及其装备书籍参考资料短缺问题，冀中能源峰峰集团有限责任公司和河北工程大学凭借多年的使用和研究经验联合撰写了本书。

本书在撰写中力图反映当前我国矿井排水的现状及新技术、新成果和发展趋势，突出理论与实际相结合、基础知识与实用技术相结合。全书共分9章，由刘志民、潘越、张步勤、张伟元、刘永生编著，冀中能源峰峰集团有限责任公司刘存玉、孟宪营、孟庆华、王晏军、牛清海、冀庆亚、董洪斌、徐昌盛、王玖鹏、闫文常、张彦亮、曹晓辉、朱剑、李振峰、杜乃杰、郑石良、赵红霞和河北工程大学研究生刘洋、张凯、左光宇、张朋飞、李冰、江北也参与了主要章节的编写工作。河北工程大学刘志民和潘越负责全书的统稿和校核。刘存玉对全书进行了认真、仔细的审阅。

在本书的编写过程中，得到了矿用离心式水泵及配套设备生产企业、使用单位的大力支持和帮助，并参考了诸多国内外学者和专家的有关文献，在此一并深表感谢！

由于编者水平和客观条件所限，书中难免有疏忽和不妥之处，恳请有关专家和广大读者批评指正。

作　者

2020年5月

目　录

1 概 述

1.1 矿井排水系统

1.1.1 矿井排水的意义和特点

1.1.1.1 矿井排水的意义

矿井排水系统是矿山井下必不可少的、主要的生产系统之一，其作用是将地下开采过程中涌出的矿井水及时、安全可靠、经济合理地排至地面，确保矿山井下作业人员的生命安全和矿井安全生产。如果矿井排水系统不能正常发挥作用或存在安全隐患，轻则会影响矿井正常生产，给矿山带来一定的经济损失；重则将会发生淹井事故，造成财产的巨大损失，甚至人员伤亡。因此，矿井排水在矿井的安全生产中处于十分重要的地位，矿井各级管理人员及有效岗位人员必须严肃认真加以对待，切实履行好各自的岗位职责，确保矿井排水安全。

1.1.1.2 矿井排水的特点

由于矿井涌水的复杂性和危险性，以及矿井结构布置的不同，因而对矿井排水设备及泵房的要求比一般机电硐室严格。(1) 排水设备要有较高的可靠性能，必须保证井下涌水能够及时排到地面；(2) 因为矿井涌水在井下流动过程中混入和溶解了许多矿物质，含有一定数量的煤炭颗粒、流沙等杂质，所以要求排水设备要具有较强的抗腐蚀性和耐磨性；(3) 矿井排水设备的耗电量很大，一般占全矿井总耗电量的25%~35%，有的矿井可达到40%，个别矿井甚至会更多。

1.1.2 矿井排水系统的要求

根据《煤矿安全规程》规定，对排水设备有如下要求：

(1) 固定式排水设备的要求。

1) 必须有工作、备用和检修的水泵。工作水泵的能力，应能在20h内排出矿井24h的正常涌水量（包括充填水及其他用水）。备用水泵的能力应不小于工作水泵能力的70%。工作和备用水泵的总能力应能在20h内排出矿井24h的最大涌水量。检修水泵的能力应不小于工作水泵能力的25%。水文地质条件复杂或者极复杂的矿井，可以在主泵房内预留安装一定数量水泵的位置，或增加相应的排水能力。

2）必须有工作和备用的水管。其中工作水管的能力，应能配合工作水泵在20h内排出矿井24h的正常涌水量，工作和备用水管的总能力，应能配合工作和备用水泵在20h内排出矿井24h的最大涌水量。

3）配电设备应同工作、备用以及检修的水泵相适应，并能够同时开动工作和备用的水泵，主排水泵房的供电线路不得少于两条回路，每一条回路应能担负全部负荷的供电。

4）工作的水泵机组必须工作可靠。

5）主排水设备，应有预防涌水突然增加致使设备被淹没的措施。

6）水泵除要保证工作可靠外，还必须有较高的运转效率，否则应依据经济核算结果进行更换。

7）应尽量采用体型小的水泵，以减小水泵房尺寸，结构上应适合井下安装、拆卸、运输和便于维修。

8）需要采取具有防爆措施的水泵机组，其电气设备应为防爆型。

（2）移动式排水设备的要求。

1）水泵应适合流量变化不大而扬程有较大变化的需要，且有较好的吸水性能，以保证把水排干。

2）在垂直泵轴平面上的外形尺寸应较小，以适应在横断面较小的巷道中工作。除此之外，还应能做到方便而迅速地移动。

1.1.3 矿井涌水

1.1.3.1 *矿井涌水的来源*

矿井水的来源又分为地面水和地下水。地面水是指江、河、湖、沟渠和池塘里的积水以及雨水、融雪和山洪等，如果有巨大裂缝与井下沟通时，地表水会顺裂缝灌至井下造成水灾。地下水包括岩层水、煤层水和采空区的水。地下水在开采过程中不断涌出，若与地表水相连通，将对矿井产生很大威胁，矿山排水设备的任务就是将矿井水及时排送至地面。

1.1.3.2 *矿井涌水量*

矿井水的大小可用绝对涌水量和相对涌水量表征。绝对涌水量是指单位时间内流入矿井水的水量。一个矿井在雨季或融雪季的最高涌水量称为最大涌水量，其他季节的涌水量为正常涌水量。相对涌水量是比较各矿涌水量的大小，常用同时期内相对于单位煤炭产量的涌水量作为比较参数，称为含水系数，用 K_s 表示。

$$K_s = 24q/T \tag{1-1}$$

式中 q——绝对涌水量，m^3/h；

T——同期内煤炭日产量，t。

1.1.3.3 矿井水性质

矿井水中含有各种矿物质，并且含有泥沙、煤屑等杂质，故矿井水的密度比清水大，一般为1015~1020kg/m^3。矿井水中含有的悬浮状固体颗粒进入水泵后会加速金属表面的磨损，故矿井水中的悬浮颗粒在进入水泵前应加以沉淀，而后再经水泵排出矿井。

有的矿井水为酸性，会腐蚀水泵、管路等设备，缩短排水设备的正常使用年限。因此，对酸性矿井水，特别是 $pH<3$ 的强酸性矿井水，必须采取措施。一种办法是在排水前用石灰等碱性物质将水进行中和，减弱其酸度后再排出地面；另一种办法是采用耐酸的排水系统，对管路进行耐酸防护处理。

1.1.4 常见的矿井排水方式

1.1.4.1 压入式、吸入式及压、吸并存式排水方式

根据水泵吸水井的水位是否高于水泵吸水口位置，排水方式可分为压入式和吸入式两种。水泵吸水井的水位高于水泵吸水口位置，这种排水方式称为压入式排水；水泵吸水井的水位低于水泵吸水口位置，这种排水方式称为吸入式排水。

A 压入式排水方式

压入式排水方式是指被排水的水面高于水泵的吸水口位置。压入式排水时，被排水的水面高于水泵吸水口位置，水泵启动前，只需打开水泵吸水侧闸阀，水就会自动灌满泵体，水泵灌满水后，即可启动电动机，然后逐渐打开水泵排水侧的闸阀，水泵就可进行排水。

压入式排水的优点：吸水管和水泵内不需要排空气，排水系统不需要安装真空泵、射流泵等引水装置，泵的吸水管路上也不需要安装底阀，启动非常方便；压入式排水，水泵内部存有一定的水压，水泵工作时一般不会产生气蚀现象，排水系统的效率也可以得到较大的提高。

压入式排水的缺点：一旦发生泵房、水仓隔水墙漏水或垮塌，排水（供电）设备发生较大故障或者操作人员操作失误等情况，就容易发生淹井的重大事故。

压式排水要求水仓周围岩层没有裂隙。泵房、水仓隔水墙和泵房的排水供电设备必须具有很好的可靠性，水泵司机必须有很强的业务素质和工作责任心。这种排水方式一般较少采用。若采用压入式排水时要进行可靠性论证，并要有确保排水安全的措施。

B 吸入式排水方式

吸入式排水方式是指被排水的水面低于水泵的吸水口位置。与压入式排水方式相比，吸入式排水方式具有安全性高、工作可靠等优点，在供电系统可靠的情况下，一般不会造成淹井事故。目前，我国矿山井下大都采用吸入式排水方式。

吸入式排水方式的缺点：水泵需要安装排真空装置或安装灌引水装置和底阀；排水系统的效率较压入式排水方式低；当水泵安装吸水高度不合理时，可能会导致水泵发生气蚀。

C 压、吸并存的排水方式

压、吸并存的排水方式是以泵房标高为准设上下两个水仓，上部水仓水位的高度比水泵吸水口位置高，下部水仓的水位高度比水泵吸水口位置低，上部水仓的水采用压入式排水，下部水仓的水采用吸入式排水，这种排水方式叫做压、吸并存的排水方式。这样，既可以发挥压入式排水的优点，又可以发挥吸入式排水的优点，从而保证泵房排水的安全。当压入式排水泵房发生故障时，还可以把上水仓的水放到下水仓，全部采用吸入式排水，一般不会造成淹井事故。

1.1.4.2 移动式和固定式排水方式

根据水泵位置是否移动排水方式可以分为移动式排水和固定式排水两种。

A 移动式排水方式

移动式排水方式是指水泵的位置随着工作面的移动或水位的变化而移动的排水方式，如排出立井、斜井掘进工作面的涌水以及排干被淹没的矿井、水平或局部下山的积水。移动式排水方式一般情况下只为矿井的局部排水服务。

B 固定式排水方式

固定式排水方式是指水泵的位置固定不变，矿井的涌水均由该泵房排出的排水方式。固定式排水方式是矿井的主要排水方式。固定式排水方式如图1-1所示，吸水井内的水经底阀、吸水管进入水泵，经过水泵加压后，经由闸阀和逆止阀，再沿排水管路排至地面的水池。为了减小底阀对水流的阻力损失，提高排水效率，目前大多数固定式排水系统中已不采用底阀排水。

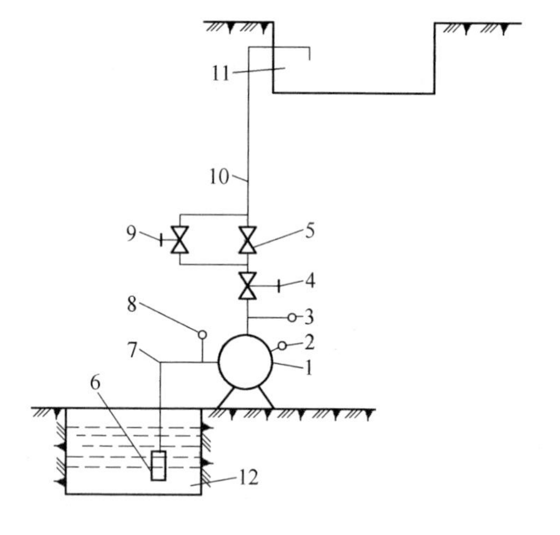

图1-1 固定式排水系统示意图
1—水泵及电机；2—放气阀；3—压力表；4—闸阀；5—逆止阀；6—底阀；7—吸水管；8—真空表；9—放水阀；10—排水管；11—水池；12—吸水井

矿井固定式排水方式还可分为集中式和分段式两种。

a 集中式排水方式

在立井单水平开采时，可以将全矿的涌水集中于主排水系统的水仓中，然后由主排水系统集中排至地面，如图1-2（a）所示。在多水平开采时，如果上水平的涌水量不大，可将上水平的水放到下水平的主排水系统水仓中，再由下水平主排水系统集中排至地面，如图 1-2（b）所示。这样就可以省去上水平的排水系统，从而节省上水平排水系统的投资费用，减少管理环节，便于集中管理。但由于把上水平的水放到下水平后，又要将其向上排出，浪费了水的位能，增加了排水电耗。多水平开采时，有时也将各水平的水分别直接排至地面。

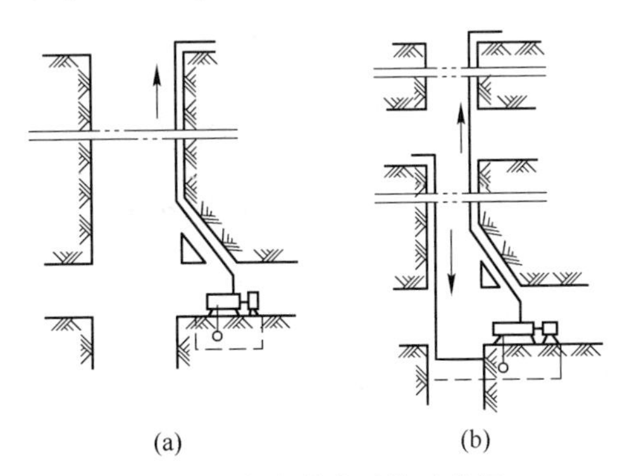

图 1-2　集中排水系统示意图

（a）单水平开采；（b）多水平开采

在斜井集中排水时，为了减少管材投资和管道的沿程损失，节约设备投资费用和排水电费，往往采用打垂直钻孔来安装排水管路进行排水的方式，如图 1-3 所示。集中排水系统巷道开拓量小、基建费用低、设备投资费用少、管路敷设简单、管理费用低，是我国矿井常采用的排水方式。

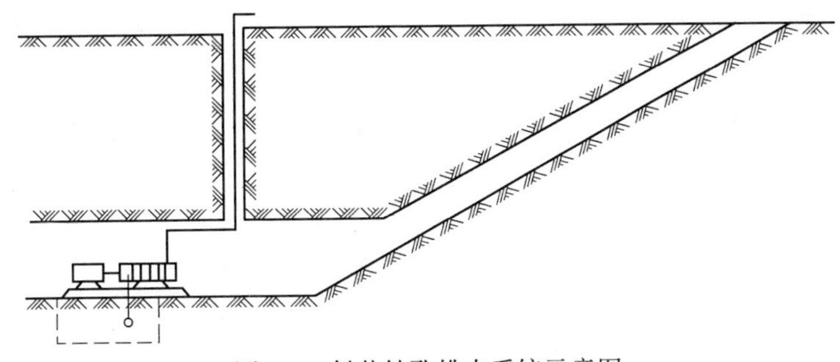

图 1-3　斜井钻孔排水系统示意图

b　分段式排水方式

进行深井单水平开采时，若井深高度超过了单台水泵可能的排水扬程，可在井筒中部开拓泵房和水仓，把井下的水先排至中部水仓，再由中部泵房排至地面。当矿井进行多水平开采时，可以把下水平的水先排至上水平，然后再由上水平集中排至地面，如图 1-4 所示。

综上所述，矿井究竟采用集中排水还是分段式排水，要在充分考虑泵房开拓

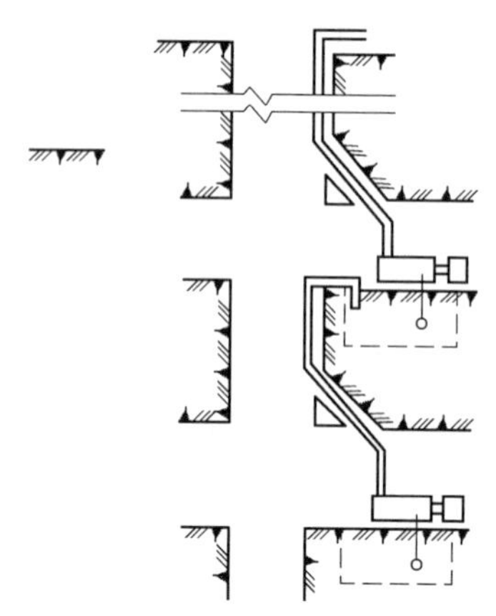

图 1-4　分段式排水系统示意图

量、初期投资、设备投资费用、设备运行费用、管理条件以及设备运转的安全可靠性等基础上，进行安全、经济、技术比较后合理确定。

1.2　矿井排水系统国内外研究现状与发展趋势

1.2.1　矿井排水泵国内外现状与发展趋势

1.2.1.1　矿井排水泵国内外发展概况

目前煤矿排水泵主要有三种基本结构形式：卧式多级排水泵、干式电动机下泵式潜水泵和湿式电动机上泵式潜水泵。近年来，煤矿排水泵的需求量逐年增加，泵的生产企业很多，但多为中小型厂家。泵的品种不断增加，但泵的质量不高，有些产品效率较低、故障多、易磨损、寿命不长。总之，煤矿排水泵的产品质量和技术水平还不能满足煤炭生产和发展的需求。针对排水设备运行效率低、耗电量大等问题，国内外学者在高效泵结构优化设计、水力仿真等方面做了大量研究，取得较多工作成绩，在一定程度上提高了泵的效率，延长了其使用寿命。

长期以来，学者们一直关注如何通过改善离心泵结构叶片形状、增大相关尺寸来提高水泵自身效率。Ciocanea Adnan 等人基于正反算和逆向工程相结合的方法设计离心泵叶轮，采用快速成型工艺，对改进后的叶轮进行了制造和试验，试验证明改进后的叶轮使离心泵自身效率提高了 2%。Ashish Doshi 等人将整合的四舍五入效应与其他学者的研究结果进行比较，通过采用优化方法来改变后向叶片角度，使入口相对速度与叶片角度对齐，结果振动明显降低，可以减少 5%～10%的能量损失。Lomakin 等人研究了多个准则下离心式水泵的流量优化问题，在考虑不确定性影响的基础上，通过对叶轮结构的优化，实现了泵的稳定高效工作。K. Mohammed 对离心泵叶轮和蜗壳进行了水动力多目标优化设计，优化结果证明改进后离心泵的效率提高了 3.2%，水头降低了 2%。

国内长沙翔鹅节能技术有限公司在广泛吸收国内外同类产品先进技术的基础上，创新研制出了 GS 型高效节能单级双吸离心泵。南方泵业利用世界先进的水力设计手段，对 CDM/CDMF 系列产品的叶轮、导叶等关键水力部件进行优化设计，极大地提高了泵的效率。袁寿其团队对离心泵叶轮和蜗壳内部非定常流动进行了理论分析，提出了高效离心泵理论与设计方法，提出和创新了离心泵现代水力设计技术，实现离心泵系统节能达 15%以上。张人会等人采用泰勒展开法对离心泵叶片结构的形状参数进行优化，优化设计的叶轮的扬程与效率在各个工况点均与已有较好的水力模型模拟结果基本一致，在整个流量范围内，优化设计叶轮的扬程略低于已有模型，但效率均高于现有水力模型，达到了提高离心式水泵工作效率的目的。张凯针对离心泵的汽蚀问题，在理论和经验的基础上，提出了离心式水泵的机构优化改进方案，显著改善了汽蚀余量及效率。张德胜等人通过实验研究分析分流叶片和泵体喉部面积对性能的影响，采取增加分流叶片和加大泵体喉部面积等措施设计制造了高效区域较宽的离心泵，该泵可以在较宽的流量范围下运行，同时保持较高的效率，满足新时代对离心泵高效节能的要求。赵文辉通过三元流技术对叶轮重新设计制造，在原有水泵及配套电机不变的情况下，仅通过更换叶轮，就明显提高水泵运行效率，达到节能效果。马芹梅等人基于固液两相流理论对叶轮、背叶片、压出室等过流部件进行水利优化设计，创新设计了高效螺旋离心泵。通过对离心泵结构进行优化设计，改善了泵内水流状态，有效减少了阻力损失，在一定程度上提高了离心泵的运行效率。

1.2.1.2 矿井排水泵发展趋势

随着煤矿开采深度的增加，矿井排水系统工程日趋复杂，对水泵各方面的要求越来越高，其产品的技术发展趋势主要集中于以下几个方面：

（1）为适应深煤层大型矿井的需求，应重点研发大流量、高扬程、高能效、高可靠的大型排水泵。

（2）因矿山排水泵所配驱动电动机功率大，轴承存在机械摩擦损失，故高效大功率永磁驱动技术是提高水泵运行效率的重要研究课题。

（3）新型轴向力平衡装置和轴向力平衡技术方法研究是提高排水泵质量和寿命的技术关键。

（4）基于三元流理论，在传统设计方法的基础上，应用 CFD 技术与试验研究相结合的手段，建立并完善矿山排水泵水力元件的现代设计方法。

（5）矿井水含的杂质较多，对叶轮、口环和平衡机构等零部件应采用耐蚀和耐磨性好的新材料和新工艺进行制造。

（6）综合考虑泵的容积损失、水力损失与机械损失的变化规律，开展泵水力部件的多目标优化设计方法是提高水泵效率的技术关键。

1.2.2　矿井排水技术国内外现状与发展趋势

1.2.2.1　矿井排水技术国外发展概况

矿井排水是伴随采矿工程产生的一项附加系统工程，井下水泵房控制技术研究涉及采矿、机械、自动化、电子、计算机、网络、通信等多学科领域知识。随着计算机技术、自动控制技术、传感检测技术、信息化技术的不断发展，矿井排水自动控制、远程遥控、可视化监控、智能控制等方面的研究在理论和实践上都取得了一定进步。

在国外，矿井排水系统技术起步较早，发展较为迅速，很多现场总线监控系统和自动控制技术已经发展很成熟，在生产和安全监控方面得到广泛应用。例如德国基于 GEMATI2900 的煤矿排水监控系统、美国 HONEYWELL 公司研究的煤矿排水安全监控系统等。此外，一些矿产资源丰富的国家，自动化排水技术的研究日趋成熟与完善，已广泛应用到了煤矿井下，极大地提高了煤矿在水害防治方面的能力。赞比亚 KCM 铜矿公司康科拉铜矿的井下中段水泵房，在原有控制系统基础上，为使控制系统更好地兼容互联，选用罗克韦尔 A-B 公司的 RSLogix5000 可编程控制器和 RSView32 人机监控组态软件，搭建了 SCADA 水泵房实时监控系统。

加拿大提出了数字化矿山的概念，通过建立综合信息基础框架，使开采过程与集成化支持系统连成网络，大力发展生产监控方面的传感器技术，减小排水设备的自动控制和监测误差。芬兰采矿工业发布了智能化矿山技术项目，目标是实现实时资源管理和生产控制、全矿范围的信息网络、新型机器和自动化，以及生产及维护的自动化。俄罗斯针对矿山设备的研制，提出了采用以微处理技术为基础的自动控制和故障诊断系统以及保护和安全操作系统。

在矿井排水系统节能方面，国外也开展了大量研究，并且已将数字化、智能化控制方式与集中化的检测控制仪器相结合，对矿井排水系统进行了良好的节能控制。随着该研究领域大量的控制算法，如神经网络、模糊控制、粒子群法等一系列先进的 PID 算法的出现，矿井排水节能控制效果得到了很大程度的提升。据了解，俄罗斯、加拿大、芬兰等发达国家拥有着大量先进的控制技术、传感技术及智能网络技术，可实现对矿井排水系统参数进行良好跟踪及有效精确控制。

在 2011 年，有学者基于 ECM 节能措施对水泵机组的能效管理展开了研究。2013 年，有专家通过提高功率元件的效率提高了水泵运行效率。也有学者利用变频调速的方法提高水泵运行效率，利用合理的控制策略实现节能目的，该方案优点是无需额外的流量计量和启动测量控制，是一种并联泵系统的能效改进策略。变速调节技术也被广泛应用于水泵节能方案中，在英格兰的兰开夏郡就利用了 ABB 驱动器取代了 VSD 变速器来提高泵站效率。

在世界主要产煤国中，俄罗斯在煤矿排水系统研究方面进展迅速，采用高扬程大功率水泵双电机拖动技术，与异步电动机直接接入电网全电压启动方式相比，在装置结构、技术性能、运行工况等方面具有明显优势。同时，对煤矿设备运行各类状况进行优化，配合数学模型得出了煤矿控制最优化理论，大大降低了煤矿排水系统的综合能耗。

1.2.2.2 矿井排水技术国内发展概况

在排水系统的控制方面，我国煤矿因地区及井型差异，中小型矿井、地方煤矿以及开采时间较长的煤矿采用的排水方式，大部分为手动控制模式。传统的手动控制模式采用继电器进行控制，用人工进行检测（如人工检测水仓水位、淤泥厚度、管道、闸阀及配电设备状况等），而且水泵的灌泵和轮换也要依靠人工来完成。这种检测控制方法效率低、线路布置复杂、操作人员劳动强度大，由于井下环境恶劣、设备故障率高，容易造成安全事故，且无法根据矿井涌水量的大小以及相邻水仓的水位调节水泵排水量。因此，人工控制水泵排水的方式已经不适应现代化矿山的发展需要，矿井排水自动化控制技术才是发展的主流方向。

近年来，很多科研机构与水泵厂家或煤矿企业联合，开发研制出了多种方式的综合自动化排水系统，新建矿井、大型矿井现在已经逐步开始使用自动化排水系统。目前井下自动化排水系统的控制方式主要有两种模式：一种是全自动模式，这种模式无需人员介入，在泵房设有各种监测仪器仪表，能够自动判断水位，各种闸阀全部采用电动闸阀，水泵启停可实现近控和远程自动化控制；另一种是半自动模式，这种模式需要人员介入，只是在某些设备的操作上实现自动化。

矿井排水自动化主要有单片机和PLC两种控制方法，单片机虽然价格低廉，但其灵活性较差，不能现场编程，处理速度慢；PLC可编程能力好，逻辑运算能力强，因此使用PLC进行自动化控制是当前矿山发展的趋势。如平顶山煤业集团与河南城建学院联合研发的KZZP-300型综合自动化排水系统在现场使用中取得了良好的效果；南屯煤矿-432m中央水泵房以西门子S7-315-2DP PLC作为控制核心，西门子触摸屏为显示和主要操作设备，通过检测水泵设备和传感器等的信号，控制3台6kV水泵和17台380V电动阀门等设备；济宁三号煤矿采用Rockwell公司生产的Control Logix系列控制器作为控制箱的核心器件，运用Panel View显示屏及各种转换开关、控制按钮，做到自动控制水泵和选择工作方式，并且可以实时监测电动机电流、电压及水泵的温度、出水管的流量和压力等参数。

除了应用PLC以外，某些矿山也引进DSP芯片TMS324LF2407作为核心处理器，采用Visual Basic设计上位机的通信和数据库界面，实现了水泵的远程自动监控。另外一些矿山采用ARM微处理器，选用LabVIEW作为上位机监控软件，以串行通信协议与井下泵房控制系统组成远程监控系统。因矿井自动化排水系统缺少完善的国家规范标准，受研发力量、技术、现场使用条件、设备选型及水情突变等因素影响，造成矿井安装的设备没有统一的标准，通用性受限、质量良莠不齐，影响了自动化排水系统整体推广和应用。

在排水系统节能方面，国内研究人员采用 PLC 对水仓的水位、巷道涌水流量及管道压力等参数进行检测，建立水仓水位与时间或巷道涌水量数学建模，完成了排水系统的“躲峰方案”。如 2002 年煤炭工业邯郸设计研究院的王孝颖和兖矿集团鲍店煤矿的张丰敏等人利用 PLC 自动检测水仓水位和其他参数，通过构建数学模型，合理调度水泵运行，达到“避峰填谷”及节能目的，有效地提升了矿井水泵运行的经济性。2003 年郑州煤炭设计院的张朝晖结合多方面因素综合考虑安全经济问题，分析了煤矿排水设备运行效率，指出在选择排水设备时，在确定水泵不被气蚀情况下，把水泵效率和管路效率相乘之后的装置效率最大值作为排水设备运行时的最佳工况点。2011 年，辽宁工程技术大学成功的对河北开滦煤炭企业钱家营矿井和内蒙古乌海利民煤矿的排水系统进行了节能改造，并且已应用于实际生产中。

随着自动化控制技术的迅速发展，我国在煤矿排水的优化、排水系统的控制、设备改造及管道的合理布局等方面取得了较多成果，有些研究人员将规则控制、模糊控制、神经网络、遗传算法、粒子群算法、专家系统等智能控制技术应用到排水方案中，优化了煤矿排水系统的控制策略，使得矿井排水系统实现了实时监控、数据采集、故障诊断、报警记录、信息显示、事故分析和多台水泵软启动的自动切换及控制断电等工作。如辽宁工程技术大学的付德教授等研究了煤矿排水系统自动化集散控制系统，利用模糊控制策略实现了排水系统在线监测和故障报警；2005 年北京理工大学孙东等提出了无人值守的自动化监控系统，可以达到无人值守的监控总目标。

1.2.2.3　矿井排水技术发展趋势

在经济新常态下，国家大力推进供给侧结构性改革，煤炭工业进入了由“扩张型”向“提质型”转变的新阶段。在矿井排水方面，部分矿井开发研制了井下泵房无人值守系统，可以实现矿井排水自动化控制和地面远程监控，降低了工人劳动强度，提高了排水系统效率，但受技术发展水平的限制，一旦现场工况发生剧烈变化，排水系统的运行将偏离稳定运行状态，导致现有的控制系统不能完全满足复杂多变的排水工况要求。随着煤矿工业化与信息化的融合与推进，矿井排水技术正向高度集成、综合应用、智能控制、预测预报、智能决策的方向发展，主要体现在以下几个方面：

（1）基于物联网、智能控制以及智慧感知等技术，开展矿井无人值守排水系统的高可靠性研究，分析和设计检测系统、信息传输系统、无人值守中央控制系统等环节的可靠性。

（2）开展矿井排水系统三维可视化在线监测与健康诊断技术研究，通过对系统状态信息的全面感知、可靠传输、智能处理和可视化显示，实现矿井排水系统的故障诊断和全寿命预测。

（3）矿井排水系统节能的主要途径：一方面是开发高效的水泵调速方法；另一方面是设计有效的节能控制系统。为此，开展高效节能的排水系统的优化设计及调速自动控制技术研究对矿井生产有着重要的意义和经济价值。

（4）设计开发矿井排水智能控制及综合评价系统，开展排水系统的智能控制、安全性评价、经济性评价和可靠性评价模型研究，实现排水系统的智能控制和系统评价，提高排水系统快速应急响应能力。

（5）基于多传感器信息融合技术，实时对水位、水温、水压，明渠和管道的流量、流速以及水质情况进行在线监测与数据分析，开发多参数水文动态监测智能预警与控制软件，实现矿井水情安全预警与排水无人值守智能决策控制。

参 考 文 献

[1] 彭伯平，李总根，黄增粮．矿井水泵工［M］．徐州：中国矿业大学出版社，2008.
[2] 国家安全生产监督管理总局宣传教育中心编．水泵工［M］．徐州：中国矿业大学出版社，2009.
[3] 张永建，齐秀丽．矿井通风、压风与排水设备［M］．徐州：中国矿业大学出版社，2014.
[4] 陆田，张小泽．矿井水泵工［M］．徐州：中国矿业大学出版社，2007.
[5] 王昌田．流体力学与流体机械［M］．徐州：中国矿业大学出版社，2009.
[6] 郭长娜．煤矿井下主排水泵节能与控制系统的研究［D］．阜新：辽宁工程技术大学，2011.
[7] 南方泵业．CDM/CDMF 高效立式多级离心泵［EB/OL］．2017-07-26.
[8] 袁寿其．高效离心泵理论与关键技术研究及工程应用［N］．科技日报，2015-01-16（1）.
[9] 张人会，郭苗，杨军虎，等．基于伴随方法的离心泵优化叶轮设计［J］．排灌机械工程学报，2014，32（11）：944~947.
[10] 张凯．多级离心泵的优化设计及汽蚀性能研究［D］．武汉：华中科技大学，2014.
[11] 张德胜，张磊，施卫东，等．基于流固耦合的离心泵蜗壳振动特性优化［J］．农业机械学报，2013，44（9）：40~45.
[12] 赵文辉．高效三元流技术对高扬程大流量离心泵叶轮的节能改造［J］．机械研究与应用，2014，27（4）：190~191.
[13] 温国栋．基于 ARM 的煤矿自动排水监控系统的研究［D］．西安：西安科技大学，2009.
[14] 韩佳昊．基于 MPC 的煤矿井下排水系统合理用电策略研究［D］．阜新：辽宁工程技术

大学，2015.
[15] 刘震. 基于最优控制理论的自动化排水系统研究与应用 [D]. 西安：西安科技大学，2017.
[16] 董子良. 矿山排水系统自动化监控技术研究 [D]. 长沙：中南大学，2011.
[17] 王东升. 煤矿排水三维可视化在线监测系统研究 [D]. 焦作：河南理工大学，2015.

2　水泵房与水泵附属设备

矿井排水系统由排水系统硐室和排水设备与设施两大部分组成。矿井主排水系统硐室（以矿井主排水系统为例）主要由主排水泵房硐室、水仓和管子道（管子间）组成；矿井排水设备与设施主要由水泵、电动机、供电电缆、排水管、闸阀、逆止阀、底阀（或引水装置）等组成。

2.1　水泵房

2.1.1　泵房分类及要求

矿井泵房按其在生产中所处的地位可分为主排水泵房和辅助排水泵房两类。当采用卧式离心泵时，根据水泵吸水方式不同，主排水泵房可分为吸入式泵房和压入式泵房。吸入式泵房通过水泵产生的负压引水，又称为普通泵房；压入式泵房具有正压引水条件，又称为潜没式泵房。

2.1.1.1　吸入式（普通）泵房一般规定与要求

（1）主排水泵房一般设在井底车场附近，其优点是可以利用巷道坡度聚集矿坑水，有良好的新鲜风流，便于电机冷却；排水管路短，水力损失小；中央变电所设在泵房隔壁，供电线路短；离井底车场近，便于运输；井底车场被淹时，还可以抢险排水，必要时便于撤出大型设备。

（2）主排水泵至少要有两个出口，一个通往井底车场，另一个用斜巷通往井筒。

通往井底车场的通道中，应设置既能放水又能防火的密封门，并铺设轨道，通道断面应能搬运泵房中的最大设备。通往井筒的斜巷与井筒连接处应高出井底车场轨面 7m 以上，并应设置平台。该平台必须与井筒中的梯子间相通，以便人员行走。斜巷断面亦应在安装水管和电缆后能通行人员。斜巷倾角一般为 30°左右，其中应设人行阶梯。

（3）泵房地坪一般应比井底车场轨面高 0.5m，地坪向吸水井一侧设有不小于 3‰的下坡。

（4）一般每台泵有一单独的吸水井。如两台水泵共用一个吸水井，其滤水器在吸水井中的布置应符合规定要求。

（5）联络水井与水仓、吸水井之间应设配水闸阀。联络水井和吸水井中应设人行爬梯，其上方应设起重梁或起重钓钩，井口应设活动盖板。

(6) 水泵电动机容量大于 100kW 时，泵房内应设起重梁或手动单梁起重机，并铺设轨道。

(7) 泵房应有良好的通风和照明。正常排水时泵房的温度不得超过 30℃；超过时，应采取降温措施。

(8) 正常排水时，泵房噪声不得大于 85dB。

2.1.1.2　压入（潜）泵房一般规定与要求

压入（潜没）式泵房的布置、尺寸、出口数量、温度、噪声和管道与井筒连接处平台标高等有关规定和要求，均与吸入式泵房相同。

(1) 优点。

1) 不受水泵吸程的限制，可以选用低吸程、无吸程或需要一定注水高度的高效率、大流量水泵，从而达到节能、减少水泵台数、缩短泵房长度、减少硐室工程量的目的。

2) 可避免汽蚀现象，提高水泵工作的可靠性，延长水泵的使用寿命。

3) 启动前不需要灌水，有利于实现水泵的自动控制，手动操作也极为方便。

4) 无底阀，吸水管阻力损失小、电耗少。

(2) 缺点。泵房低于水仓和大巷，施工出渣比较困难，积水排除不便，通风条件较差，工程开拓费用较高。压入式水泵房只有在矿山水文地质条件和岩石条件较好的情况下才可考虑采用。如矿井涌水量大且有突然涌水时，泵房就有被淹没的危险，故泵房前必须设置密闭的放水门、安全水仓和水泵。

2.1.2　主排水泵房硐室

目前，我国矿井主排水系统一般多采用卧式吸入式排水方式。下面介绍吸入式主排水泵房硐室，其他形式的排水泵房硐室可参照吸入式主排水泵房硐室进行布置。

2.1.2.1　主排水泵硐室的设备布置

A　水泵

水泵一般沿硐室纵向单排布置，以减少硐室宽度，其基础布置如图 2-1（a）所示。当需安装的水泵数量较多，且硐室围岩条件较好时，为便于管理，水泵也可采用双排布置，双排布置硐室宽度约为单排布置硐室宽度的 1.6 倍，如图 2-1（b）所示。

B　排水管

排水管路可采用托管梁架设、起重梁吊挂或用红砖（混凝土预制件）、水泥等砌制管墩等支撑。

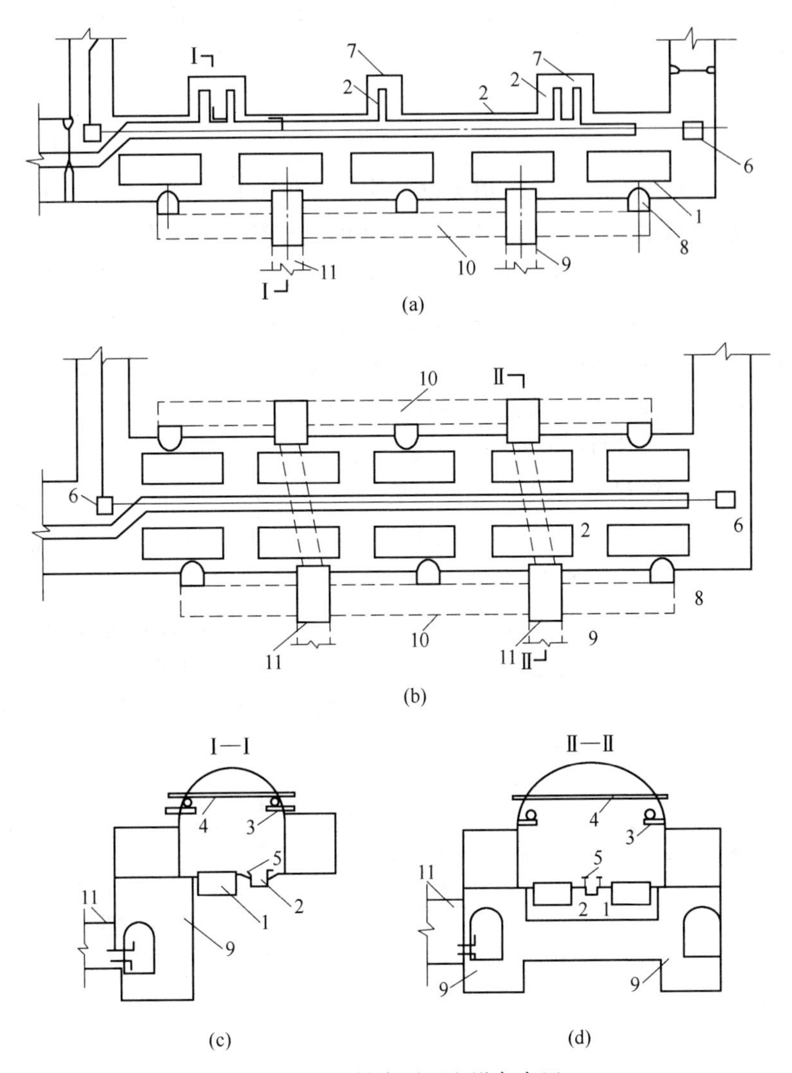

图 2-1 主排水泵硐室设备布置

1—水泵基础；2—电缆沟；3—托管梁；4—起重量；5—轨道；6—转盘；7—电器壁龛；8—吸水井；9—配水井；10—配水巷道；11—水仓

C 电缆

电缆敷设采用沿墙悬挂和设电缆沟安放两种方式，一般多采用电缆沟敷设方式。

D 电气设备

由于水泵电机容量较大，水泵直接启动将会产生较大的电压降，有时将严重影响电网的安全运行，为了减少大功率水泵直接启动对电网的影响，一般采用降压启动水泵。降压设备可放在主变电所硐室或主排水泵硐室的壁龛内。当放在主排水泵硐室的壁龛内时，如硐室的围岩条件较好时，两台水泵的降压设备可共用一个壁龛。

E　起吊运输设备

水泵硐室设起重梁和轨道，担负设备的起吊和运输。对于大容量水泵和检修量大的主排水泵硐室，硐室内也可采用单梁手动起重机来起吊设备。

具有三台水泵的水泵硐室布置如图 2-2 所示。由水仓 15 来的水首先经过水仓箅子 16、水仓闸阀 13 进入分水井 15，再经分水闸阀 12，分配到各泵吸水井 9 中。分水井和吸水井内均设有上下人员用的梯子 17，以便安装、检查、修理设备和清理水井用。吸水井上覆盖着用花纹钢板制作的盖板 10。三台水泵各自都有吸水管 3，它们共用两趟排水管，一趟工作，一趟备用。

泵房内设有运输设备的轨道 20，轨道沿通往泵房的人行运输道 21 敷设，另一端伸向倾斜管子道 22 内，以便当泵房有被水淹的危险时，关闭泵房防水门 23 后能继续排水。在抢险排水时，可由井筒向泵房内输送设备，在紧急情况下亦可沿此轨道撤出各种设备。为便于起吊设备，在泵房内还装有起重梁 19。起吊水泵电动机等超重设备所需的启动设备可以安放在泵房内，或安放在泵房内专门的壁盒中。当采用综合启动装置时，综合启动装置可安放于泵房隔壁的变电所内。

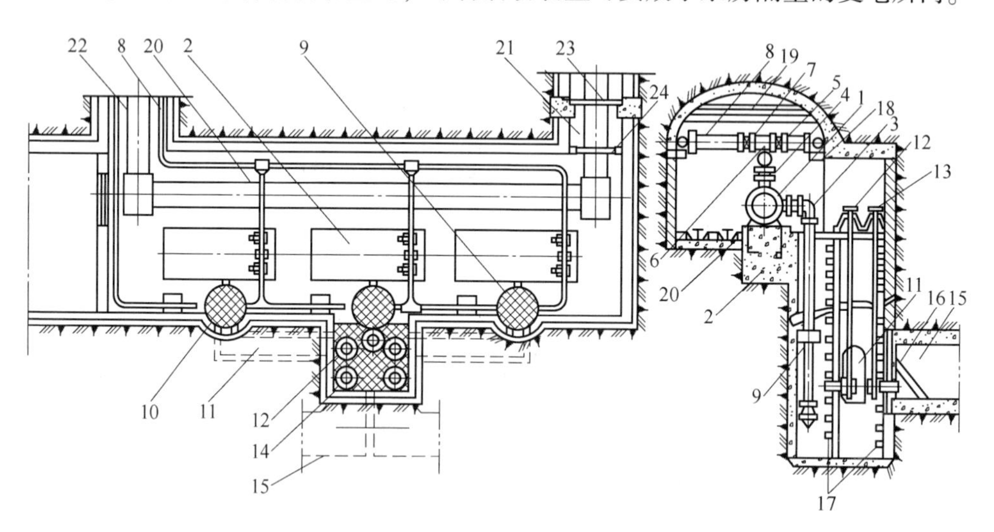

图 2-2　具有三台水泵的水泵房硐室布置

1—水泵；2—水泵基础；3—吸水管；4—闸阀；5—逆止阀；6—三通；7—闸阀；8—排水管；9—吸水井；10—吸水井盖；11—分水沟；12—分水闸阀；13—水仓闸阀；14—分水井；15—水仓；16—水仓箅子；17—上下梯子；18—管子支撑架；19—起重梁；20—轨道；21—人行运输巷；22—管子道；23—防水门；24—大门

2.1.2.2　主排水泵硐室的尺寸

为了减少水泵房的宽度，水泵沿泵房硐室纵向单排布置。泵房的长度、宽度和有效高度可分别按下列公式计算：

（1）泵房的长度。

$$L = NL_{j} + A(N+1) \tag{2-1}$$

式中　L——泵房的长度，m；

N——水泵的台数；

L_j——单台水泵的基础长度，m；

A——两台水泵基础之间的距离，一般取 1.5~2.0m；

（2）泵房的宽度。

$$B = b_{j} + b_{1} + b_{2} \tag{2-2}$$

式中　B——泵房的宽度，m；

b_j——水泵基础宽度，m；

b_1——水泵基础边到轨道一侧侗室壁的距离，以能通过最大设备为原则，一般取 1.4~2.2m；

b_2——水泵基础另一边到吸水井一侧硐室壁的距离，一般取 0.7~1.0m；

（3）泵房高度。泵房高度指起重梁下边至泵房底板之间的高度，通常为 2.4~3.5m，具体数值依安装设备的需要而定。泵房底板应比车场轨面高 0.5m，以防突然涌水淹没泵房。

2.1.2.3　水泵基础的尺寸

水泵机组（水泵和电动机）混凝土基础的尺寸按以下方法确定。

A　基础的平面尺寸

基础的平面尺寸应根据水泵底座的外形尺寸确定，如图 2-3 所示。

（1）水泵机组底座周边与基础边缘距离 b 一般不小于 100mm（通常取 150~200mm）。

（2）地脚螺栓轴线距基础边缘的最小距离 a 应不小于螺栓直径 d 的 4 倍。

（3）预留螺栓孔壁至基础边缘距离 c 应不小于 100mm。

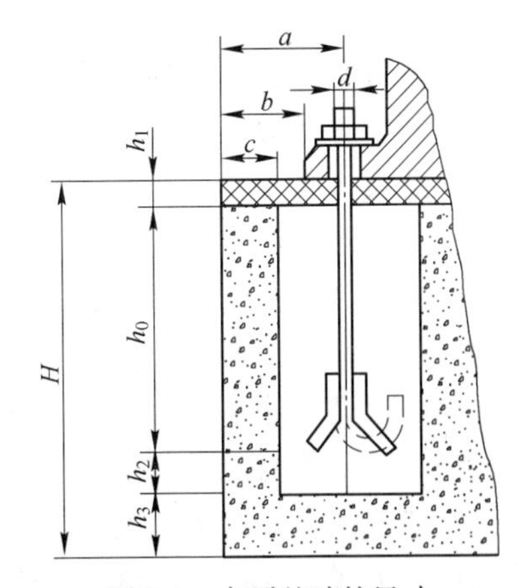

图 2-3　水泵基础的尺寸

B　基础立面的尺寸

基础立面的尺寸应满足如下要求：

（1）设备基础二次浇灌层厚度为 h_1，一般为 50~100mm。

（2）设螺栓埋设深度为 h_0，对直钩式螺栓 h_0 一般为螺栓直径 d 的 20 倍，对

爪式螺栓 h_0 一般为螺栓直径 d 的 15 倍。

（3）螺栓距孔底 h_2 一般为 50~100mm。

（4）螺栓孔底至基础底距离 h_3 不应小于 100mm。

（5）基础全高 H 应满足

$$H = h_0 + h_1 + h_2 + h_3 \geqslant (2.0 \sim 2.5)G/(rS)$$

式中　S——混凝土基础平面面积，m^2；

G——水泵机组总质量，kg；

r——混凝土密度，$r \approx 2200 \sim 2400 kg/m^3$。

C　基础预留螺栓孔截面的尺寸

预留螺栓孔截面尺寸为 $A \times A$，一般为 80mm×80mm~150mm×150mm，螺栓距孔壁距离 e 应不小于 15mm。

2.1.2.4　泵房水位指示器和水位报警装置

常用的水位指示器包括机械牌坊式水位指示器、浮球圆盘式水位指示器和电子数字式水位指示器等。

（1）机械牌坊式水位指示器。用直径为 12mm 左右的圆钢制作成阿拉伯数字"1m""2m""3m""4m""5m"等，选择一根 DN50mm 的钢管或大小适合的槽钢等钢材（长度根据泵房水位深度确定，一般比吸水井底板至泵房底板的高度略长），按 1∶1 的比例将圆钢制作的数字焊到所选的钢管或槽钢上，每 1m 之间用长度为 0.2m 左右的小圆条平均间隔成 10 个小格，每小格代表"0.1m"。这样即制作成了一个机械牌坊式水位指示器，然后将其安装至吸水井内，水泵司机随时可以观察到泵房水位的变化情况。

（2）浮球圆盘式水位指示器和水位报警装置。浮球圆盘式水位指示器及水位报警装置由浮球、机械传动机构、圆盘深度指示器和安装在圆盘深度指示器上的两个行程开关以及由电铃和防爆灯组成的声光报警信号等组成。其工作原理为：浮球放入吸水井内，浮于水面，并随水位变化而上下移动。浮球上下移动，通过机械传动机构带动圆盘深度指示器指针旋转，从而指示水位的变化情况。当指针到达高低水位两处时，其上的操纵杆操纵安装在圆盘上的控制高低水位报警的两个限位开关，两个限位开关各自闭合时分别发出高低水位报警信号，及时提醒水泵司机开、停水泵。

（3）电子数字式水位指示器和水位报警装置。电子数字式水位指示器和水位报警装置由电极探头、电线、电子数字显示器、控制装置，以及声、光报警信号装置等组成。电极探头悬吊于吸水井的水中，利用矿井水的导电性、吸水井内水位的变化引起探头在水中深度的变化，探头在水中深度的变化通过电线传输给信号变换装置，信号变换装置将变换的数字信号传输给电子数字显示器，从而显示出水位的变化情况，并通过声、光报警信号装置发出声光报警信号。水泵司机通过该深度指示器和报警装置，可以随时掌握到吸水井内的水位变化情况和得到声、光报警提醒，及时开、停水泵。

2.1.2.5 水泵房的通风

A 《煤矿安全规程》对泵房硐室温度的要求

《煤矿安全规程》规定机电设备硐室的空气温度不得超过30°C，当空气温度超过时，必须缩短超温地点工作人员的工作时间，并给予高温保健待遇；当机电设备硐室的空气温度超过34°C时，必须停止作业；新建、改扩建矿井设计时，必须进行矿井风温预测计算，超温地点必须有制冷降温设计，配齐降温设施。

B 泵房硐室温度超标的主要原因

(1) 风量不足。

(2) 硐室内风流流速小，空气散热效果差。排水硐室主体高度大、断面积大、相对风速小，水泵运转产生的热量不便于及时排出硐室，故炽热的高温空气流出硐室的时间长。

(3) 大型排水设备通风散热方式不当。大功率排水设备采取强制吸入排除散热方式，而且电机吸入口与排出口位置相对很近，采用空气对流散热，造成电机重复吸入电机散热刚排出的高温气体，严重降低了电机的散热效果。

C 泵房硐室的降温措施

(1) 保证泵房硐室有充足的供风量。发热量大的水泵硐室，主要按硐室中运行的水泵电机的发热量计算所需的风量，按式（2-3）计算：

$$Q = (3600 \times \sum N \times \theta)/(\rho \times c_p \times 60 \times \Delta t) \tag{2-3}$$

式中 Q——水泵硐室的需风量，m^3/min；

$\sum N$——水泵硐室中运转的电动机的总功率，kW；

θ——水泵硐室的发热系数，可根据实际考虑由机电硐室内机械设备运转时的实际热量转换为电器设备做无用功的系数来确定，水泵硐室的发热系数为0.01~0.03；

ρ——空气密度，一般取$1.2kg/m^3$；

c_p——空气的质量定压热容，一般可取1.0006kJ/(kg·K)；

Δt——水泵硐室进、回风流的温度差，℃。

(2) 采用低压辅助通风方法。当增加水泵硐室主通风量难以实现时，可借助辅助通风设备提高泵房硐室的供风量。

(3) 大功率水泵硐室采用隔热风道通风方法：

1) 大功率水泵房散热的特点。大功率（1000kW以上）水泵房电机两侧均设有吸入风流和排出散热风流装置的接出口，电机运转时，电机内进行强制通风冷却。电机吸入用于降温冷却的风流直接排入硐室内，有的电机吸风口和排风口距离较近，电机运转温度升高，是现在大功率水泵房普遍存在的现象。解决办法是将电机排出的散热风流与硐室空气隔开，防止电机重复吸入散热气流，电机排出的散热风流集中到专用隔热风道，再由专用隔热风道排至硐室以外。

2）水泵硐室专用隔热风道布置。在排水设备硐室的一侧或硐室底板下面，设置一条专用隔热风道。水泵电机的散热风流由引风管路直接排到隔热回风道内，经降温处理后，排至硐室以外风流中去，如图 2-4 所示。隔热风道可布置在硐室底板以下，确定其位置时既要躲开水泵基础，又要便于和电机的散热风流排出口连接（一般采用矩形引风管将电机排风口连接到隔热风道内）。隔热风道和引风管路要设隔热层防护，防止通过岩壁或引风管壁传热致使硐室风流增温。隔热风道出口用水冷却装置进行热风流强制降温。经降温处理的风流再排入矿井风流或回风中，降温后的冷却水由排水沟直接进入水仓排至地面。

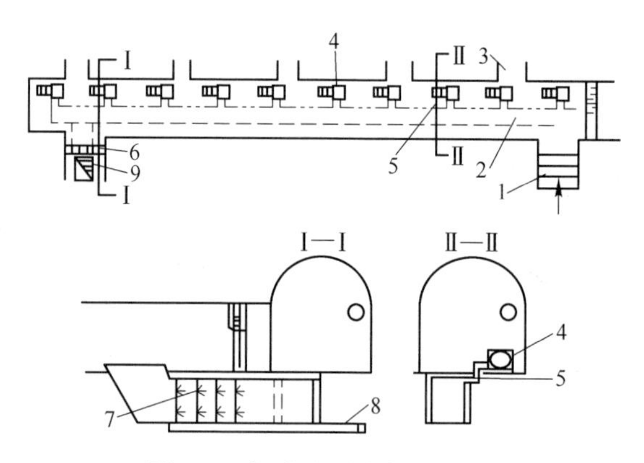

图 2-4　水泵硐室隔热风道布置

1—硐室入风；2—隔热风道；3—水泵给水管道；4—水泵电机；5—引风管道；6—隔断风墙；7—风流冷却水幕；8—排水沟；9—硐室回风

在电机散热排风口设置引风管路，电机运转排出的热风经引风管路导入隔热风道内。为防止硐室内空气与隔热风道经电机引风管路连通短路，在电机入风口设置风流隔断装置。当电机停止运转时，关闭引风管路切断入风口，防止新鲜风流经隔热风道流走；当电机运转时，打开供风通道，进行设备散热通风。

该隔热风道布置方式，可使硐室空气与电机运转散热风流分开排放，硐室内风流不受电机散热影响，电机散热用风按需供给，并将散热风流排入专用风道内。排入隔热风道内的高温散热风流可用水冷却降温，经降温处理后的回风对矿井风流的热污染程度大幅度减小。

2.2　水仓

水仓的形状与普通运输巷道相同，全矿井的涌水最后均汇集于水仓之中，经水泵排至地面。水仓的作用有：一是储存矿井涌水；二是减小水流的速度，使矿井水中的泥沙得到沉淀，以便于水泵可靠的工作；三是在涌水量不均匀或排水设备发生故障时，可以起到蓄水作用。水仓分为主仓和副仓，以便轮换清理。水仓在使用期间应定期清理，每年雨季之前应把水仓全部清理干净。水仓容量按《煤矿安全规程》的有关规定进行设计。每条水仓的最小长度，根据水中杂物能在水仓中自行沉淀至仓底的条件来确定，可按式（2-4）计算：

$$L_{\min} = 3600ut \tag{2-4}$$

式中 $L_{\min}$——每条水仓的最小长度，m；

u——水在水仓中的流速，一般取 $u = 0.003 \sim 0.005$m/s；

t——水在水仓中流过的时间，一般取 $t \geqslant 6$h。

一般涌水量较大的矿井的水仓，其断面的高度、宽度各为 2~3m，每条水仓截面积的大小可按式（2-5）计算：

$$S = \frac{V}{L} \tag{2-5}$$

式中 S——水仓的截面积，m^2；

V——水仓的总容量，m^3；

L——水仓的总长度，m。

按上式计算出的水仓截面积的大小应按式（2-6）进行验算，以确保水在水仓中的流速 u 为 0.003 ~ 0.005m/s：

$$u = (Q_m - Q_h)/(3600 \times S) \tag{2-6}$$

式中 u——水在水仓中的流速，m/s；

Q_m——水泵的排水量，m^3/h；

Q_h——矿井正常涌水量，m^3/h；

S——水仓的截面积，m^2。

为得到可靠的吸水高度，水仓的底板应比水泵地面低 5~6m。在水砂充填和水力采煤的矿井中，还必须在水仓进口处设置专门的沉淀池，使含有大量悬浮物质和固体颗粒的矿井水先沉淀，再流入水仓。

2.3 防水门

水泵房与井底车场相通的出口处，应设置密闭的防水门，并使其关闭自如。防水门所承受的压力应大于或等于泵房斜通道与井筒连接处至井底车场轨面的水柱压力。防水门必须符合下列要求：

（1）防水门的施工及其质量，必须符合设计要求。闸门和闸门硐室都不得漏水。

（2）防水门硐室前后两端，应分别砌筑小于 5m 的混凝土护碹，碹后用混凝土填实，不得有空帮、空顶。防水闸门硐室和护碹，都必须采用高标号水泥进行注浆加固，注浆压力应符合设计要求。

（3）防水门必须采用定型设计和持有许可证的厂家制造。

（4）防水门来水一侧 15～25m 处应加设一道箅子门。防水门和箅子门之间不得停放车辆或堆放杂物。来水时，先关箅子门，后关防水门。如果采用双向防水门，应在两侧各设一道箅子门。

（5）通过防水门的轨道、电机车架空线等必须灵活易拆，在关闭防水门时，能快速拆除；通过防水门墙内的各种管路和安设在闸门外侧的闸阀的耐压能力，都必须与防水闸门所设计压力相一致；通过防水门墙内的电缆、管道，必须用堵头和阀门封堵严密，不得漏水。

（6）防水门必须安设观测水压的装置，并有放水管和放水阀。

（7）防水门竣工后，必须由总工程师负责组织有关部门，按照设计要求进行验收。对新掘进巷道同时建筑的防水门，必须进行注水耐压试验：水门内巷道的长度不得大于 15m，试验的压力不得低于设计水压，其稳压时间应在 24h 以上，试压时应有专门安全措施，并由矿总工程师批准。

（8）防水门应能在发生突然涌水时快速关闭。防水门应向泵房外面开。

（9）防水门每年进行 2 次关闭试验。关闭防水门用的工具和零件，必须指定专门地点存放，并有专人负责保管，不得丢失挪用。

（10）防水门应建立定期检查和维修制度。检查、维修时，如发现问题应及时处理。

2.4 管子道、管子间

如图 2-5 所示，管子道是泵房与排水井筒直接连通的一条倾斜巷道，其倾角一般为 25°～30°，排水管由此通道敷入排水井筒。通道与井筒连接处，有一段 2m 长的平台，平台必须至少高出泵房底板 7m。管子道内的排水管路架设在靠侧壁（或两侧）的管墩上，并用管卡固定。管子道中间敷设轨道，两条轨之间用水泥、红砖（或水泥混凝土）砌成行人梯子。当发生突然涌水淹没井底车场和运输大巷等意外情况时，可利用管子道作为安全通道，通行人员和搬运设备。

管子间是在竖井井筒中专门用于安装排水管路的空间，如图 2-6 所示。管路的最下端是一个带支承座的弯头 3，它安装在两端预埋在井壁内的横梁上，并用螺栓固定。竖直的管路用螺栓导向卡或钩形螺栓固定在罐道梁上，管子与罐梁之间衬以垫木，以防挤伤管壁。

斜井内的管路敷设方式有靠巷道侧壁一上一下敷设和靠两侧分别敷设或两种方式综合利用。当采用靠巷道侧壁一上一下敷设管路方式时，下面一条管路架在管墩上，上面一条管路固定在预埋的悬臂梁上并用管卡固定。管路最下部的弯头

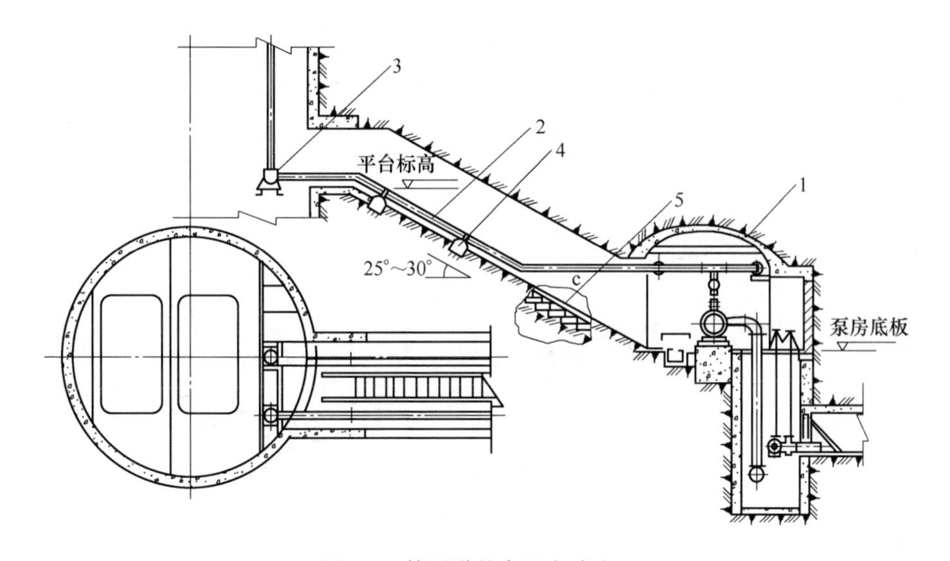

图 2-5　管子道的布置方式之一

1—泵房；2—管路；3—带支承座的弯管；4—管墩和管卡；5—行人梯子和运输轨道

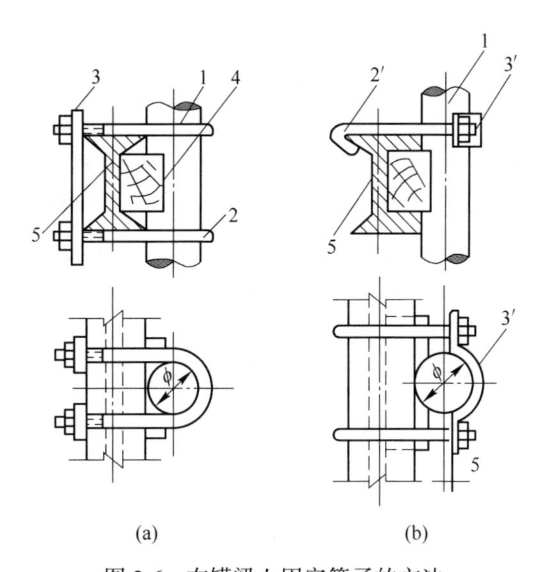

图 2-6　在罐梁上固定管子的方法

1—管路；2—直径 16mm 的 U 形螺栓导向卡；2′—直径 16mm 的钩形螺栓导向卡；3—10mm×50mm 扁钢；3′—8mm×50mm 扁钢；4—垫木；5—罐梁

可固定在管墩上或斜柱上。为防止管路下滑，每隔一段距离应设置一个向上的斜拉紧装置，如图 2-7 所示。

排水管路就是由许多排水管采用各种连接方式连接起来的水流通道。矿井水从水仓进入吸水管，经水泵加压后，由排水管路输送到地面流水沟或某一指定位置。排水管路一般包括排水管（含连接用的法兰、快速接头）、管件、伸缩管、管卡、固定管墩和其他附件（灌水漏斗、旁通管、放气阀门、滤网、水管连接用螺栓、螺帽、垫圈、密封垫子等）。

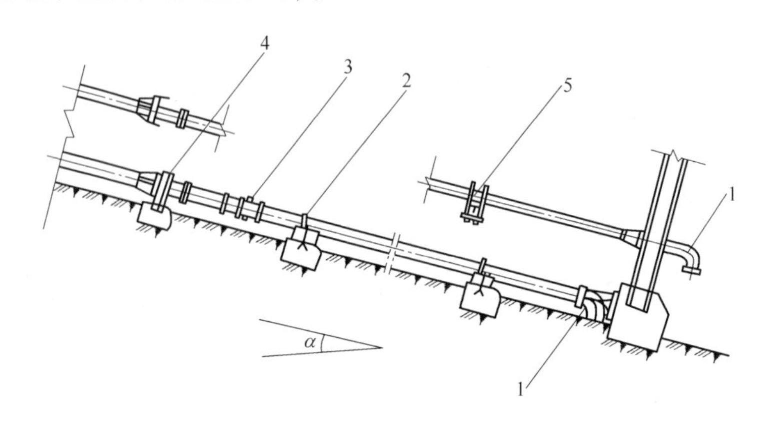

图 2-7　斜井内管路敷设

1—支撑弯管；2—管墩卡子；3—伸缩补偿器；4—直支撑管；5—托梁、管卡及排水管道

2.4.1　排水管

排水管所用的材料有钢管、胶管、塑料管、铸铁管、玻璃钢管和复合材料管等。由于排水管要承受较高的压力（一般在 1~9MPa 之间），而钢管具有较高的强度且焊接性能好，因此，在矿井主排水系统中常选用钢管作为主排水管路。钢管的种类较多，有无缝钢管、有缝钢管。而无缝钢管又分为冷轧（冷拔）无缝钢管和热轧无缝钢管，其材质一般为 10~45 号碳素结构钢。出厂时每根钢管的长度在 4~12m 之间，有特殊要求时也可以超过 12m。

临时排水或排水扬程不高的场所可采用胶管排水。塑料管具有质量轻、强度高、耐腐蚀、便于搬运等优点，在一些排水场所逐渐得到了应用。可以预见，随着技术的不断进步，在今后的排水管路中，塑料管会得到越来越广泛的应用。在排水压力不高的情况下，有时也用一些铸铁管作为排水管。但由于铸铁管脆性大、强度低，在搬运中容易被损坏，其使用范围受到限制。

常用的排水管路连接方式有四种：法兰盘连接、焊接、快速接头连接和螺纹连接。

2.4.1.1　法兰盘连接

在排水管路中采用法兰盘连接的方式最为普遍，也是应用最广的一种。法兰盘连接方式分为两种，即固定法兰盘连接和活动法兰盘连接。

固定法兰盘连接：用铸钢、锻钢或钢板加工的法兰盘焊接在钢管两端，再用螺栓螺帽将两个相邻的法兰盘连接起来。焊接方式根据管道工作压力确定的：工作压力低的管路采用搭焊，如图 2-8（a）所示；工作压力高的管路采用对焊，如图 2-8（b）所示。螺栓拧紧程度要适当，不可过松，螺栓的规格、数量根据管子管径和工作压力的大小来确定。

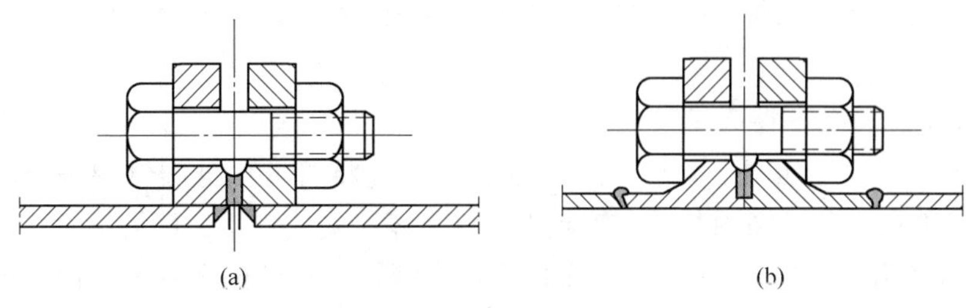

图 2-8　法兰盘连接的管路
（a）搭焊；（b）对焊

活动法兰盘连接：在安装管路的时候，有时需要一些附件，如弯头、三通、四通、管支座等，很难保证将事先焊接在钢管上的法兰盘的孔与管路附件的孔正好对准，这时可以采用活法兰盘连接。活法兰盘可以随意转动，调整上下或左右两个连接法兰盘之间的螺栓孔的位置，将它们连接起来，如图 2-9 所示。

两个法兰盘的对接处必须安装起密封作用的垫片，且垫片必须具有一定的弹性或塑性。垫片的常用材料为橡胶、石棉、软铝等，按照设计要求选用所需的密封材料。

2.4.1.2　焊接

焊接就是在两根钢管之间套上一个钢匝（当焊接管路不长或焊接管路安装在斜井内或水平巷中，焊工的技术较高时，可以不使用钢匝，采用直接对焊，但管子两端需倒焊口），分别与两根钢管焊接在一起。此种连接方式在立井（竖井）、斜井管路中均可使用，尤其适用于敷设在垂直钻孔中的管路，如 2-10 所示。由于此种连接方法必须在安装现场进行焊、割等，因此该连接方式不能在有可燃性和易燃性气体的地点使用。

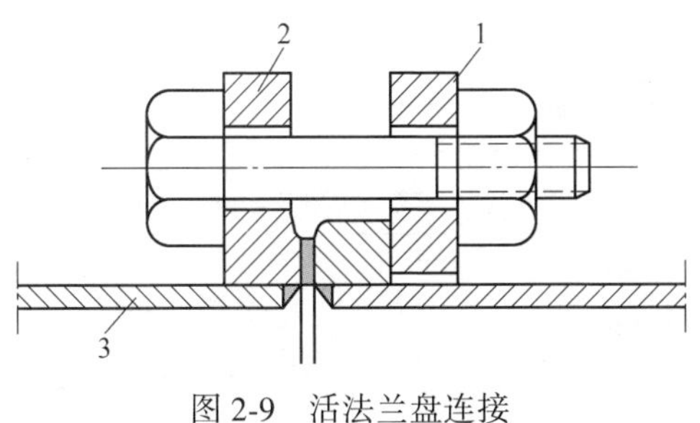

图 2-9　活法兰盘连接
1—活法兰盘；2—固定法兰盘；3—钢管

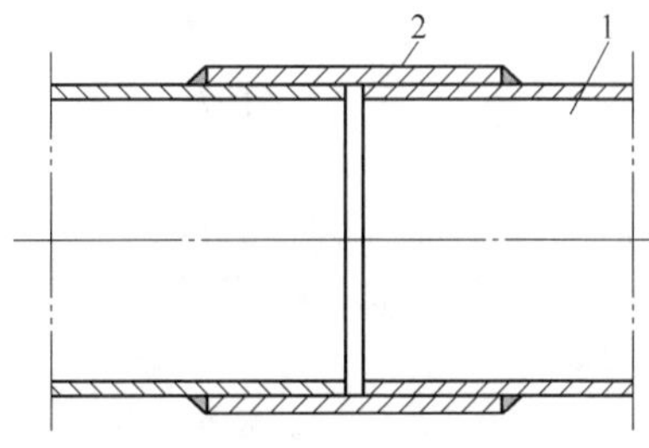

图 2-10　用焊接连接的管路
1—钢管；2—钢匝

无论是立井还是斜井，都可采用对焊起来的长钢管。无缝热轧钢管，一般每节长 6~10m，一趟几百米长的管路，用法兰连接时所需法兰数量太多，安装工作量大，施工困难。若在地面上把排水管焊接成长管，吊起缓缓下放到井筒里再安装，将大大提高工作效率。目前最长的长管已达 150m，长管间仍采用法兰盘连接。

2.4.1.3　快速接头连接

快速接头连接如图 2-11 所示。安装前，预先将管端用低碳钢焊条焊在要安装的钢管两端，然后清除焊渣和喷溅点，涂上漆。安装时，使两管端对正，再套上密封圈（图 2-12），装上管卡，用扳手拧紧螺栓，直到两个管卡平面接触无缝隙后方可。此种连接方式可用于平巷和倾斜巷道中的管路安装，有时也可用在立井中。快速接头连接的优点是安装较为方便，缺点是使用范围受到局限，只适应于排水管路管径较小的场合，对管径较大的排水管路一般不采用此种方法。需注意的是密封圈在存放时应避光、避压，以免老化和变形，影响密封性能。

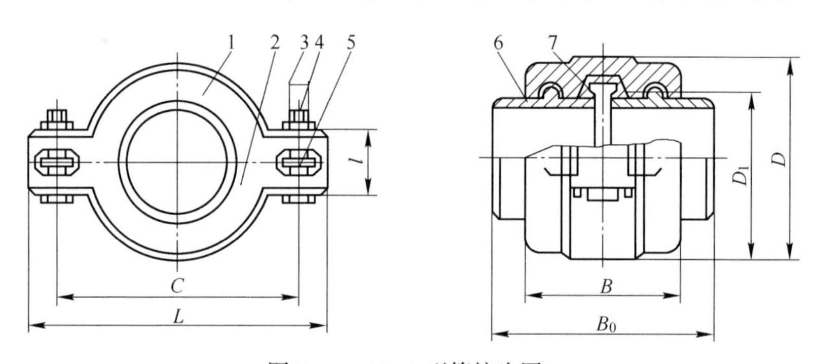

图 2-11　GJHA 型管接头图

1—上管卡；2—下管卡；3—螺栓；4—螺母；5—塑料环；6—管端接；7—密封圈

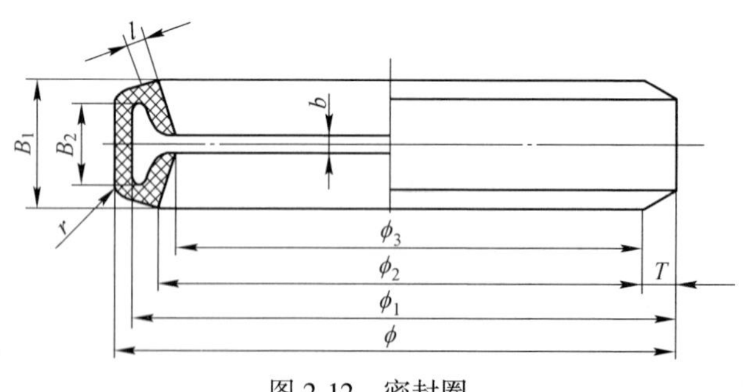

图 2-12　密封圈

2.4.2　管件

因受到环境限制或为了达到配管要求或提高水管安装速度，排水管路在敷设过程中需要使用弯头、三通、四通、异径管等管件。常用管件如图 2-13 所示。

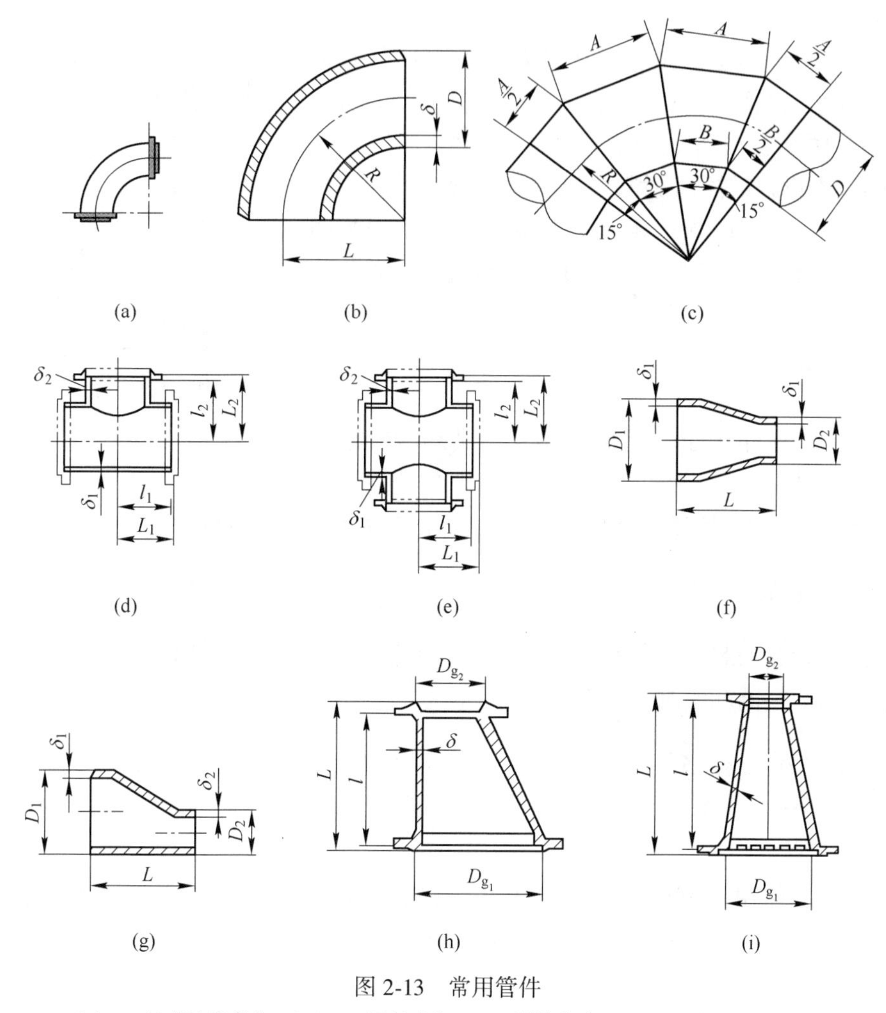

图 2-13 常用管件

（a）90°法兰连接弯头；（b）90°压制弯头；（c）焊接弯头；（d）三通；（e）四通；（f）压制同心异径管；（g）压制偏心异径管；（h）法兰连接偏心异径管；（i）法兰连接同心异径管

2.4.3 伸缩管

伸缩管如图 2-14 所示，伸缩管外体 1 与管路用法兰盘相连，内管 4 接在固定管座上，1 与 4 之间有盘根 2 通过压紧盘 3 被压紧，起密封作用。当伸缩管外体侧的管路膨胀或收缩时，外体可以沿内管移动，从而起到防止热胀冷缩引起管路变形的作用。

至于排水管中间是否加装伸缩管，应按充水状态下的水温变化，以及排水管周围空气的温度变化的幅度决定。

2.4.4　管卡

管卡用于固定管道，防止管路产生弯曲变形和大的位移，但管路可以在管卡之间微量窜动。管卡应牢固地固定在所处位置。在斜井中。可以采用ϕ40mm的圆钢锚杆（用凿岩机在安装管道的巷道内坚固的矸石顶、底板或侧帮上打眼，将圆钢锚杆打入眼内固定好）、带螺纹的拉杆及抱箍组合装置作为管卡。

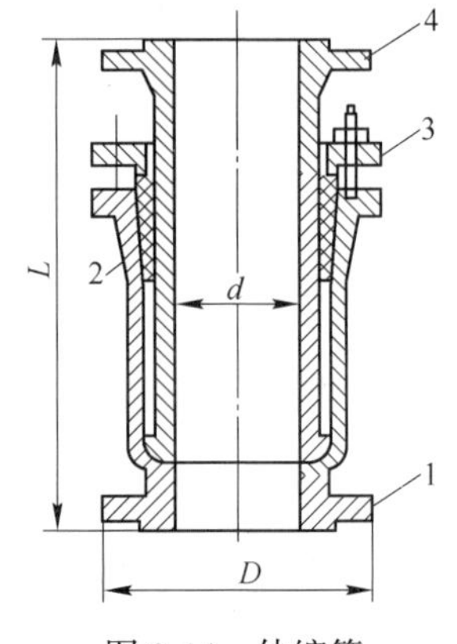

图 2-14　伸缩管
1—外体；2—盘根；3—压紧盘；4—内管

2.4.5　固定管座

固定管座用于承载管路的重量，其结构和强度必须满足现场对管路的实际要求，否则将使管路受到损坏。可以采用混凝土固定管座（只能用于斜井或平巷中）、钢梁固定管座等。

2.4.6　其他附件

排水管路的其他附件有灌水漏斗、旁通管、放气阀门、滤网，水管连接用螺栓、螺帽、垫圈和密封垫子等。

2.5　水泵附属设备

2.5.1　闸门

阀门的作用是调整（控制）水流方向、水流大小以及水流的接通和断开，是矿井排水系统中不可缺少的主要附件。矿井排水系统中常用的阀门有闸阀、止回阀和底阀三种。

2.5.1.1　闸阀

闸阀按阀杆能否直接看到，可分为明杆阀和暗杆阀两种；按阀板的结构形式，可分为楔式和平行式两种，矿井排水系统多用楔式闸阀。楔式闸阀多制成单闸板式，其两密封面成一角度。通常操作闸阀的动力有手动和电动两种形式。

在水泵的出水口侧与排水管之间必须安设闸阀。当水泵启动时，须关闭该闸阀，其目的是降低水泵的启动功率，减少启动电压降对电网的冲击；当水泵进入正常排水工作后，再打开闸阀进行排水；水泵停止运转时，要先关闭闸阀，然后再停水泵。在多条管路、多台水泵的排水系统中，用闸阀来控制或选择任意几条管路或几台水泵的运行。在有几个水仓或多个吸水井的配水巷中，也需要利用闸阀来选择工作的水仓或吸水井。

A 楔式闸板闸阀

楔式闸阀主要由阀体1、阀盖10、闸板体2、阀杆5、闸板体口环3、阀体口环4、手轮11等组成，如图2-15（a）所示。闸板的两侧成楔形，口环3与口环4相接触后结合非常严密，以保证闸阀可靠地隔断闸阀两侧的水流。闸阀不发生内漏，口环损坏后都可以更换。闸阀的开闭由阀杆5和装在阀杆5上的手轮11共同来完成。操作手轮11，就可以带动阀杆5上下移动和转动，从而实现闸阀的打开和关闭。阀盖10与阀体1的对口处加有密封垫6；密封块8与阀杆5之间填有盘根9，并用盘根盖7压紧，从而保持闸阀的密封，确保闸阀不外漏。

B 平行式闸板闸阀

平行式闸板闸阀的结构基本上与楔式闸板闸阀相同，如图2-15（b）所示。其所不同的是阀板2两侧是平行的，阀板是靠金属阀楔3的作用压向两侧，使闸阀关闭。当转动手轮上提阀板时，闸阀被打开；反之，闸阀被关闭。

2.5.1.2 止回阀（逆止阀）

止回阀有旋启式和升降式两种，旋启式止回阀阀板的一侧有活轴，阀板可以绕活轴旋转开启或关闭。矿井排水系统中通常使用旋启式止回阀，如图2-16所示。止回阀的作用就是防止排水管路中的水逆流。当水泵停止工作时，水流会顺着箭头所指的方向移动，这时止回阀的阀门靠自重和水压自动关闭，阻止水流通过，避免水流冲击损坏水泵叶轮和底阀；当水泵正常工作时，水流会按箭头所指的相反方向流动，止回阀被打开，水流正常通行；当突然停电时，可以防止水管中的水产生水锤破坏水泵叶轮和底阀；同时也可阻止排水管路中的水流入吸水井，确保矿井在恢复送电时，排水管路中有水能及时给水泵灌引水，以及时启动水泵，保证泵房排水的安全。止回阀一般安装在水泵出水口的上方，距水泵出水口很近的位置（安装的顺序：水泵出水口上安装闸阀，闸阀上安装止回阀）。

2.5.1.3 底阀

底阀（图2-17）的作用：水泵启动前，向水泵吸水管和泵体内灌引水时，起到防止吸水管中的水流出的作用，保证水泵的正常启动；水泵停止工作后，保证吸水管中的存水不会漏掉，下次运行水泵时，不需给吸水管和水泵体内灌引水。

底阀安装在吸水管的底部，也可说是水泵吸水管端部的止回阀。为防止水泵吸入空气或底阀被淤泥埋没等，底阀潜入水面以下深度不得小于0.5m，与吸水井底板相距不得小于0.4m。为减小水泵的吸水阻力，提高水泵的吸水高度和运行效率，目前，排水系统中大都采用无底阀排水。

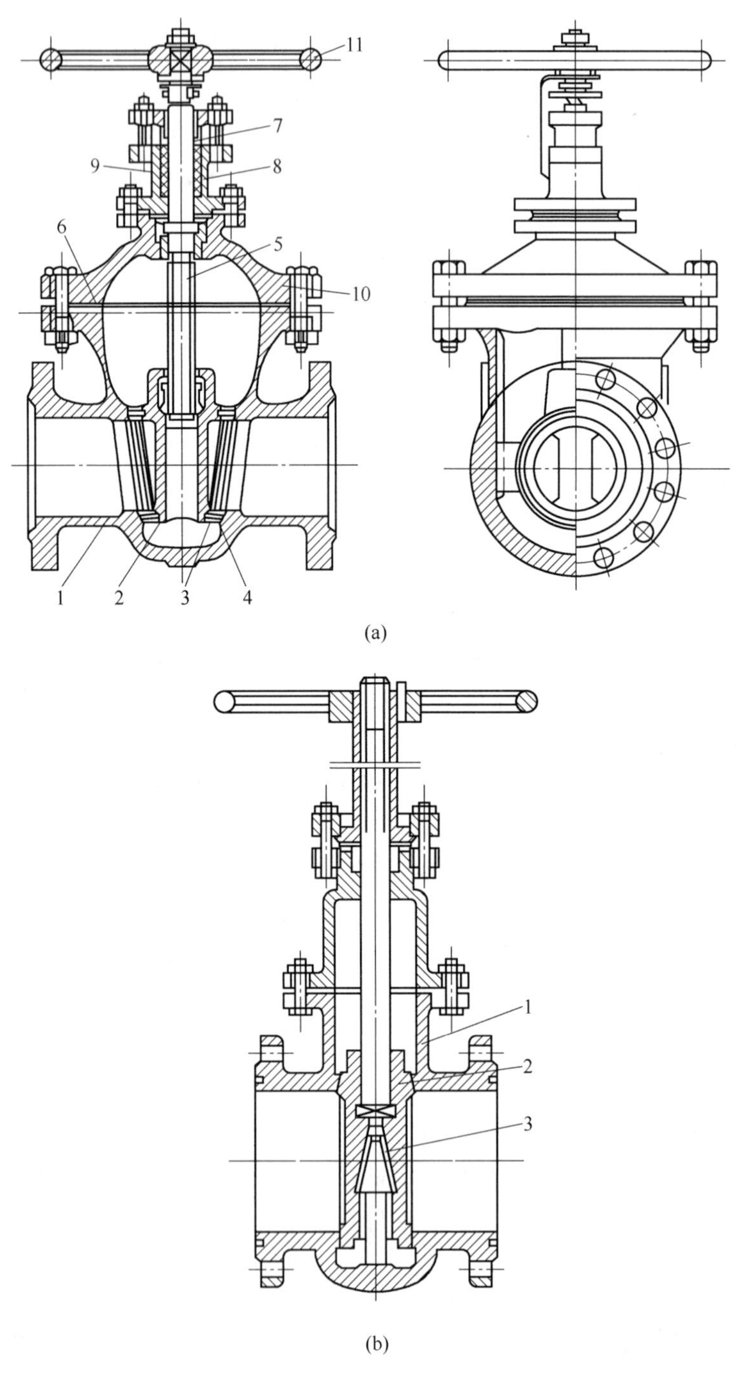

图 2-15　闸阀

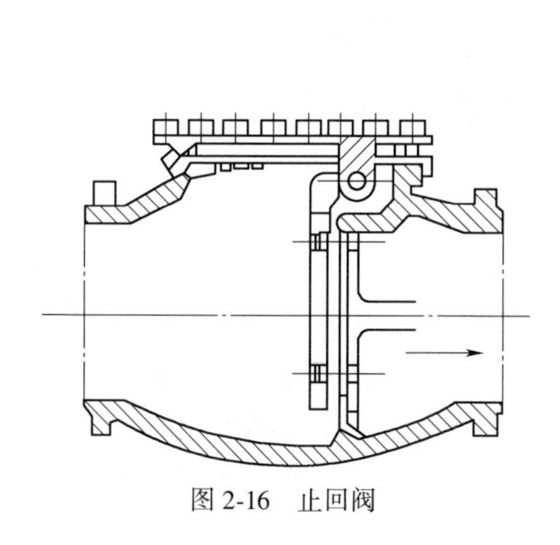
图 2-16 止回阀

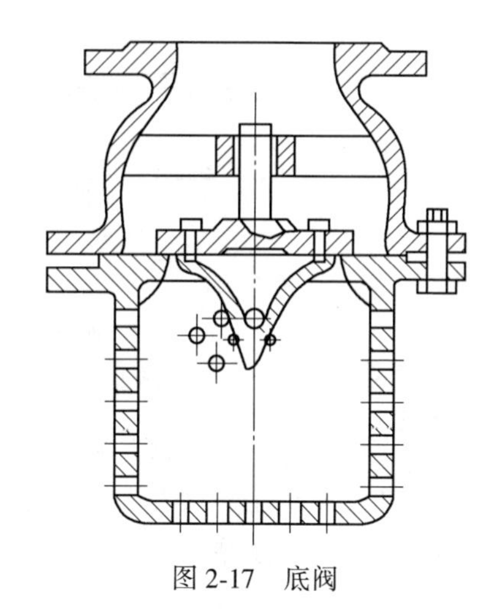
图 2-17 底阀

2.5.2 引水装置

为了使水泵在灌注引水时阻止所灌引水流至吸水井，在离心式水泵吸水管道末端一般均安设底阀。但是，使用底阀存在一些问题：一是底阀增加了吸水管道的阻力，加大了能量消耗，降低了水泵效率，降低了水泵的吸水高度；二是运行中也常因底阀质量不好或有杂物进入底阀，使底阀密封不严，使水泵灌不上引水而不能工作；三是由于矿井水腐蚀性较大，底阀易损坏，在底阀的检修、更换过程中，工作条件恶劣、劳动强度大。因此，为了减少管道阻力、降低能量消耗、提高水泵效率，增加水泵的吸水高度（在吸水高度相同的条件下则降低了水泵吸水口的真空度，减小了发生气蚀现象的可能性），消除因底阀故障而导致的水泵不正常运行的影响，当前某些矿井主排水设备已取消底阀，采用真空泵、射流泵、串联前置泵等方式作为水泵的引水装置进行排水。

2.5.2.1 真空泵启动排水原理

水泵启动前，先开动真空泵抽出水泵吸水管和泵体内的空气，由于泵体上口和吸水管下端均已被水密封，泵体和水泵吸水管内的空气越来越稀薄，即气压越来越低，形成负压，吸水井中的水在大气压的作用下，随着负压的升高逐渐进入水泵吸水管和泵体内，直至充满水泵吸水管和泵体，此时关闭真空泵，启动水泵开始排水。

2.5.2.2 射流泵启动排水原理

射流启动排水是利用喷射泵实现的，喷射泵的结构如图 2-18 所示，主要由喷嘴、吸水室和混合管组成。

当从排水管中引来的高压水由喷嘴高速喷射出来时，高速喷射水流连续不断

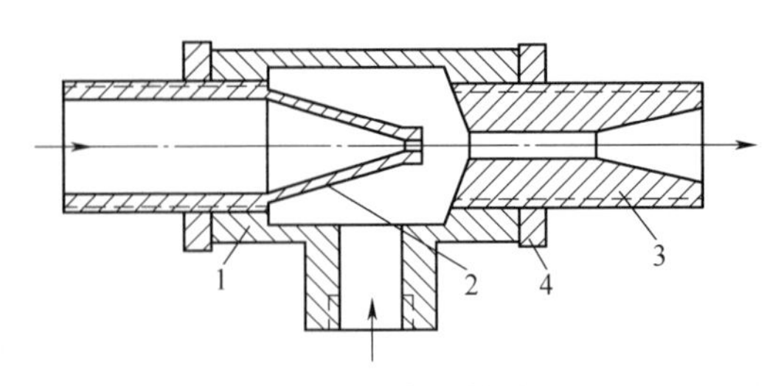

图 2-18　喷射泵构造图

1—吸水室；2—喷嘴；3—混合管；4—螺母

带走吸水室中的空气，使得与吸入室相连接的泵体和水泵吸水管内部的空气越来越稀薄，即气压越来越低，形成负压。在大气压的作用下，随着负压的升高吸水井中的水逐渐进入水泵吸水管和泵体内，直到充满水泵吸水管和泵体，此时，便可以启动电机驱动水泵进行排水（图 2-19）。其操作方法为：首先打开低压阀 11 和高压阀 10，这时来自排水管路中的高压水通过喷射泵 5 将泵体和水泵吸水管内

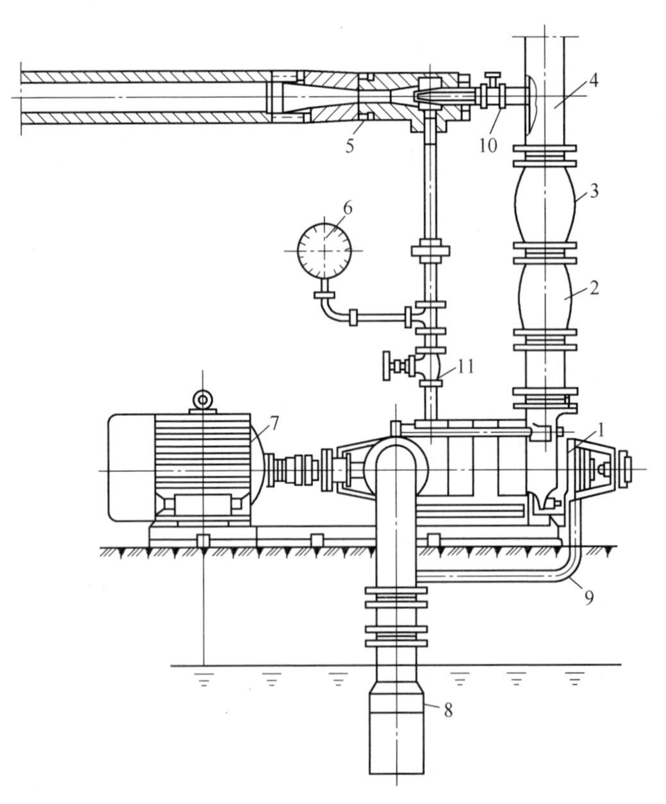

图 2-19　喷射泵排水系统示意图

1—水泵；2—闸阀；3—逆止阀；4—排水管；5—喷射泵；6—真空表；7—电动机；8—渐扩管段；9—放水管；10—高压阀；11—低压阀

的空气带走，高压水和空气通过连接管路流入到吸水井中；经过很短时间，水泵吸水管和泵体内部形成真空；在大气压的作用下，吸水井中的水被压入水泵吸水管和泵体；当连接管路中排出的全部是水时，即可关闭高压阀和低压阀，启动水泵进行排水。

2.5.2.3 串联前置泵启动排水原理

串联前置泵启动排水原理是采用压入式排水方式。以冀中能源峰峰集团下属矿井为例，由前置潜水混流泵为主排水泵（双吸自平衡多级离心泵）入口处提供正压给水（图 2-20）。其操作方法为：首先启动前置潜水混流泵，通过比较器对数据采集模块采集的前置泵出口压力值与其启动条件设定值进行实时比较，判断是否满足主排水泵启动条件，若满足，则启动主排水泵电机（双驱电机）；主排水泵电机启动后，通过比较主排水泵出口压力值，压力满足要求后开启电动闸阀，主排水泵开始排水，闸阀开到位后启动过程结束。串联前置泵启动排水方式，可有效消除汽蚀，延长主排水泵的使用寿命，缩短水泵启动时间，提高排水系统的安全性和可靠性。

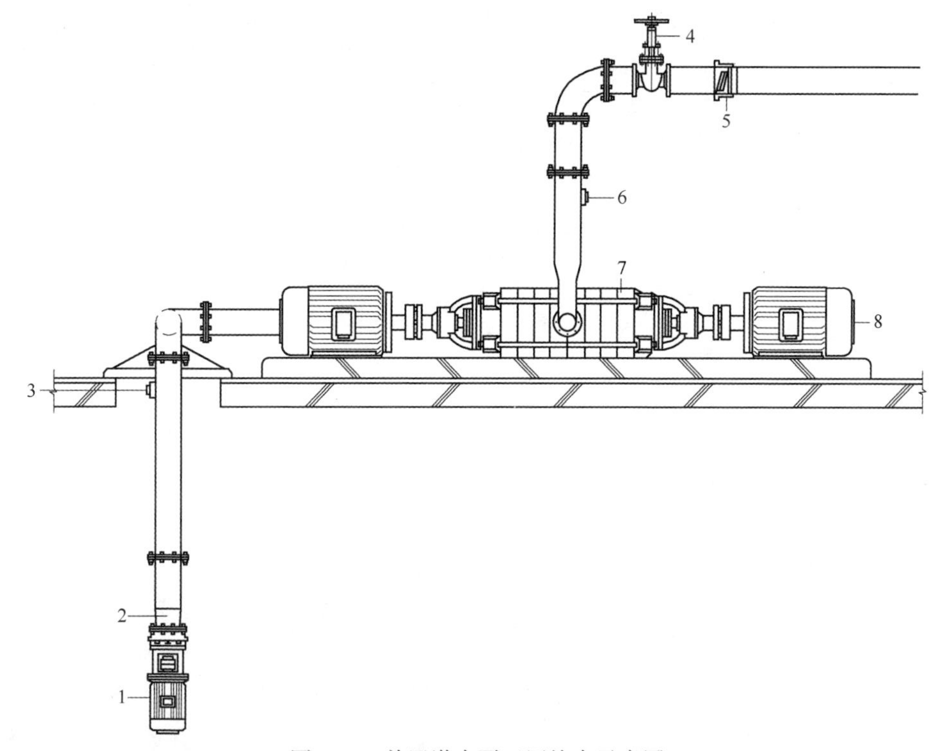

图 2-20 前置潜水泵正压给水示意图

1—前置潜水混流泵；2—渐扩管段；3—插入式流量计；4—电动闸阀；5—逆止阀；6—压力表；7—双吸自平衡多级离心泵；8—双驱电机

参 考 文 献

[1] 彭伯平，李总根，黄增粮．矿井水泵工［M］．徐州：中国矿业大学出版社，2008.
[2] 国家安全生产监督管理总局宣传教育中心编．水泵工［M］．徐州：中国矿业大学出版社，2009.
[3] 张书征．矿山流体机械［M］．北京：煤炭工业出版社，2011：95.
[4] 王国珍．泵井泵工［M］．北京：煤炭工业出版社，2005.
[5] 祖国建．矿山电器设备与维护［M］．北京：化学工业出版社，2011.
[6] 张步勤，刘永生，刘志民，等．Q/FFJT 001—2018 井工矿山串并联交叉耦合高效排水系统［S］．邯郸：冀中能源峰峰集团有限公司，2018.
[7] 河北工程大学．一种双电机驱动的大功率矿用多级高效泵：中国，201821690025.9［P］．2019-06-07.
[8] 潘越，于明明．固液两相流泵性能参数影响实验［J］．机电工程技术，2014，43（11）：45~47，85.

3 离心式水泵工作原理、分类及结构形式

3.1 离心式水泵的工作原理与分类

3.1.1 离心式水泵的工作原理

3.1.1.1 工作原理

图 3-1 所示为单级离心式水泵的简图。水泵的主要工作部件有叶轮 1，其上有一定数目的叶片 2。叶轮固定在轴 3 上，由轴带动旋转。水泵的外壳 4 为一螺旋形扩散室，水泵的吸水口与吸水管 5 相连接，排水口与排水管 7 连接。

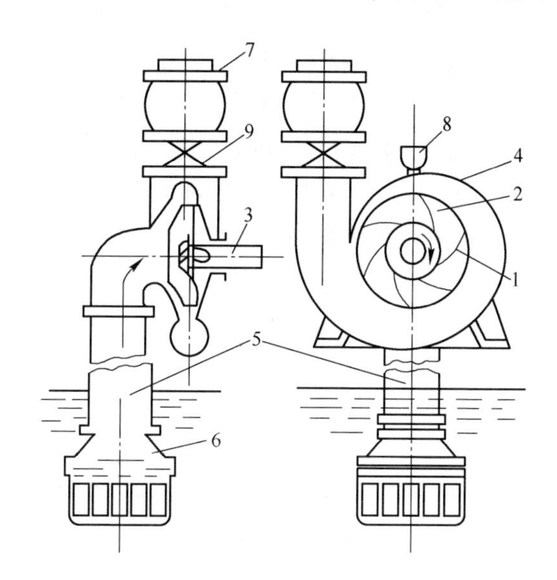

图 3-1 离心式水泵简图

1—叶轮；2—叶片；3—轴；4—外壳；5—吸水管；
6—滤水器底阀；7—排水管；8—漏斗；9—闸阀

水泵启动前，先由注水漏斗 8 向泵内注水，然后启动水泵，叶轮随轴旋转，叶轮中的水也被叶片带动旋转。这时，在离心力的作用下，水从叶轮进口流向出口。在此过程中，水的动能和压力能均被提高。被叶轮排出的水经螺旋形扩散室后，大部分动能又转变为压力能，然后沿排水管输送出去。这时，叶轮进口处因

水的排出形成真空。吸水井中的水在大气压力作用下，经吸水管进入叶轮。叶轮不断旋转，排水便不间断地进行。

需要注意，泵在启动前，应先注满水。若不注满水，叶轮只能带动空气旋转。因空气单位体积的质量很小，产生的离心力甚小，故无力把泵内和排水管路中的空气排出，不能在泵内形成一定真空，水也就吸不上来。泵的底阀6是为注水用的，泵出口侧的调节阀是用来调节流量的。

3.1.1.2 工作参数

表征水泵工作状况的参数称为水泵的工作参数，它包括流量、扬程（压头）、功率、效率、转速和允许吸上真空度等。

（1）流量。流量是指单位时间内水泵排出液体的体积，又称排量，用符号 Q 表示，单位为 m^3/s。

（2）扬程。扬程是指单位重量液体自水泵获得的能量，又称为压头，用符号 H 表示，单位为 m。

（3）功率。水泵功率是指水泵的单位时间内所做功大小，可分为轴功率和有效功率。

1）轴功率。电动机（原动机）传给泵轴上的功率（即输入功率），叫做轴功率，用符号 N 表示，单位为 kW。

2）有效功率。水泵实际传递给水的功率（即输出功率），叫做有效功率，常用符号 N_e 表示，单位为 kW。水泵扬程 H 可以理解为水泵输出给单位重量液体的功，而单位时间内输出液体的重量为 $\rho g Q$，故

$$N_e = \frac{\rho g Q H}{1000} \tag{3-1}$$

式中 Q——流量，m^3/s；

H——扬程，m；

ρ——水的密度，kg/m^3。

（4）效率。效率是指水泵有效功率与轴功率的比值，用符号 η 表示

$$\eta = \frac{N_e}{N} = \frac{\rho g Q H}{1000N} \tag{3-2}$$

（5）转速。转速是指水泵转子每分钟转数，用符号 n 表示，单位为 r/min。

（6）允许吸上真空度。允许吸上真空度是指水泵在不发生汽蚀时，允许吸上真空度的最大限值，常用符号 H_s 表示，单位为 m。

3.1.2 离心式水泵的分类

离心式水泵是一种量大面广的机械设备。由于应用场合、性能参数、输送介质和使用要求的不同，离心泵的品种及规格繁多，结构形式多种多样，因而其分

类方法较多。

按泵轴的工作位置可分为卧式泵和立式泵；按压水室形式可分为蜗壳式泵和导叶式泵；按吸入方式可分为单吸泵和双吸泵；按叶轮个数可分为单级泵和多级泵。每一台泵都可在上述各种分类中找到自己隶属的结构类型。泵的结构形式是由描述该泵结构类型的术语命名的，如卧式单级单吸蜗壳式离心泵、立式多级导叶式离心泵等。

现有离心泵的结构类型如图 3-2 所示。

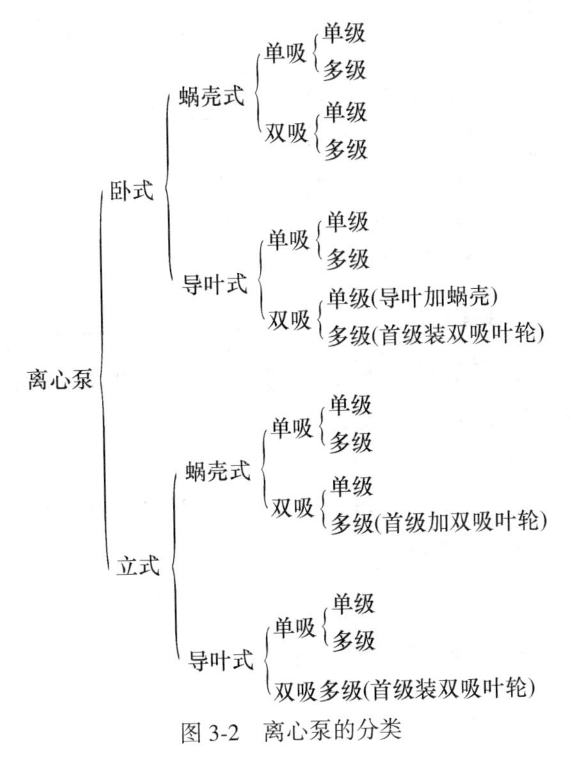

图 3-2 离心泵的分类

3.1.3 离心式水泵的型号

离心式水泵的型号表明泵的结构类型、尺寸大小和性能，但其编制方法尚未完全统一，故在水泵样本及使用说明书中，一般都应对该泵型号的组成和含义加以说明。目前，我国多数离心式水泵的结构类型及特征在其型号中是用汉语拼音字母表示的。表 3-1 列出了部分离心泵型号中某些汉语拼音字母通常所代表的意义。

该表中的字母皆为描述水泵结构类型或结构特征的汉字第一个拼音字母。但不少水泵并不按此规矩给出，如有些按国际标准设计或从国外引进的水泵的型号除少数为汉语拼音字母外，一般为表示该水泵某些特征的外文缩略语。如 IS 和 IB 均代表符合有关国际标准（ISO）规定的单级单吸悬臂式清水离心泵；IH 代表符合 ISO 标准的单级单吸式化工泵；引进泵的型号 DSJH 和 RSN 分别代表单级双吸两端支承式离心石油化工流程泵和两级立式船用离心泵等。

表 3-1　部分离心泵型号中某些汉语拼音字母及其意义

字母	意　义	字母	意　义
B	单级单吸悬臂式离心泵	QX_D	单相干式下泵式潜水泵
D	节段式多级泵	QS	充水上泵式潜水泵
DG	节段式多级锅炉给水泵	QY	充油上泵式潜水泵
DL	立轴多级泵	R	热水泵
DS	首级用双吸叶轮的节段式多级泵	S	单级双吸式离心泵
F	耐腐蚀泵	WB	微型离心泵
JC	长轴深井泵	WG	高扬程横轴污水泵
KD	中开式多级泵	Y	液压泵
KDS	首级用双吸叶轮的中开式多级泵	YG	管道式液压泵
QJ	井用潜水泵	ZB	自吸式离心泵

水泵型号除有上述字母外，还有一些数字和附加的字母表示该水泵的大小及性能，如引进水泵的型号：

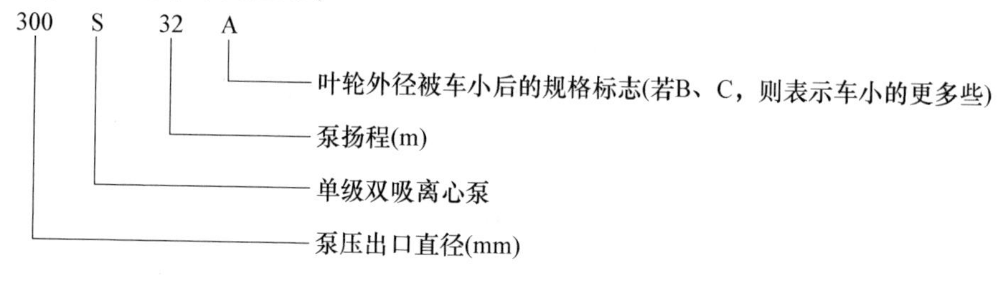

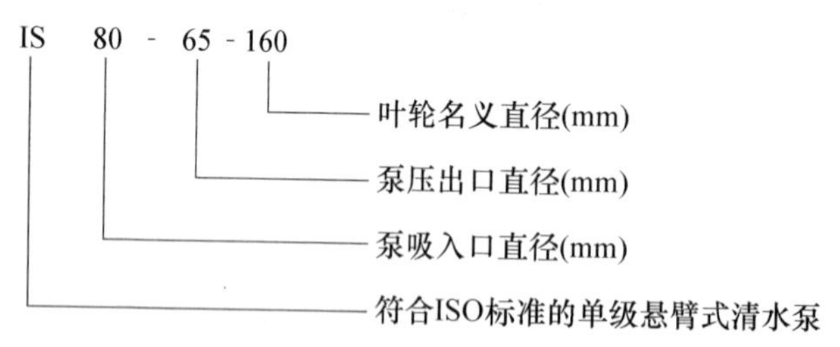

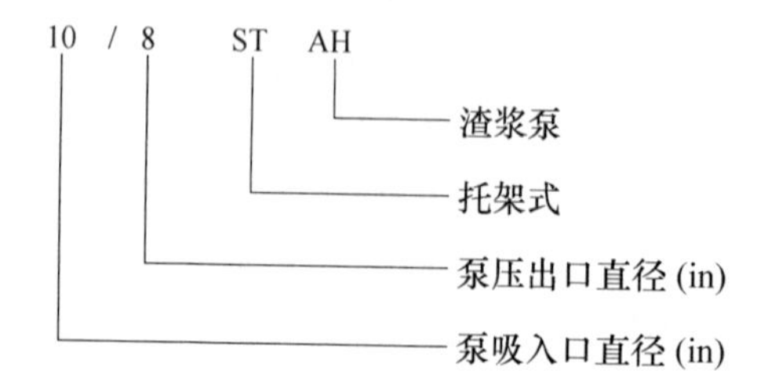

3.2 离心式水泵的结构形式

3.2.1 单级水泵

只装一个叶轮的泵为单级泵。按其转子支撑方式，这种泵可分为悬臂式和两端支撑式两类。

3.2.1.1 悬臂式水泵

我国设计生产的IS型泵（图3-3）即为一台单级单吸横轴离心泵。它的叶轮5由叶轮螺母2、止动垫圈3和平键固定在泵轴12的左端。泵轴的另一端用以装联轴器，以便实现动力拖动。为防止泵内液体沿泵轴穿出泵壳处的间隙泄漏，在该间隙处皆设有轴封。IS型泵采用的是填料式轴封，它由轴套7、填料9、填料环8和填料压盖10等组成。泵工作时，泵轴用两个单列向心球轴承支撑着转动，从而带动叶轮在由泵体1和泵盖6组成的泵腔内旋转。因为该泵泵轴的两个支承轴承都位于泵轴的右半段，装叶轮的泵轴左半段处于自由悬伸状态，故把这种具有悬臂式结构的泵称为悬臂泵。

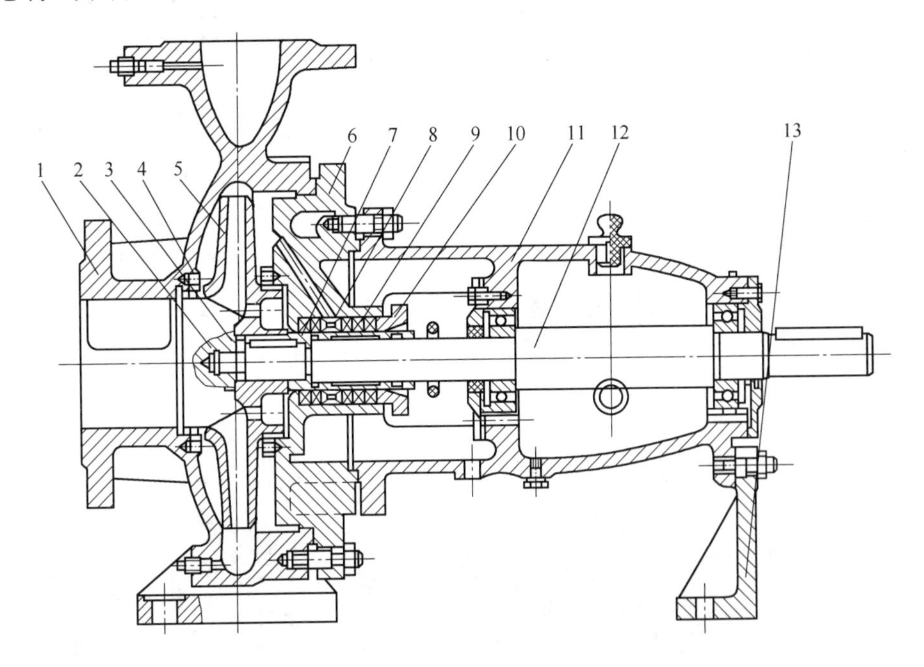

图3-3 悬架式悬臂泵

1—泵体；2—叶轮螺母；3—止动垫圈；4—密封环；5—叶轮；6—泵盖；7—轴套；8—填料环；9—填料；10—填料压盖；11—悬架；12—泵轴；13—支架

悬臂式结构主要用于像IS型水泵这种轴向吸入的单吸式水泵。该泵多采用直锥管形吸入室。双吸泵（图 3-4）和径向或切向吸入的泵（图 3-5）也可用悬臂式结构，此时水泵多用半螺旋形或环形吸入室。图 3-5 所示的双吸式泵是轴向吸入的，双吸式叶轮与两侧分别采用半螺旋形和变截面直管状吸入室。悬臂泵结构有以下几种类型。

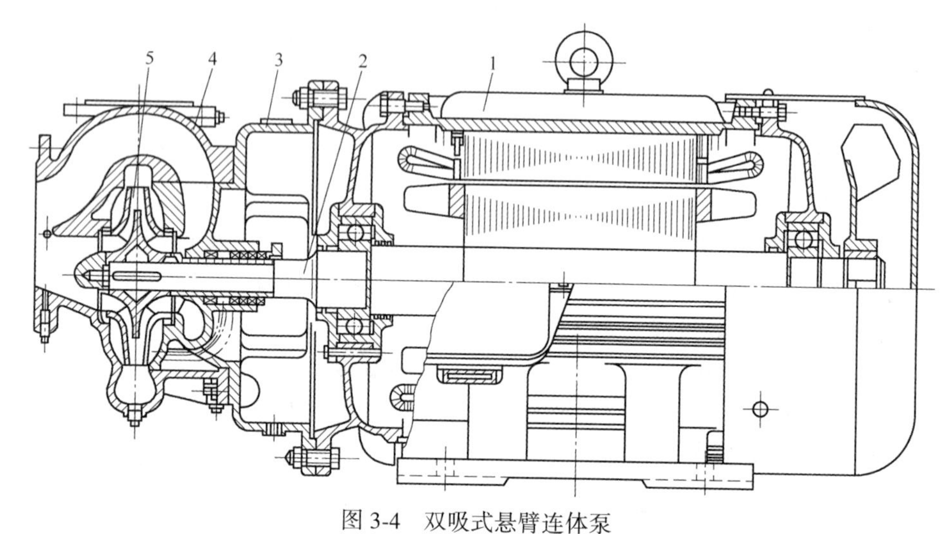

图 3-4 双吸式悬臂连体泵

1—电动机；2—电动机轴；3—泵盖；4—泵体；5—叶轮

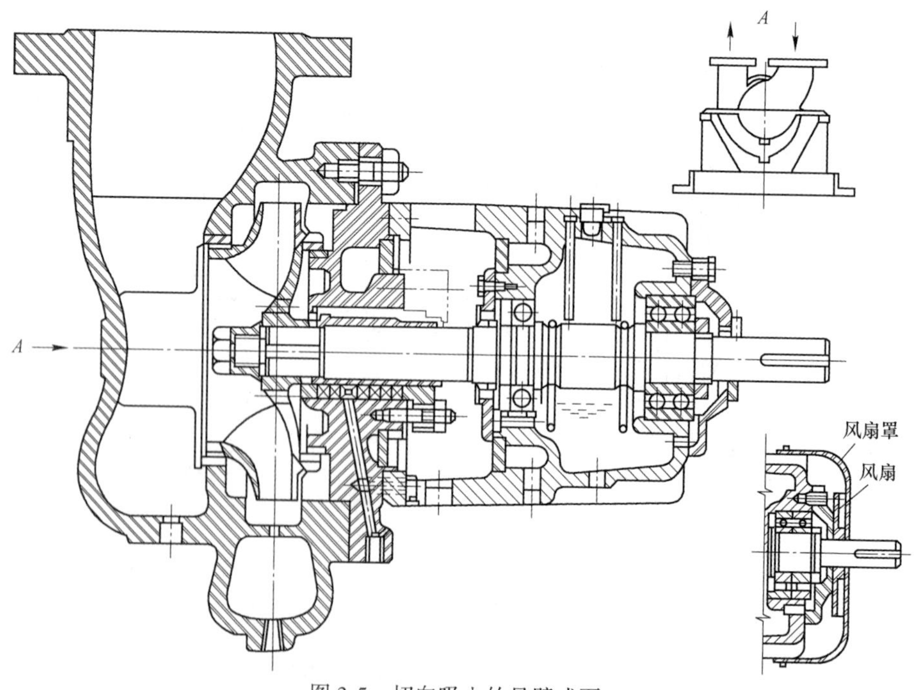

图 3-5 切向吸入的悬臂式泵

A　悬架式悬臂水泵

IS 型泵（图 3-3）的泵脚与泵体 1 铸为一体，轴承置于悬臂安装在泵体上的悬架 11 内。因此，整台水泵的重量主要由泵体承受（支架 13 仅起辅助支承作用）。这种带悬架的悬臂式泵称为悬架式悬臂泵。IS 型泵的泵壳属端盖式泵壳，即它的泵壳由泵体和位于泵体一端的泵盖组成，且泵体与泵盖间沿与泵轴线垂直的剖分面剖分。由于 IS 泵的泵盖位于泵体后端（自泵吸入口看），泵又为悬架式悬臂泵，故只要卸开连接泵体和泵盖的螺栓，叶轮即可与泵盖和悬架部件一起从泵体内拆出。再加上泵吸入口和压出口皆在泵体上，泵又采用了加长联轴器与电动机直联，因此，检修时不用拆卸吸入管路和压出管路，也不必移动泵体和电动机，只需拆下加长联轴器的中间连接件，即可拆出泵转子部件。

由于悬架式悬臂泵具有结构紧凑、检修方便等优点，不仅 IS 型泵的结构属于此类，IB 型清水泵、IH 型化工泵、Y 型单级液压泵，从瑞士引进的 ZE、CZ、ZA、ZF 和 ZU 型流程泵以及从美国引进的 SJA 型流程泵等单级单吸式离心泵也都采用了悬架悬臂式结构。

B　托架式悬臂水泵

图 3-6 所示是 B 型单级单吸式离心泵。它的泵脚与托架 3 铸为一体，泵体 10 悬臂安装在托架上，故将这种泵称为托架式悬臂泵。B 型泵的泵体相对于托架可以有不同的安装位置，以便根据管路的布置情况，采用使泵体转动相应角度的方

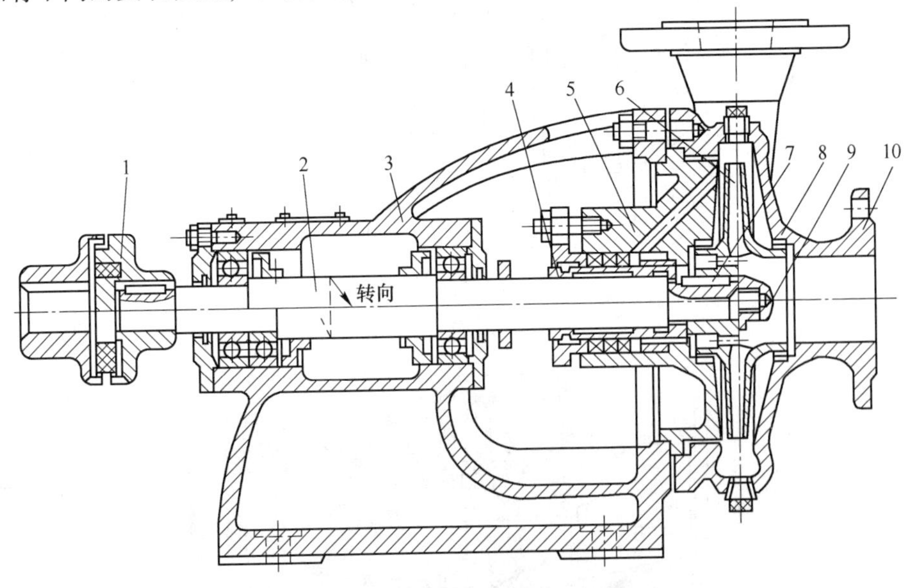

图 3-6　托架式悬臂水泵（B 型）

1—联轴器；2—泵轴；3—托架；4—轴套；5—泵盖；6—叶轮；7—键；8—密封环；9—叶轮螺母；10—泵体

法，使泵压出口朝上、朝下、朝前或朝后。检修这种泵时需要将吸入管路和压出管路与泵体分离，同悬架式悬臂泵相比显然是不方便的。再加上这种泵的全部重量主要靠托架承受，托架较笨重，故我国近年来开始生产的单级单吸式离心泵使用托架式悬臂结构的不多。但这种结构的应用历史较长，泵的压出口又可以调换位置，对泵壳采用贵重材料制造的泵，用托架式悬臂结构还能大大降低成本。因此，除 B 型泵外，BA 型清水泵和 F 型耐腐蚀泵等我国较早生产的泵，以及从澳大利亚引进的 AH、HH 和 L 等型号的渣浆泵也都采用了这种结构。

C　连体泵

图 3-4 所示的悬臂式泵即为连体泵。它的叶轮 5 直接装在电动机轴 2 的一端。由泵体 4 和泵盖 3 组成的泵壳与电动机 1 的机壳直接相联。这种泵的电动机轴虽然要加长，但它的整机结构紧凑、质量轻，故 WB 型微型离心泵以及多种型号的潜水泵和屏蔽泵皆采用连体泵的结构形式。

泵行业通常所称的悬臂泵多指横轴泵而言。按照相同的定义方法，也可将叶轮悬臂安装的立轴泵纳入悬臂泵之列。如图 3-7 所示的 YG 型单级单吸立轴管道液压泵和图 3-8 所示从德国引进的 RSV 型单级双吸立轴船用泵就都是立轴悬臂泵

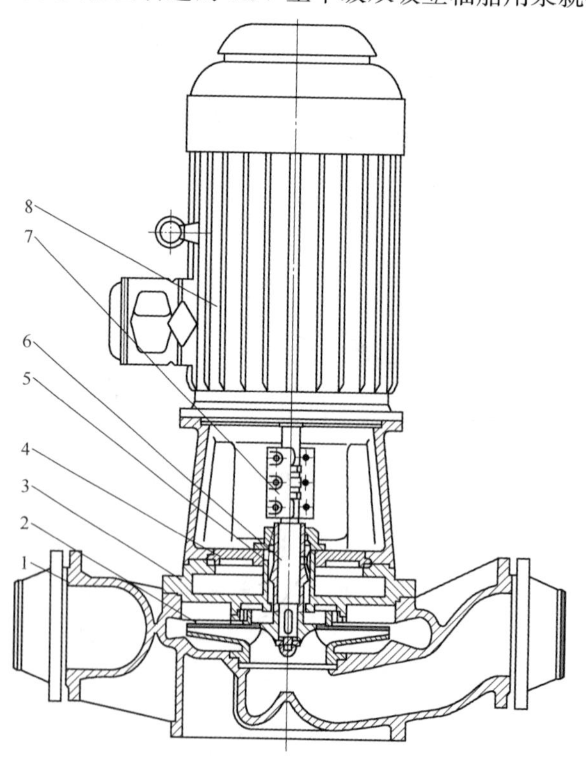

图 3-7　单级单吸立轴悬臂泵（YG 型）

1—泵体；2—叶轮；3—泵盖；4—支承盖；5—轴承；6—泵轴；7—夹壳联轴器；8—驱动电动机

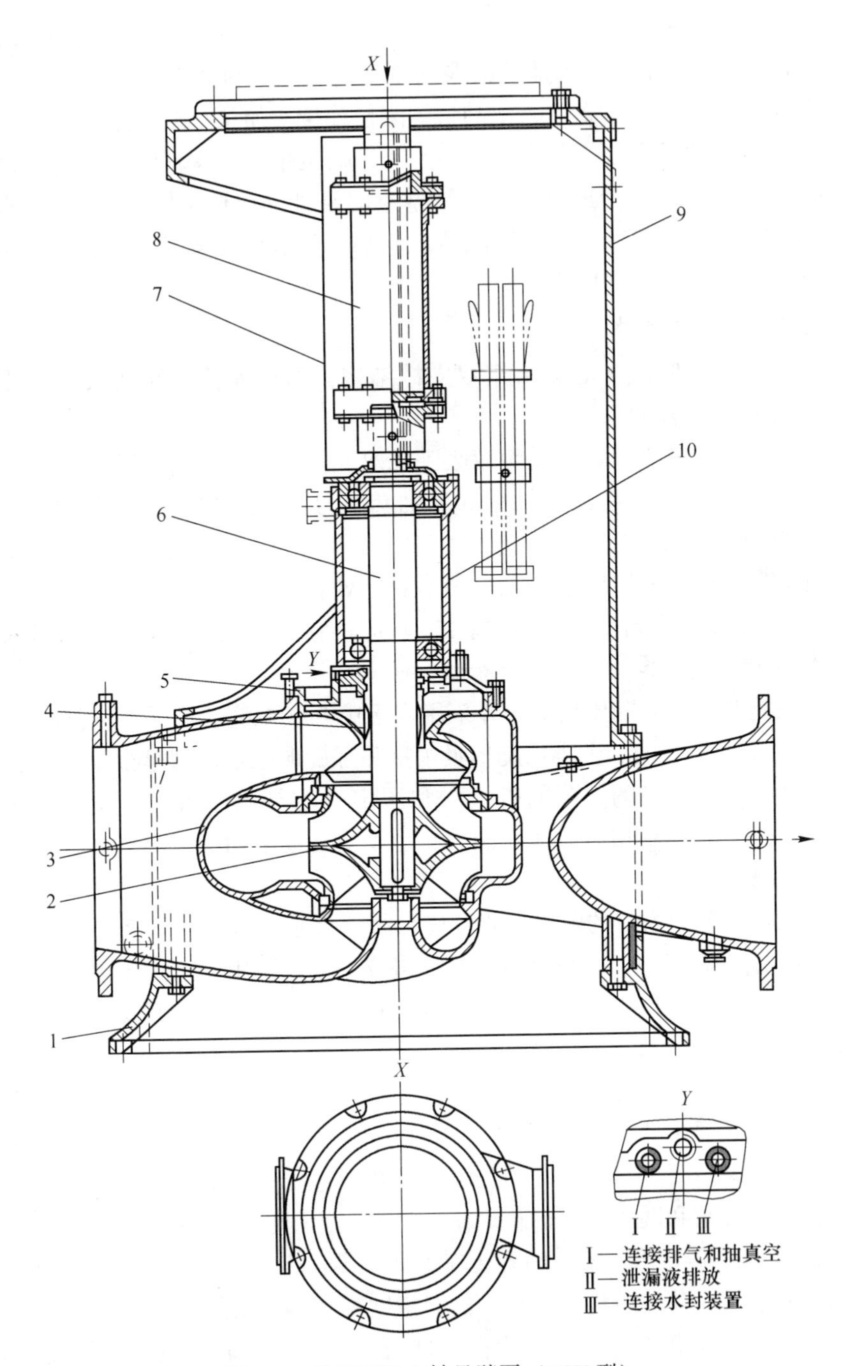

图 3-8 单级双吸立轴悬臂泵（RSV 型）

1—底脚；2—叶轮；3—泵体；4—机械密封装置；5—泵盖；6—泵轴；7—护罩；8—联轴器；9—电动机座；10—轴承体

的实例。它们的叶轮 2 都是远离泵轴 6 的支承部位，悬臂安装在泵轴的下端。因 YG 型泵的专用驱动电动机 8 能承受泵的轴向力，故泵轴本身无轴承支承，它靠能传递轴向力的夹壳联轴器 7 与电动机轴刚性连接，使整个泵机组转子皆由电动机轴承支承。该泵泵体 1 上的泵吸入口和压出口位于同一水平线上，这使泵能像阀门似的直接安装在直管道之中。RSV 型泵的泵轴 6 靠位于轴承体 10 内的两个滚动轴承支承，联轴器 8 为弹性联轴器。该泵通过底脚 1 安装在底座上，泵体 3 和电动机座 9 皆分别与底脚直接相联。

3.2.1.2　双支承水泵

大多数单级双吸式离心泵采用双支撑结构，即支承转子的轴承位于叶轮两侧，且一般都靠近轴的两端。

图 3-9 所示的 S 型泵即为单级双吸卧式双支撑泵。它的转子是一单独的装配部件。双吸式叶轮 3 靠键 20、轴套 6 和轴套螺母 11 固定在轴 4 上。泵装配时，可用轴套螺母调整叶轮在轴上的轴向位置。泵转子用位于泵体两端的轴承体 12 内的两个轴承 15 实现双支撑。因在联轴器 16 处有径向力作用在泵轴上时，远离联轴器的左端轴承所受的径向载荷较小，故应将它的轴承外圈进行轴向紧固，以便让它承受转子的轴向力。

S 型泵是侧向吸入和压出的，并采用水平中开式泵壳，即泵壳沿通过轴线的水平中开面剖分。它的两个半螺旋形吸水室和螺旋形压水室都是由泵体 1 和泵盖 2 在中开面处对合而成的。泵的吸入口和压出口均与泵体铸为一体。用这种结构，泵检修时无需拆卸吸入管和压出管，也不要移动电动机。只要揭开泵盖即可检修泵内各零件。

S 型泵在叶轮吸入口的两侧都要设置轴封。该轴封也为填料密封。它由填料套 7、填料 8、填料环 9 和填料压盖 10 等组成。轴封所用的水封压力水是通过在泵盖中开面上开出的凹槽，从压水室引到填料环的。但有的中开式双吸泵要通过专设的水封管将水封水送入填料环。

双支撑泵与悬臂水泵相比，虽因叶轮进口有轴穿过而使其水力性能稍受影响，且泵零件数要多些，泵体形状也比悬臂泵复杂，故工艺性差些；但双支撑泵轴的刚性比悬臂泵要好得多。在轴长、轴径和叶轮质量都相等的情况下，若悬臂泵的悬臂部分轴长和两轴承同轴长之比为 1~1.5，则悬臂轴在叶轮处的静挠度比双支撑轴的要大 4~6 倍，第一临界转速也低得多，为双支撑泵的 1/2~1/2.5。如两种结构的轴长、叶轮质量及叶轮处的静挠度都相等，则悬臂泵的轴径为双支撑泵轴径的 1.4~1.6 倍。因此，为提高运转可靠性，尺寸较大的双吸泵都设计成双支撑结构。在双吸泵上用双支撑结构还可以使叶轮两侧吸入口处形状对称，有利于轴向力的平衡。

应该指出，单级泵的双支撑结构不仅用于双吸泵，也可用于单吸泵。在图

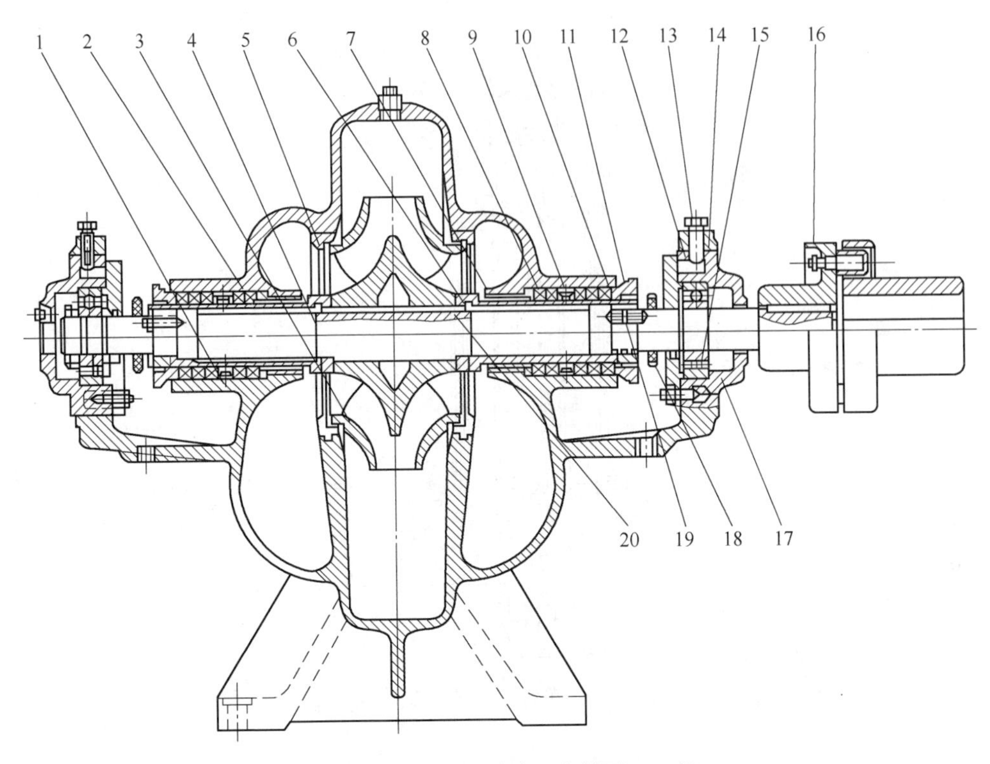

图 3-9 单级双吸卧式双支撑泵（S 型）

1—泵体；2—泵盖；3—叶轮；4—轴；5—密封环；6—轴套；7—填料套；8—填料；9—填料环；10—填料压盖；11—轴套螺母；12—轴承体；13—连接螺钉；14—轴承压盖；15—轴承；16—联轴器；17—轴承端盖；18—挡圈；19—螺栓；20—键

3-10所示的单吸泵上，因两个特殊结构轴承的布局需要，就采用了双支撑结构。另外，单级双吸双支撑泵除用中开式泵壳外，也可用端盖式泵壳。如从德国引进的 YNKn 型单级双吸横轴双支撑前置泵（图 3-11）的泵壳就是端盖式的。它的泵体 10 和位于泵体两端的吸入盖 11 是沿垂直于泵轴线的径向剖分面分开的。

3.2.2 多级水泵

多级泵是指装有两个或两个以上叶轮的泵。因这种泵的叶轮数多，为提高抗空化性能，它的首级叶轮还常与后面的各次级叶轮不同，故其结构比单级泵复杂。通常按采用的泵壳形式将常见的多级泵分为中开式多级泵、节段式多级泵和双壳泵三种类型。

3.2.2.1 中开式多级泵

蜗壳式多级泵，无论是横轴泵（如图 3-12 所示的 DKS 型输油泵），还是立轴泵（如图 3-13 所示的 NL 型冷凝泵），一般都采用中开式泵壳，即泵壳沿通过

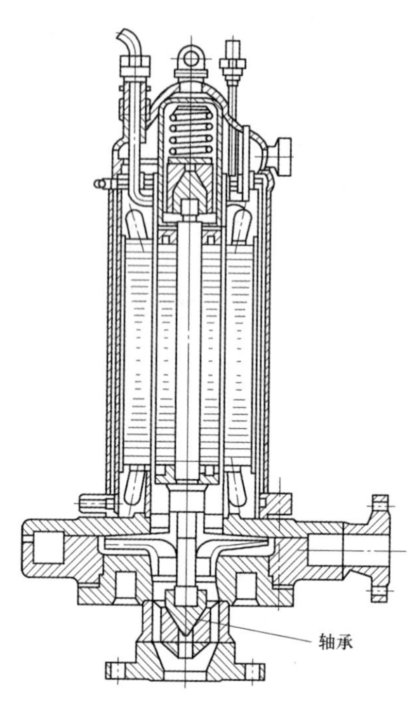

图 3-10　单级单吸式双支承泵

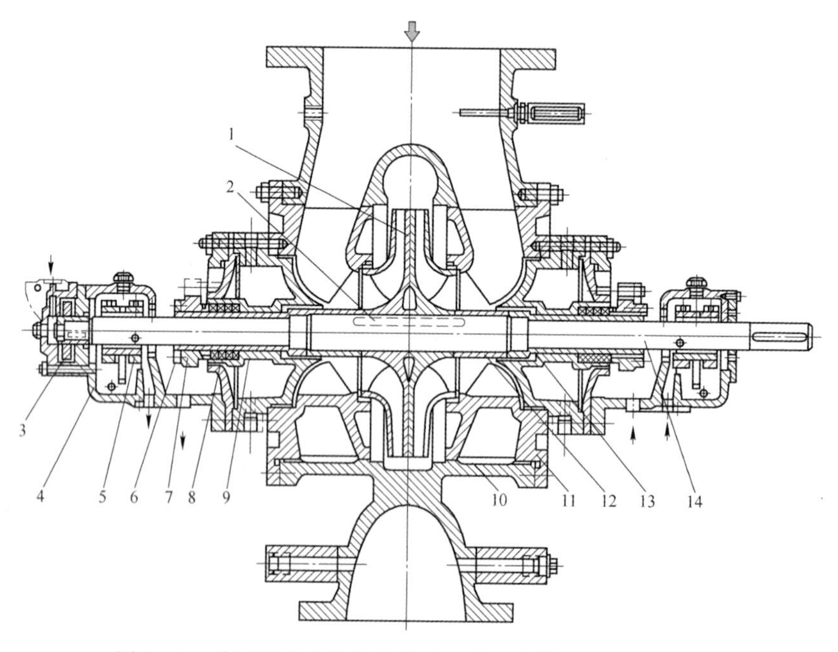

图 3-11　采用端盖式泵壳的单级双吸双支撑泵（YNKn 型）

1—叶轮；2—键；3—推力盘；4—轴承体；5—径向轴承；6—辅助填料盖；7—填料压盖；8—冷却室盖；9—主填料箱；10—泵体；11—吸入盖；12—套管；13—护轴轴套；14—轴

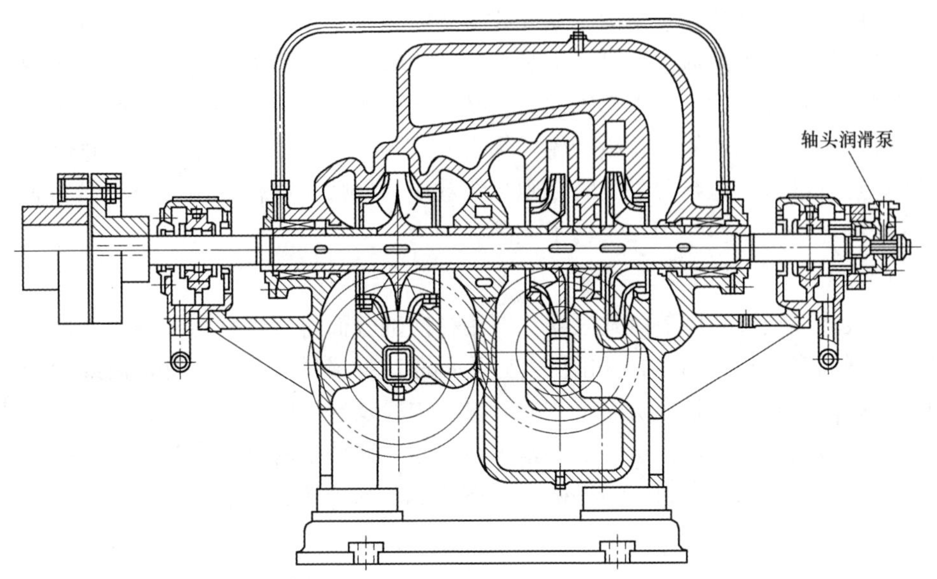

图 3-12　水平中开式的横轴蜗壳式多级泵（DKS 型）

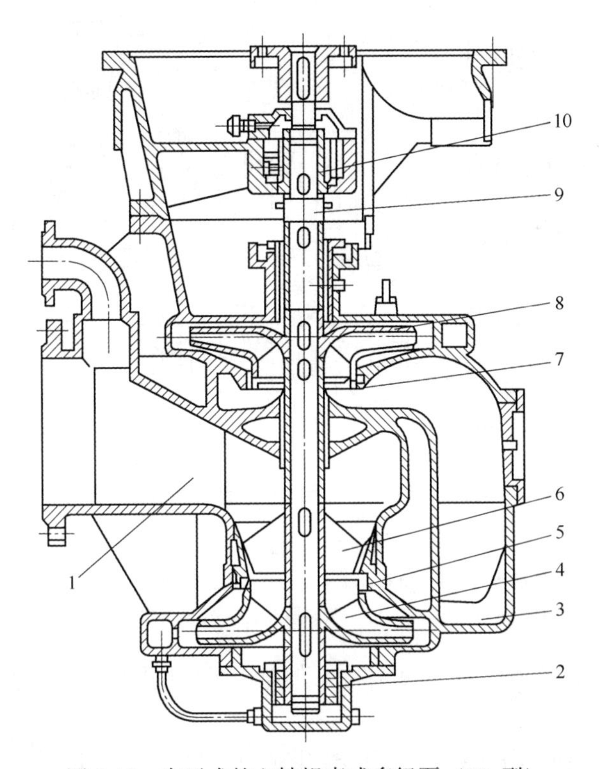

图 3-13　中开式的立轴蜗壳式多级泵（NL 型）

1—吸入口比例；2—导轴承；3—导叶式压出室；4—叶轮；5—密封环；6—导叶；7—密封环；8—叶轮；9—泵轴；10—滑动轴承

泵轴线的中开面剖分。这是因为蜗壳式多级泵采用了中开式结构后，具有转子装配部件能整体装入泵体，并且不拆吸入及压出管道即可检修泵的优点。同时它还能用对称布置叶轮的方法平衡轴向力，从而不必再设专门的轴向力平衡装置。为了提高泵的抗空化性能，首级叶轮常为双吸式的（图 3-12），此时泵的总级数为奇数。当首级叶轮也是单吸式时，则总级数应为偶数。这种泵还常用交错布置各级蜗壳的方法，平衡作用在泵转子上的径向力。

3.2.2.2　节段式多级泵

节段式多级泵采用节段式泵壳，即用径向剖分面将泵壳垂直于轴线一段一段地分割开的多级泵。图 3-14 和图 3-15 所示的 D 型横轴泵和 DL 型立轴泵均为节段式多级泵。它们都是在所需个数的叶轮、中段及导叶的两端分别装吸入段和压出段，然后用拉紧螺栓将这些零件紧固在一起。这种泵的单吸式叶轮只能按一个方向依次布置，其轴向力多用平衡盘（图 3-14）或平衡鼓（图 3-15）平衡。

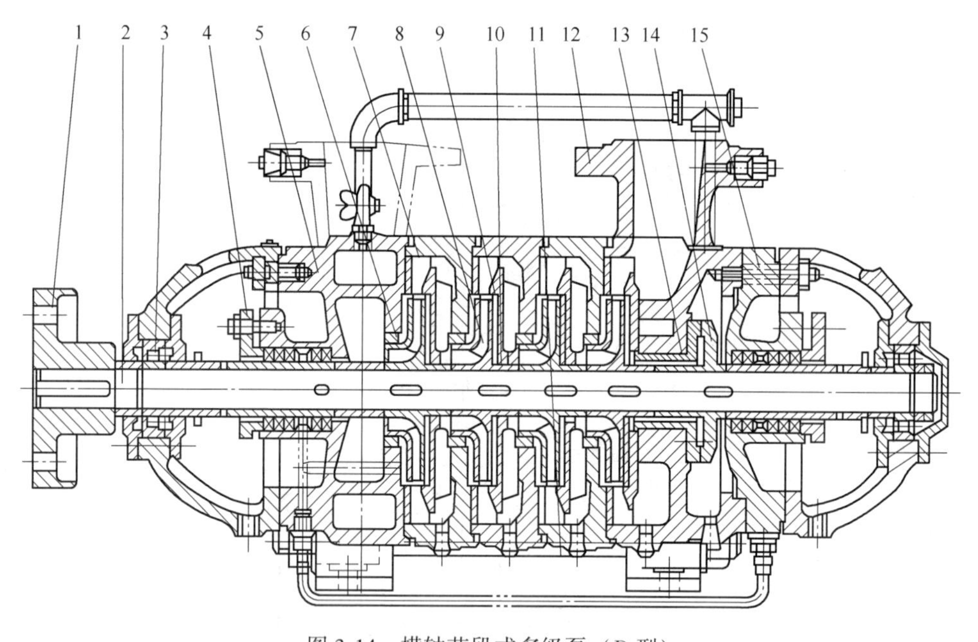

图 3-14　横轴节段式多级泵（D 型）

1—联轴器；2—泵轴；3—滚动轴承；4—填料压盖；5—吸入段；6—密封环；7—中段；8—叶轮；9—导叶；10—密封环；11—拉紧螺栓；12—压出段；13—衬环；14—平衡盘；15—泵盖

节段式多级泵多采用双支撑结构。但某些小型泵也有用悬臂式结构的（图 3-16）。

节段式多级泵的压出室一般都是导叶式的。为了使节段式泵能保持蜗壳泵具有的高效区宽和运转平稳等优点，有的节段式多级泵采用了双蜗壳式压水室（图 3-17）。

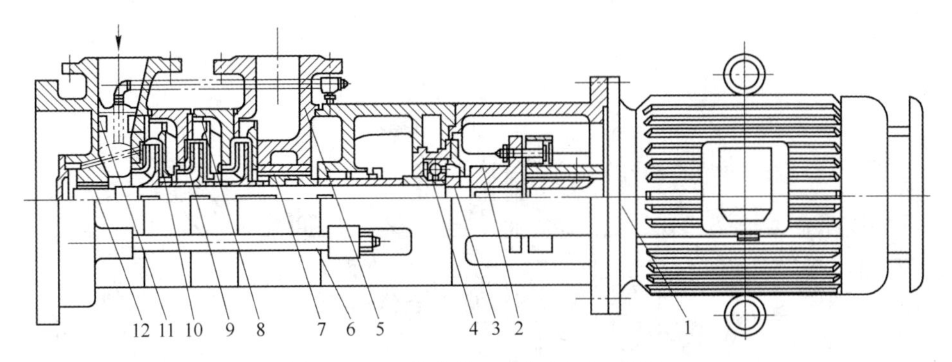

图 3-15 立轴节段式多级泵（DL 型）

1—电动机；2—联轴器；3—泵轴；4—滚动轴承；5—压出段；6—拉紧螺栓；7—平衡鼓；8—中段；9—叶轮；10—导叶；11—吸入段；12—导轴承

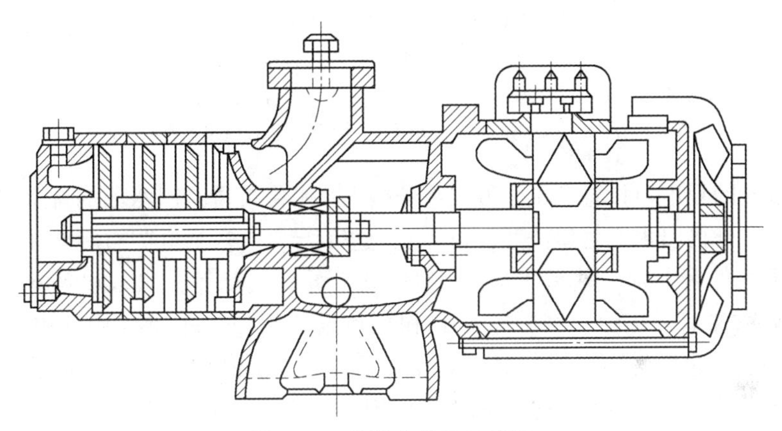

图 3-16 节段式多级悬臂泵

虽然节段式多级泵的检修拆装不如中开式泵方便，但它的结构紧凑，泵壳的铸造工艺性也好，各中段（及导叶）的形状尺寸皆相同，其个数可根据所需的级数增减，故便于系列泵的生产。再加上这种泵各段泵壳间径向剖分面的密封比中开面的密封容易些，使用扬程比中开式多级泵高，因此节段式结构在我国的多级泵中得到广泛应用。除 D 型和 DL 型泵外，DG 型和引进的 HDSr 型多级锅炉给水泵，以及 Y 型多级（不包括两级）液压泵等都属节段式多级泵，而用于矿山、工厂及城市给排水等领域的双电机驱动矿用双吸自平衡多级离心泵也属于节段式多级泵的范畴，这种双吸自平衡多级离心泵尤其适用于高扬程、大流量的深井矿山排水，如图 3-18 所示。该泵包括定子组件、转子组件和密封组件。

定子组件由泵体、正进水段、反进水段、中间段、出水段、正导叶、反导叶、拉紧螺栓和入水平衡装置组成；泵体采用节段式，以出水段为中心，左右两侧分别通过 8 组对称分布的拉紧螺栓将中间段和正进水段、反进水段连成一体；正进水段

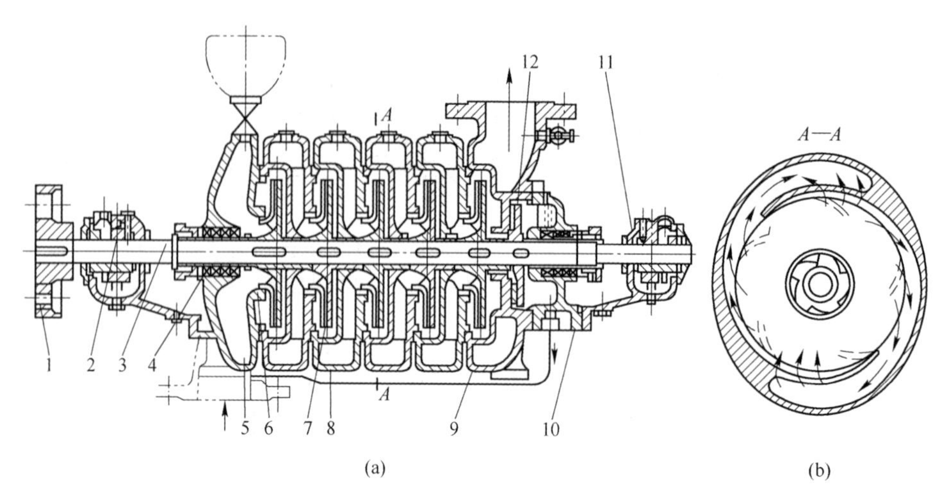

图 3-17　节段式多级双蜗壳泵

（a）垂直全剖视图；（b）双蜗壳剖视图

1—联轴器；2，11—滑动轴承；3—泵轴；4—填料密封；5—吸入室；6—密封环；7，8—双蜗壳；9—压出室；10—泵盖；12—平衡盘

和反进水段的吸水口设置在水平方向，外接入水平衡装置；出水段的排水口设置在竖直方向，外接出水段管口法兰；正导叶为左旋导叶，反导叶为右旋导叶。

转子组件由主轴、轴承体及其组件、正叶轮、反叶轮、出水双吸叶轮、叶轮挡套、永磁轴承、螺栓、密封紧固套和轴承透盖组成。主轴采用双电机驱动方式，两端装有永磁轴承、密封紧固套和轴承透盖，永磁轴承支承在轴承体上，轴承透盖与轴承体采用 12 个均布的螺栓相固连；出水双吸叶轮为末级叶轮，通过平键安装于主轴中间，多级与导叶相互匹配的正叶轮和反叶轮以出水双吸叶轮为中心背靠背对称布置在其两侧；多级正叶轮和反叶轮分别为左旋和右旋单吸叶轮，通过叶轮挡套对其进行轴向定位。

密封组件包括定子组件各零部件之间的密封以及定子组件各零部件与转子组件各零部件之间的密封。正进水段、反进水段、中间段、出水段之间的静止结合面采用 O 形密封圈密封，在泵体内缘和叶轮外缘结合处装有密封环；密封环由高耐磨、高硬度硬质合金材料制成；主轴两侧轴封采用软填料密封，软填料通过填料压盖和双头螺柱封在密封轴套和吸水段壳体之间形成的环形腔中；导叶套与主轴上的轴套形成一对自润滑的滑动轴承，用于导叶径向间隙密封。

永磁轴承由衬套、永磁体内圈、永磁体外圈、包覆层及紧固螺栓组成。衬套与永磁体内圈通过胶结固连，利用锁紧螺栓固定在主轴上；永磁体外圈嵌套于轴承体上；永磁体内圈和永磁体外圈采用钕铁硼永磁材料制成，表面镀有聚氨酯类的包覆层。

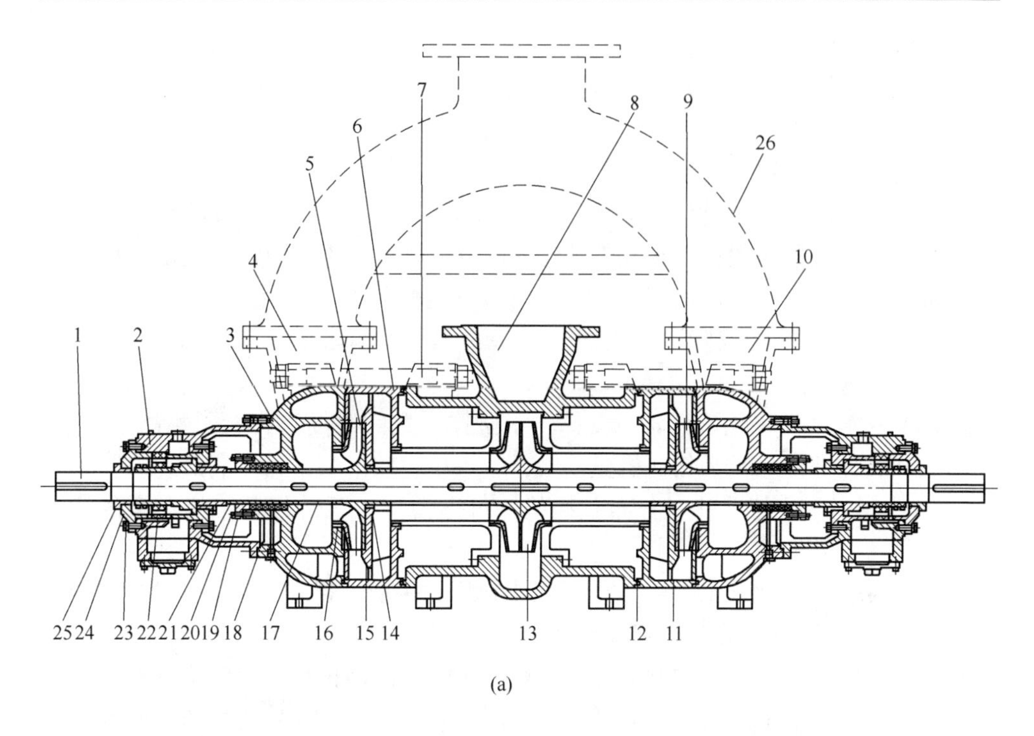

(a)

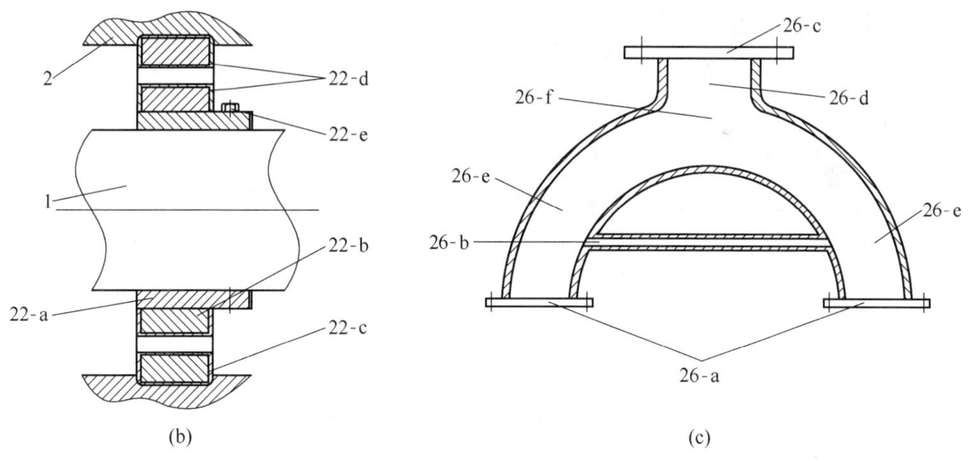

(b) (c)

图 3-18 双电机驱动的矿用双吸自平衡多级离心泵

(a) 垂直全剖视图；(b) 永磁轴承；(c) 入水平衡装置

1—主轴；2—轴承体；3—泵体；4—正进水段；5—正叶轮；6—中间段；7—拉紧螺栓；8—出水段；9—反叶轮；10—反进水段；11—反导；12—O 形密封圈；13—出水双吸叶轮；14—导叶套；15—正导叶；16—密封环；17—叶轮挡套；18—软填料；19—填料压盖；20—双头螺柱；21—密封轴套；22—永磁轴承；23—螺栓；24—轴承透盖；25—密封紧固套；26—入水平衡装置；22-a—衬套；22-b—永磁体内圈；22-c—永磁体外圈；22-d—包覆层；22-e—紧固螺栓；26-a—入水管口法兰；26-b—平衡水管；26-c—出水管口法兰；26-d—主管段；26-e—分支管段；26-f—三通管道

入水平衡装置由入水管口法兰、三通管道、平衡水管和出水管口法兰组成，所述三通管道为Y字流线形，分为主管段和分支管段两部分，所述平衡水管两端分别与两侧分支管段相连接。

与其他水泵相比，该泵的主要特点如下：

(1) 末级叶轮为出水双吸叶轮，居中安装，首级叶轮和次级叶轮为正反对旋单吸叶轮，对称布置在出水双吸叶轮的两侧，各级对称叶轮所产生的轴向力相互抵消，无需采用平衡机构就能实现轴向力自动平衡。

(2) 取消了易出故障的平衡盘机构，可靠性大大提高，减少了维护次数，降低了维护成本。

(3) 主轴两端采用永磁轴承支撑，永磁体产生的磁场力将转子悬浮于空中，使转子和其他部件之间无任何机械接触，摩擦小、效率高、无需润滑。

(4) 采用叶轮与导叶对称布置结构，可方便增加泵的级数，提高泵的扬程和功率。

(5) 采用入水平衡装置，改善了入水口压力平衡，提高了泵的汽蚀性能。

(6) 采用泵轴两端双电机驱动方式，可有效减小单端驱动时电机的尺寸，降低制造成本，且便于煤矿井下运输，解决了深矿井高扬程、大流量排水问题。

(7) 采用双电机驱动的、对称的泵体结构，热胀冷缩变化均匀，使叶轮与导叶流道保持良好的对中性，提高了泵的可靠性和运行效率。

3.2.2.3　双壳泵

双壳泵具有双层壳体，其外层泵壳呈圆筒形状，故也可称为筒式泵。在外层泵壳内，装有由内泵壳和叶轮等零件组成的泵芯，内泵壳既可为中开式的，也可为节段式的。由此可见，这种泵如同在节段式多级泵或中开式多级泵的外面又罩了一个筒形外壳体，其外壳内腔（即内外壳体之间的空间）或与泵吸入口相通，或与泵压出口相通。这主要取决于泵的使用要求，且与泵轴的工作位置有关。立轴泵多与吸入口相通，而横轴泵一般都与压出口相通。

A　立轴双壳泵

泵的立轴结构有运转平稳、机组占地面积小、对水位变动的适应性强等优点。若将普通立轴泵加上筒状外壳体，使其外壳内腔与泵吸入口相通，且将首级叶轮置于最下端，就可使泵的抗空化性能也得到提高。因此，抗空化性能要求较高的泵，经常采用外壳内腔与泵吸入口相通的立轴双壳结构。图3-19所示为用于300MW汽轮发电机组的18NL-100型冷凝泵，它即为立轴多级筒式泵。此泵如同将一台节段式多级泵悬挂在一只钢板焊接的外筒体6内。它的外壳内腔里充满了将进入泵吸入口的低压冷凝水。置于最低位置的首级叶轮前还装有诱导轮13，从而大大提高了该泵的抗空化性能。该泵的吸入口和压出口在同一水平直线上，这样便于管路布置。其轴向力靠平衡鼓7平衡，残余轴向力由推力轴承2承受。

径向力靠导向器10上的双蜗壳形压水室平衡。

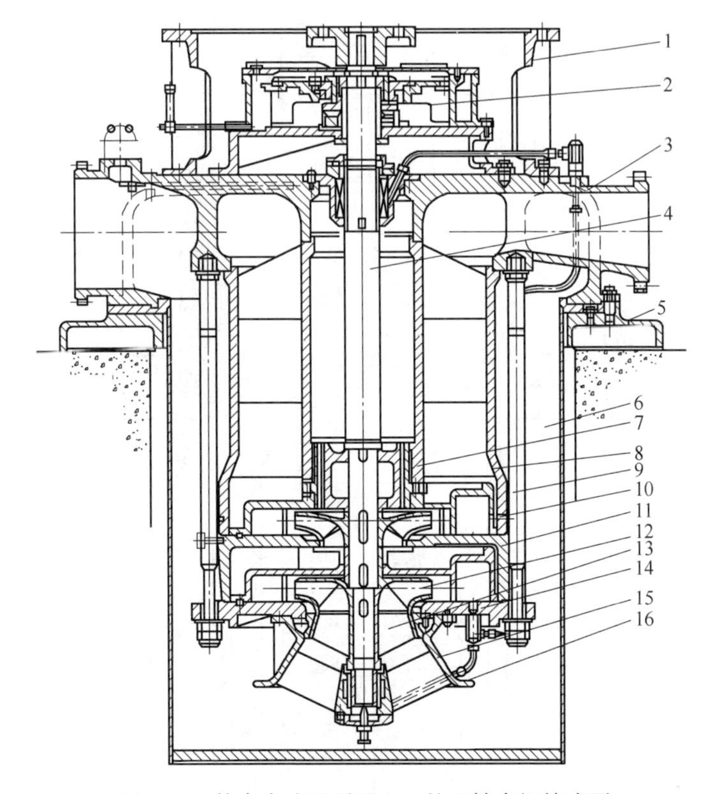

图3-19 外壳内腔通泵吸入口的立轴多级筒式泵

1—电动机支座；2—推力轴承；3—进出水壳体；4—轴；5—泵支座；6—外筒体；7—平衡鼓；8—导向接管；9—拉紧螺栓；10—导向器；11—中段；12—叶轮；13—诱导轮；14—前盖；15—下导轴承支座；16—下导轴承

立轴双壳泵结构也可像图3-20所示的YT型立轴多级筒式泵那样，将它的外壳内腔与泵压出口相通。在这种泵中，从末级流出的高压液体流经外壳内腔，则内壳体受外压，在流体压力作用下，使内壳体5剖分面处的密封性得到提高。它的泵芯悬吊在外筒体4中，外筒体又悬吊在机坑中，使内外壳在液体压力和温度变化时皆可自由膨胀，且立轴转子6运转时的挠度小，适于采用高转速，故这是一种适用于较多级数来输送高温高压液体的结构形式。

YT型泵的轴向力靠叶轮对称布置来平衡。转子质量和残余轴向力由电动机轴承承受。泵和电动机之间靠带调整垫3的加长联轴器1连接。

B 横轴双壳泵

具有双层壳体的横轴泵常称为双壳泵。这种泵的外壳体一般都采用整体锻制或浇铸而成，吸入口、压出口和泵脚常被焊接在外壳体上。泵检修时，外壳体和

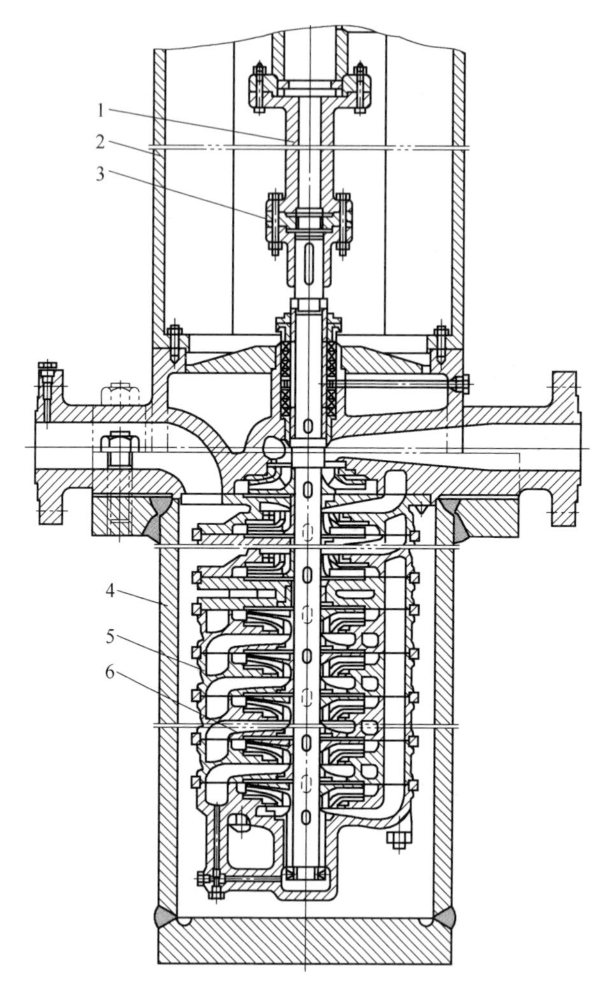

图 3-20　外壳内腔通泵压出口的立轴多级筒式泵（YT 型）

1—加长联轴器；2—电动机支座；3—调整垫；4—外筒体；5—内壳体；6—转子

吸入及压出管道都不必拆卸，泵芯能整体抽出或装入，这样非常方便。这种泵的外壳内腔也与泵压出口相通，外壳体承受的是等于泵压出压力的内压，即使压出压力很高，因外壳体是简单的厚壁圆筒，设计制造都很方便，故泵的扬程可以更高。它是目前制造的各种叶片泵中，适用于最高压力的结构形式之一。双壳泵还便于实现结构上的对称布置，这样有利于轴线四周的水流、热流和应力的均匀分布，从而减小了因热胀冷缩带来的不良影响。因而许多大型火电机组的锅炉给水泵等输送高温高压液体的泵都是双壳泵，如从德国引进的 CHTA 型高压锅炉给水泵（图 3-21）即属这种结构形式。

CHTA 型泵的泵芯实际是一台由泵轴 1、吸入段 5、导叶 6、导叶套 11、中段 9、泵壳密封环 10、叶轮 12 和卡环 38 等零件组成的节段式多级泵，其泵轴靠径

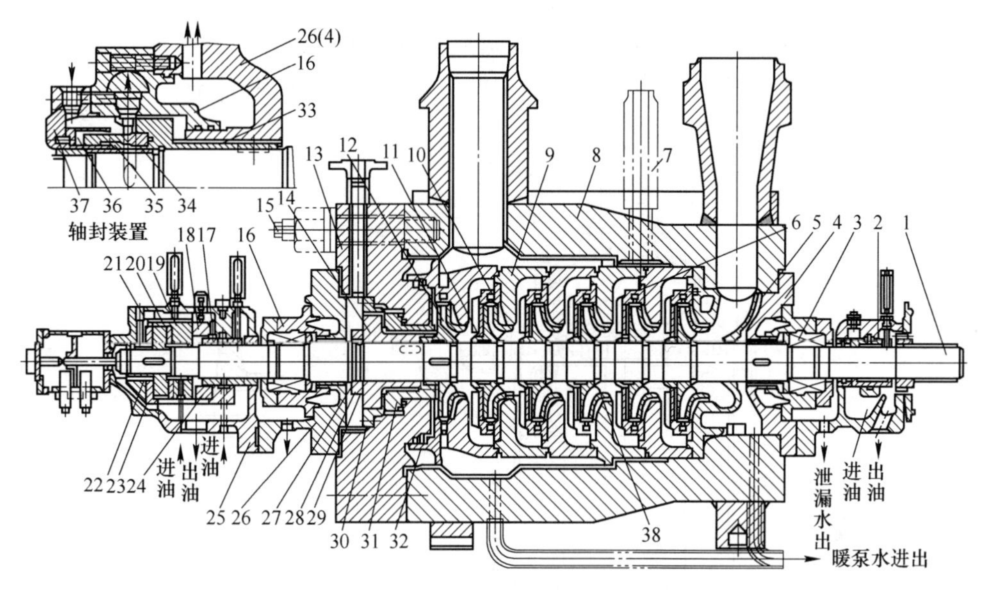

图 3-21　横轴多级双壳泵（CHTA 型）

1—泵轴；2—滑动轴承；3—轴封装置；4—吸入端盖；5—吸入段；6—导叶；7—引水管；8—外壳体；9—中段；10—密封环；11—导叶套；12—叶轮；13—高压端盖；14—平衡盘；15—螺栓；16—密封体；17—间隔环；18—测力环；19—推力瓦座；20—扇形瓦；21—推力轴承盘；22—扇形瓦支座；23—推力瓦；24—滑动轴承；25—轴承体；26—冷却室；27，28，29—卡杯组合；30—压盖；31—平衡盘座；32—压出段；33—动环座；34—动环；35—静环；36—弹簧；37—密封盖；38—卡环

向滑动轴承 2 和位于轴承体 25 内的径向和止推滑动轴承组合支承。泵轴向力采用平衡盘和平衡鼓联合平衡机构，既用平衡盘，又在轴承组合中设有由扇形瓦 20、扇形瓦支座 22 和推力轴承盘 21 等组成的止推轴承，目的是避免平衡盘 14 和平衡盘座 31 接触。该泵的两处轴封装置 3 属机械密封与非接触型密封的组合密封装置，它们分别位于和泵右端的吸入端盖 4 和左端的冷却室 26 连接的密封体 16 中，由动环座 33、动环 34、静环 35、弹簧 36 和密封盖 37 等组成。泵的高压端盖 13 靠用电热法拧紧的连接大螺栓压紧在外壳体 8 上。为此，在大螺栓上钻有用于电加热和测量螺栓伸长量的孔洞。泵装好后，用封孔小螺栓 15 将孔封住。该泵检修时，先拆除联轴器、轴承、轴封和轴向力平衡机构，然后借助专用工具就可以从左端拉出高压端盖和整个泵芯部件。

3.2.2.4　矿用多级潜水泵

矿用多级潜水泵适用煤矿井下有甲烷（俗称瓦斯）和煤尘爆炸危险的场所，输送含有泥沙、煤泥、煤矸石、煤渣、纤维物等不溶固相物的混合污水，主要应用于煤矿中央集水仓排水、排涝，适用于对泵的扬程要求很高的用户及矿用隔爆潜水电泵的设计与生产企业。该泵主要采用 380V、660V、1140V 的 50Hz 三相电源，适合输送非强腐蚀流体介质，温度一般不超过40℃，pH 值范围为4~10，介质重度不大于11kN/m³。以叶轮中心为基准，潜入水下深度一般不超过5m。图3-22 所示为 BQW 型矿用多级潜水泵典型结构，其主要特点如下：

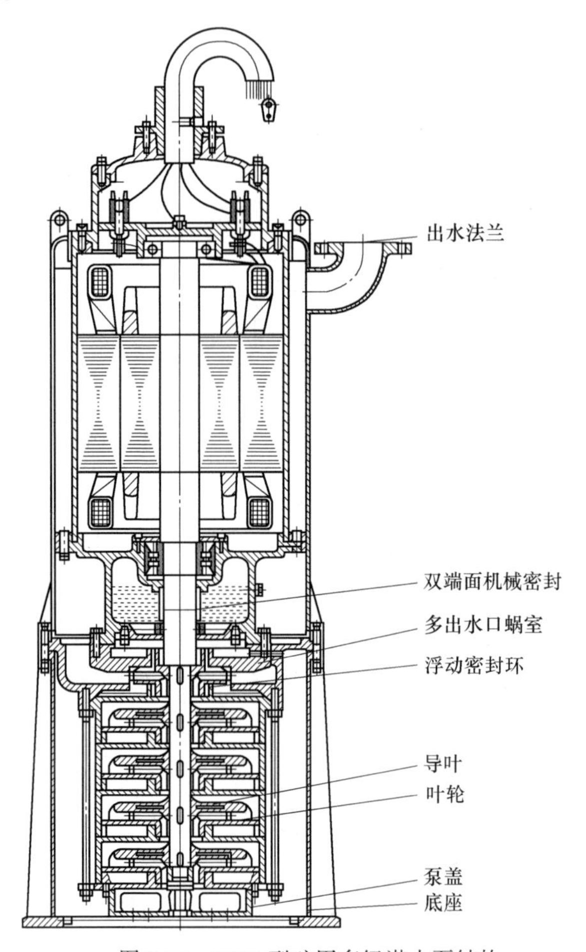

图 3-22　BQW 型矿用多级潜水泵结构

(1) 泵的电气设备类别为《爆炸性环境 第1部分：设备 通用要求》(GB 3836.1—2010) 规定的“Ⅰ”类，泵的防爆形式为标准《爆炸性环境 第2部分：由隔爆外壳“d”保护的设备》(GB 3836.2—2010) 规定的隔爆型，潜水泵的外壳材料、电缆引入方式、接线盒中的电气间隙和爬电距离以及螺纹隔爆结合面的防松脱措施均需按照 GB 3836—2010 进行设计。

(2) 多级泵与电动机紧密结合成一体共同潜水运行的机组，具有扬程高、功率大的特点，扬程可达到100~1000m；并可根据装置扬程的变化调整叶轮与导叶数，泵零件的互换性好。

(3) 电泵的防护形式为“IPX8”，F级绝缘，允许电动机温升较高。

(4) 内装式电动机可保证电泵即使在接近排干吸水池的情况下长期运行，也不必担心电动机升温烧毁，可实现无人管理。

(5) 设置高硬度导轴承，控制转子的径向摆动，避免密封环磨损和泵效率下降。

(6) 采用侧面进水，进水孔可以防止大颗粒进入泵体。

(7) 导叶、蜗室均为对称的多出口出流方式，可以平衡泵偏离设计工况时的径向力；蜗室上部开设了多个泄压孔，使得末级叶轮上部的压力降低到环境压力，将由于泵内压力分布不同累积的轴向力几乎完全平衡。

(8) 末级叶轮压力很高，背部设置背叶片，一方面阻止大颗粒污水杂质直接进入密封环，另一方面降低密封环两端的压力差，减少泄漏。

(9) 下部采用双列角接触轴承，能够承受多级潜水电泵工作时产生的径向力、轴向力；上部为带防尘盖的深沟轴承。较大的承载裕度，提高了机组运转平稳性和工作寿命。

(10) 电缆采用 MT818. 5-2009 煤矿用阻燃电缆，在电缆末端加装保护弹簧，一方面保护电缆过大弯曲变形，另一方面防止井下工作人员直接拉拽电缆导致电缆变形，使接线腔内进水。

(11) 电动机轴封采用两个独立串联的机械密封，可阻止水进入油室，同时阻止油进入电动机腔。

(12) 叶轮、导叶、蜗室均采用不低于 QT600-3 的球墨铸铁材料制造，耐磨性能好。

3.3 离心式水泵的主要零部件组成

单级离心水泵中最常见的形式是悬臂卧式离心水泵，其主要过流部件有水泵吸水室、叶轮和压水室（蜗壳），在多级泵和有的单级泵中还有导叶式压水室。

3.3.1 叶轮

叶轮是离心泵最主要的过流部件，是实现能量转换的主要部件，其作用是将原动机的机械能传递给流体，使流体获得压力能和动能。叶轮水力性能的好坏对泵的效率影响很大。叶轮一般由前盖板、叶片、后盖板和轮毂组成，后盖板带有轮毂，称后盖板（也称后盘）。盖板之间有一系列叶片形成的流道，叶片数一般为 6~12，具体视叶轮用途而定。叶轮有封闭式、半开式和开式三种，如图 3-23 所示。封闭式叶轮具有较高的效率，一般用于输送清水；半开式和开式叶轮效率较低，一般很少采用，但输送含杂质的流体（如泥浆泵）时会用到。叶轮常用铸合金钢或其他材料制成。

封闭式叶轮又分为单吸式叶轮和双吸式叶轮。双吸式叶轮的两个轮盖都有吸入孔，液体从两侧同时进入叶轮，以提高叶轮的流量。

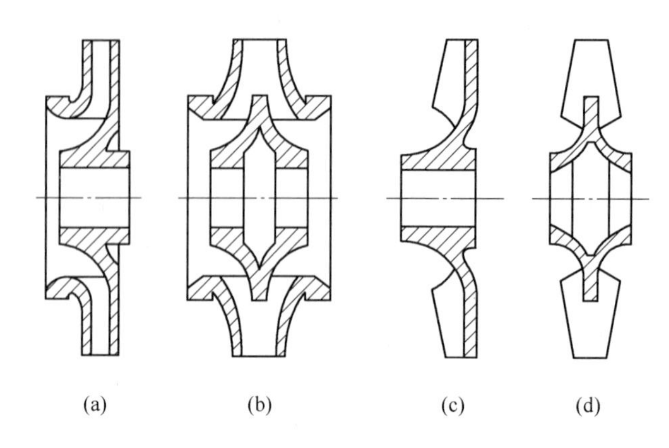

图 3-23　叶轮形式

（a），（b）封闭式叶轮；（c）半开半闭式叶轮；（d）开式叶轮

3.3.2　吸水室

离心式水泵吸水管法兰接头至叶轮进口的空间称为吸入室。其作用是以最小的阻力损失引导流体平稳地进入叶轮，并使叶轮进口处的流体流速分布均匀。吸入室形状设计的优劣对进入叶轮的液体流动情况影响很大，对泵的汽蚀性能有直接影响。一个设计好的吸入室，应该符合以下三个条件：

（1）要在最小的阻力损失情况下，将流体引入叶轮。

（2）叶轮进口处的液流速度分布要均匀，一般使液流在吸入室内有加速。

（3）将吸入管路内的液流速度变为叶轮入口所需的速度。

吸入室有锥形管吸入室、圆环形吸入室和半螺旋形吸入室三种结构。

3.3.2.1　锥形管吸入室

图 3-24 所示为锥形管吸入室结构示意图。这种吸入室流动阻力损失较小，液体能在锥形管吸入室中加速，速度分布较均匀。锥形管吸入室结构简单、制造方便，是一种很好的吸入室，适宜用在单级悬臂式泵中。

3.3.2.2　圆环形吸入室

图 3-25 所示为圆环形吸入室结构示意图。其优点是结构对称、简单、紧凑、轴向尺寸较小。在吸入室的起始段中，轴向尺寸逐渐缩小，宽度逐渐增大，而整个面积缩小，使流体得到一个加速。但由于泵轴穿过环形吸入室，所以液流绕流泵轴时在轴的背面产生旋涡，引起进口流速分布不均匀；同时，叶轮左右两侧的绝对速度的圆周分速也不一致，所以流动阻力损失较大。由于圆环形吸入室的轴向尺寸较短，因而较广泛用在多级泵上。

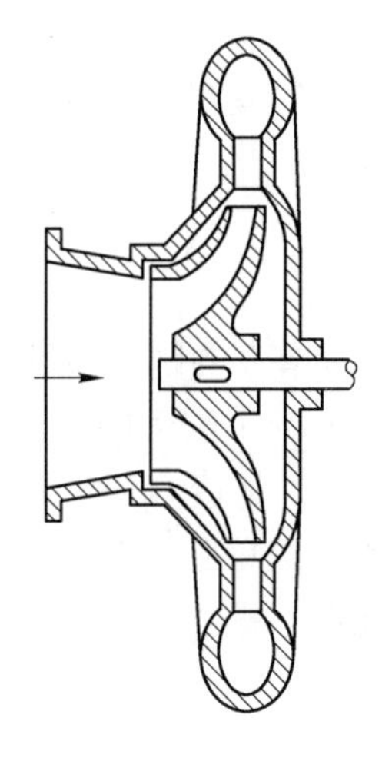

图 3-24 锥形管吸入室

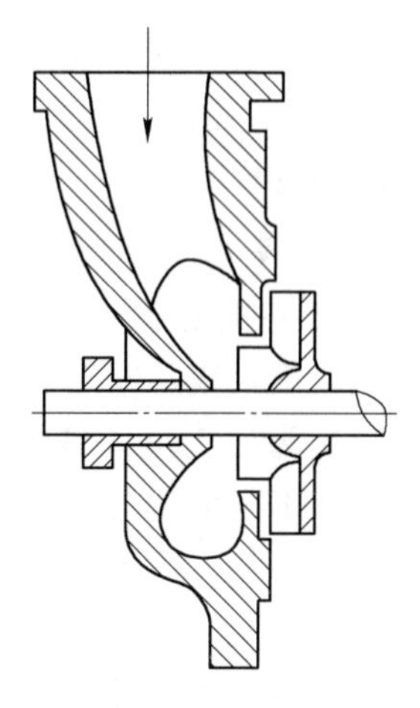

图 3-25 圆环形吸入室

3.3.2.3 半螺旋形吸入室

图 3-26 所示为半螺旋形吸入室。半螺旋形吸入室能保证叶轮进口流体有均匀的速度场，泵轴后面没有旋涡，但液流进入叶轮前已有预旋，扬程要略有下降，故主要用于单级双吸式水泵和水平中开式水泵中。

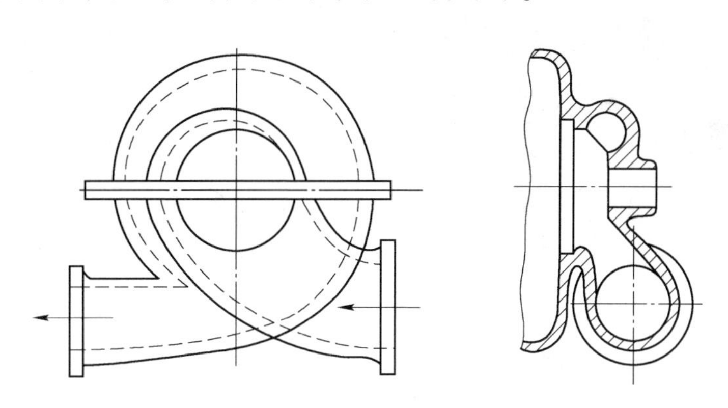

图 3-26 半螺旋形吸入室

3.3.3 压水室

离心式水泵的压水室是指叶轮出口法兰盘至泵出口法兰盘（对节段式多级泵是到次级叶轮进口前，对水平中开水泵则到过渡流道之前）的过流部分。压水室是泵的重要组成部分，其作用是将叶轮中流出的高速液体收集起来并送到下一级叶轮或管道系统中；降低叶轮出来的液体的流速，把流体的速度动能转化为压力能，以减少液体在下级叶轮或管道系统中的损失；消除液体流出叶轮后的旋转运动，以避免由于这种旋转运动带来的水力损失。

压水室按结构分为螺旋式压水室（蜗壳）、环形压水室和导叶式压水室（导叶）。后者又分为径向式和流道式导叶。节段式多级泵导叶还包括对下一级叶轮起吸水作用的反导叶。

3.3.3.1　螺旋形压水室

图 3-27 所示的螺旋压水室又称蜗壳，由断面逐渐增大的螺旋线流道和一个扩散管组成。它收集从叶轮出来的流体，同时在螺旋形的扩散管中将流体的部分速度动能转化为压力能。螺旋形压水室具有结构简单、制造方便、效率高等特点，在非设计工况下运行时，会产生径向力，多用于单级单吸、单级双吸及水平中开式多级离心泵。为了保证叶轮内有稳定的相对流动，螺旋压水室内的流动应当是轴对称的。

3.3.3.2　环形压水室

环形压水室如图 3-28 所示，其流道断面面积相等，因此，流体在流动中不断加速，从叶轮中流出的流体与压水室内的流体相遇，彼此发生碰撞，流动损失较大，故效率低于螺旋形压水室；但它加工方便，主要用于多级泵的排水段或输送含有杂质的液体。

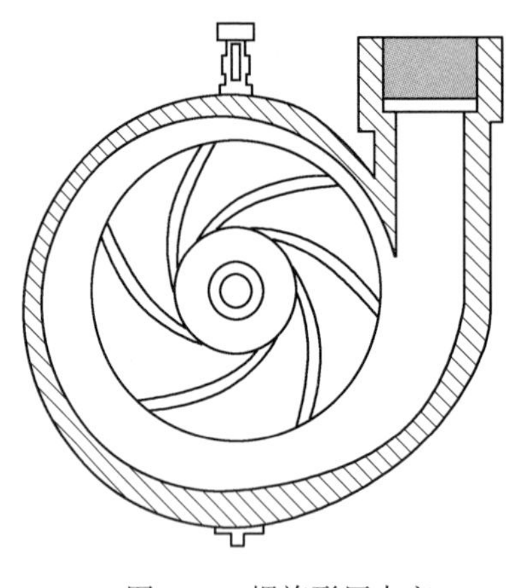

图 3-27　螺旋形压水室

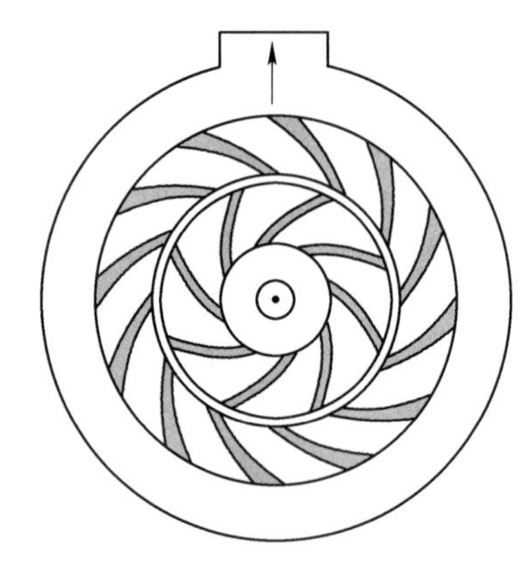

图 3-28　环形压水室

3.3.3.3　径向式导叶与流道式导叶

导叶多用在节段式多级泵中，由于多级分段式泵的液体是由前一级叶轮流入次一级叶轮内，故在流动过程中必须装置导叶。导叶的作用是汇集前一级叶轮流出的液体，并在损失最小的条件下引入次级叶轮的进口，同时在导叶内把部分速度能转换为压力能，所以导叶的作用与压水室相同。除此之外，导叶还能在多种工况下平衡作用在叶轮上的径向力。

导叶按其结构形式分为径向式导叶和流道式导叶。图 3-29 所示为径向式导叶，它由螺旋线、扩散管、过渡区和反导叶组成。图中 *AB* 部分为螺旋线，它起着收集流体的作用。扩散管 *BC* 部分起着将部分速度动能转换成压力能的作用。螺旋线与扩散管又称正导叶，它起着压水室的作用。*CD* 部分为过渡区，起着转变流体流向的作用。流体在过渡区里沿轴向转了 180°的弯，然后沿着反导叶 *DE* 进入次级叶轮的入口。

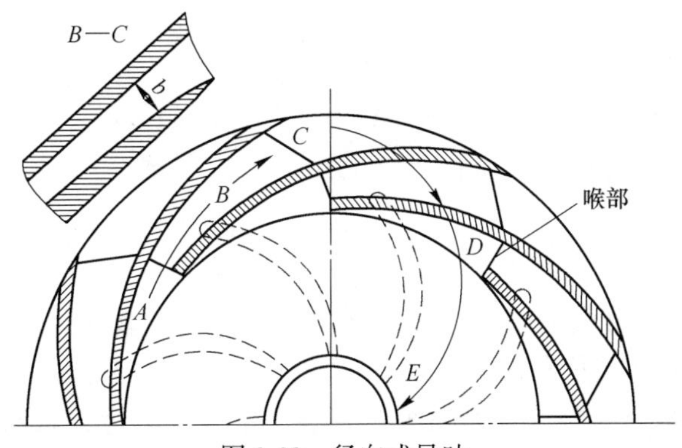

图 3-29　径向式导叶

图 3-30 所示为流道式导叶。在流道式导叶中，正反导叶是连续的整体，亦即反导叶是正导叶的继续，所以从正导叶进口到反导叶的出口形成单独的小流道，各个小流道内的流体互不相混。它不像径向式导叶，在环形的空间内流体混在一起，再进入反导叶。流道式导叶流动阻力比径向式的小，但其结构复杂、铸造加工较麻烦。目前，节段式多级泵趋向于采用流道式导叶。

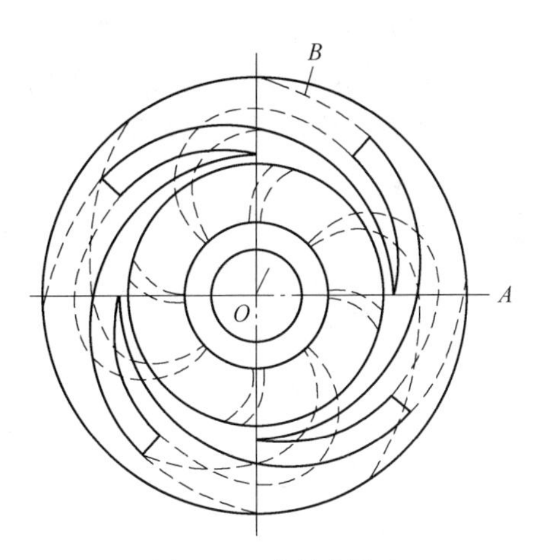

图 3-30　流道式导叶

3.3.4　轴

离心泵的轴用来传递扭矩，驱动叶轮旋转。在轴上固定有泵的叶轮、轴承、密封装置及联轴节等部件。轴的受力复杂，受到由重量、叶轮旋转造成的离心力及叶轮外缘力不平衡造成的附加径向力作用，在轴承处还受到静态支撑力和动态支撑力的作用。轴的具体结构由布置的部件和加工工艺决定。一般选用优质碳素结构钢或高强度的合金钢制造。在强度计算时，要进行静应力和动应力的计算，还要校核其疲劳和临界转速。

为了进行水力设计和结构设计，必须首先计算轴的最小直径，从而确定轴及其他零件的一些尺寸。对于比较简单的泵，根据初算的最小轴径及结构需要，就可以确定泵轴的几何尺寸，一般不用进行精确的计算和疲劳强度计算；然而对于复杂轴和比较重要的泵，必须进行轴的精确计算和疲劳强度计算。

轴的最小直径是指联轴器处的轴径，通常根据计算值，考虑到键槽或退刀槽对强度的削弱，给以适当的增加，并圆整取标准直径，轴的最小直径为：

$$d = \sqrt[3]{\frac{M_n}{0.2[\tau]}} \tag{3-3}$$

式中　M_n——转矩，N · m；

$[\tau]$——材料的许可应力，对于 35 钢 $[\tau]=(343 \sim 441)\times 10^5$Pa，对于 45 钢调质处理为 $(441 \sim 539)\times 10^5$Pa。

3.3.5　轴承

轴承用来支撑转子零件，并承受转子零件上的多种载荷。根据轴承中摩擦性质的不同可分为滑动轴承和滚动轴承。每一种又可分为向心轴承和推力轴承。

（1）滚动轴承。又称滚动摩擦轴承。滚动轴承有摩擦系数小，机械效率高，润滑油消耗少等特点，而且已标准化，易于选择、安装简便。但是其耐冲击负荷能力差，安装要求准确，径向力大，且噪声高。

离心泵使用的滚动轴承有向心轴承、推力轴承和向心推力轴承，具体形式、种类可查阅有关机械手册。在轴承选择时主要进行额定寿命 L_h 的计算。

$$L_h = \frac{10^6}{60n}\left(\frac{c}{p}\right)^{\varepsilon} \tag{3-4}$$

式中　L_h——以小时计算的额定寿命；

n——转速；

c——额定动负荷；

p——当量动负荷；

ε——寿命系数，对球轴承为 3，对滚子轴承为 10/3。

具体当量动负荷计算和额定动负荷的查表，应参考有关机械设计手册。

（2）滑动轴承。又称滑动摩擦轴承。其工作可靠、平稳无噪声，能承受较大的冲击载荷。又分液体摩擦和非液体摩擦两种。滑动轴承的计算比较复杂。同时滑动轴承已分为承受径向力的圆柱滑动轴承和承受轴向力的推力轴承。在有些场合也采用水润滑橡胶轴承。

轴承损失也是一种机械损失，不过很小。令转子的质量为 m，轴颈处的圆周速度为 u'，则轴承损失 ΔP_{be} 为：

$$\Delta P_{be} = \mu m g u' \tag{3-5}$$

式中，系数 μ 对于滚子轴承为 0.015，套筒和滑动轴承为 0.05，米切尔轴承为0.003。

3.3.6 轴向力平衡装置与方法

离心泵运转时，其转动部件会受到一个与轴线平行的轴向力。这个力相当大，特别是多级离心泵。轴向力主要包括两部分：

（1）叶轮前后两侧因压力不同，前盖板侧压力低，后盖板侧压力高，产生了从叶轮后盖板指向入口处的轴向力 F_1。

（2）流体流入流出叶轮的方向和速度不同而产生动反力 F_2，其方向与 F_1 相反。

此外对于入口压力较高的悬臂式单吸泵，还要考虑作用在轴端上的入口压力引起的轴向压力，其方向与 F_1 相反。对于立式离心泵，其转子的部分质量也是轴向力。

3.3.6.1 轴向力的计算

（1）叶轮前后压力引起的轴向力 F_1 可按式（3-6）估算：

$$F_1 = \frac{\pi}{4}(D_1^2 - d_h^2)\rho gkHi \tag{3-6}$$

式中 D_1——叶轮进口处的直径；

d_h——轮毂直径；

H——叶轮实际扬程；

i——级数；

k——系数，$n_s = 60 \sim 150$ 时为0.6，当 $n_s = 150 \sim 250$ 时为0.8。

（2）液体作用于叶轮入口的动反力：

$$F_2 = q_m v_0 \tag{3-7}$$

式中 q_m——叶轮的质量流量；

v_0——叶轮进口处的速度。

所以总的轴向力 F 为：

$$F = F_1 - F_2$$

一般来说 F_1 较大，所以轴向力一般指向进口，只有在启动时，由于正常的轴向力还没建立，动反力比较明显。

3.3.6.2 轴向力的平衡

常用水力方法来平衡部分或全部的轴向力。这一方法包括使叶轮或整个表面上的压力对称分布，或增设在所有运转工况下保证轴向力平衡的系统。但是完全做到轴向力平衡是很难的，因此必须用止推轴承承受未被平衡的轴向力，而且要采用双向都能承受轴向力的轴承。

A　单级叶轮的平衡措施

（1）采用双吸式叶轮，使轴向力相互抵消。

（2）开平衡孔或加装平衡管。在叶轮的后盖板上对着叶轮入口开几个平衡孔，如图 3-31（a）所示，使后盖板前后空间相通，同时在后盖板后侧的轴向上增设密封环，其直径与叶轮进口密封环直径相同。这种结构简单，但增加了内泄漏，同时也使进口水流更加紊乱，降低水泵效率。开平衡孔仍有 10%～25%的轴向力由轴承来承受。也可以加装平衡管，由后盖板附近的泵壳开孔，把平衡管接至水泵吸水室，如图 3-31（b）所示。

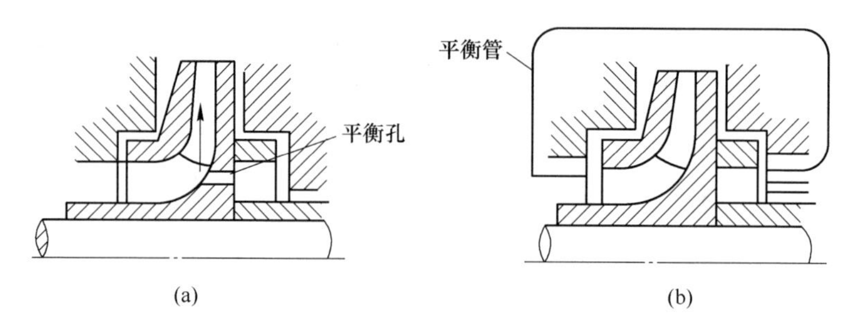

图 3-31　平衡孔和平衡管
（a）开平衡孔；（b）加装平衡管

（3）采用平衡叶片。在叶片背面加设几个径向叶片，在旋转时，会使叶轮背面压力降低，以减少轴向力 F_1。

B　多级离心泵的轴向力平衡

（1）对称分布叶轮。对称分布多级泵的叶轮，设计时应同时考虑使通过缝隙的泄漏量最小，密封的压力最小，流道尽可能简单。

（2）平衡鼓。图 3-32 所示为平衡鼓的示意图，装在末级叶轮的后面。平衡鼓的后面是平衡室，与第一级叶轮的吸入室相通。因此平衡鼓前面的压力接近于末级叶轮的压力，而后面的压力等于水泵吸入室的压力与平衡管中阻力之和。这样就产生了平衡鼓前后的压力差，以平衡水泵的轴向力。平衡鼓外缘与泵体上平衡套间的间隙很小，一般约为 0.2～0.3mm。由于泵的工况经常变化，平衡鼓的平衡状态要受到影响，仍需止推轴承承受剩余的轴向力。

（3）平衡盘。平衡盘可在不同工况自动完全地平衡轴向力，故广泛地应用于多级离心泵。如图 3-33 所示，在轴套与泵体间存在一个间隙，在盘端面与泵体间有一个轴向间隙 b_0，平衡盘后面有与泵吸入口相通的平衡室。径向间隙 b 前的压力是末级叶轮背面的压力 p，液体经过间隙 b 后，压力降低为 p'，径向间隙的压力降 Δp_1 为：

$$\Delta p_1 = p - p'$$

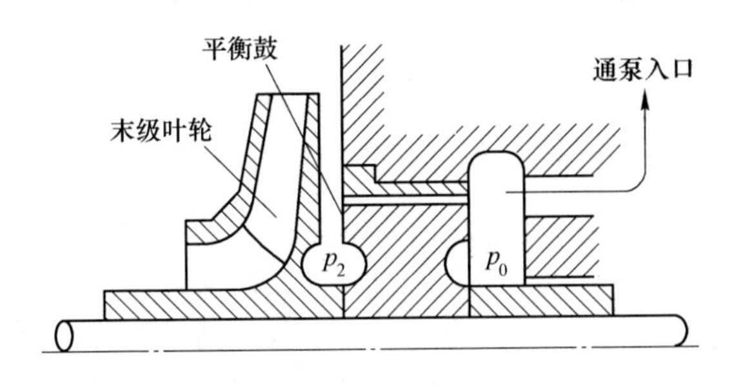

图 3-32 平衡鼓

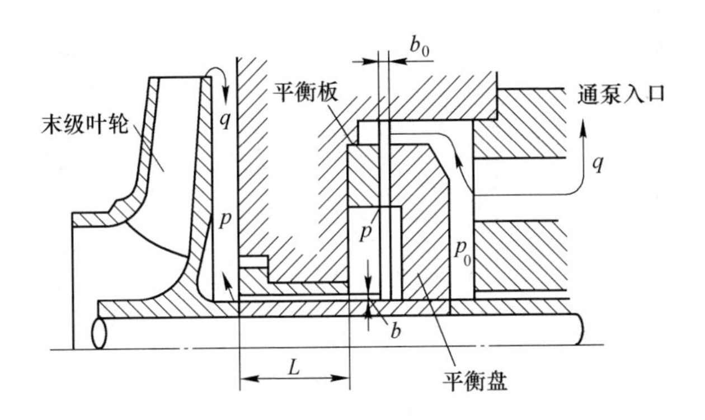

图 3-33 平衡盘

液体通过轴向间隙 b_0后，压力再下降至 p_0，轴向间隙两端的压力降 Δp_2 为：

$$\Delta p_2 = p' - p_0$$

式中，p_0和泵吸入口的压力接近。整个平衡鼓装置的压力降 Δp 为：

$$\Delta p = \Delta p_1 + \Delta p_2$$

这样，在平衡盘上作用一个平衡力，与泵的轴向力大小相等，方向相反。

平衡盘的自动平衡原理如下：当轴向力大于平衡盘的平衡力时，离心泵转动部分向左移，轴向间隙 b_0随之减少，流体流过间隙的阻力加大，整个平衡装置的总阻力系数也因此加大。但是，Δp 不变，所以泄漏量 q 减少，结果是 Δp_1减少而 Δp_2增大，从而增加了平衡力，随着转动部分不断向左移动，平衡力不断增加，到达某一位置时，平衡力和轴向力达到平衡。当轴向力小于平衡力时，转动部分向左移动，与上述过程相反，也使离心泵处于轴向平衡状态。所以装有平衡盘装置的离心泵，一般不配止推轴承。

通常径向间隙 $b=0.2 \sim 0.4$mm，轴向间隙 $b_0=0.1 \sim 0.2$mm。目前分段式多级泵，其平衡盘两侧压差系数。

$$\frac{\Delta p_2}{\Delta p} = \frac{p' - p_0}{p - p_0} = 50\% \sim 55\% \tag{3-8}$$

选用适当的压力系数，以提高平衡机构的灵敏度及减少平衡盘尺寸。

3.3.7　密封装置

密封装置分为密封环和轴端密封。

3.3.7.1　密封环

密封环又称口环。由于叶轮出口压力较高，而入口压力较低，故由叶轮出口流出的流体将有一部分反流回叶轮进口。为了防止高压流体通过叶轮进口与泵壳之间的间隙泄漏至吸入口，所以需在叶轮进口外圈与泵壳之间加装密封环。密封环一般有如图 3-34 所示的几种结构形式，一般的泵通常采用平环式及角接式，高压水泵采用迷宫式。

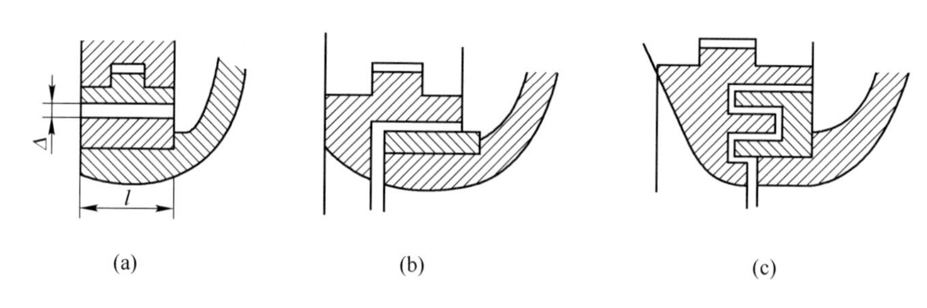

图 3-34　密封环形式

（a）平环式；（b）角接式；（c）迷宫式

3.3.7.2　轴端密封

由于泵轴穿过泵壳的动、静环之间有间隙存在，泵内液体会从间隙中泄漏至泵外，如果泄漏出的液体有毒或有腐蚀性，则会污染环境；倘若泵吸入端是真空，则外界空气会漏入泵内，严重威胁泵的安全工作。因此为了减少泄漏，一般在动、静间隙处装有轴端密封装置。设计密封装置的要求是：密封可靠，能长期运转，消耗功率小，适应泵运转状态的变化，而且还要考虑液体的性能、温度和压力。目前采用的轴端密封装置通常有填料密封、机械密封、浮动环密封和迷宫密封等。

A　填料密封

填料密封在泵中应用广泛。如图 3-35 所示，填料密封由填料套 1、填料环 2、填料 3、填料压盖 4、长扣双头螺栓 5 和螺母 6 组成。正常工作时，填料由填料压盖压紧，充满填料腔室，使泄漏减少。由于填料与轴套表面直接接触，因此填料压盖的压紧程度应该合理。如压得过紧，填料在腔室中被充分挤紧，泄漏虽然可以减少，但填料与轴套表面的摩擦迅速增加，严重时会发热、冒烟，甚至将填料、轴套烧坏；如压得过松，泄漏增加，泵效率下降。填料压盖的压紧程度应该使液体从填料函中流出少量的滴状液体为宜。

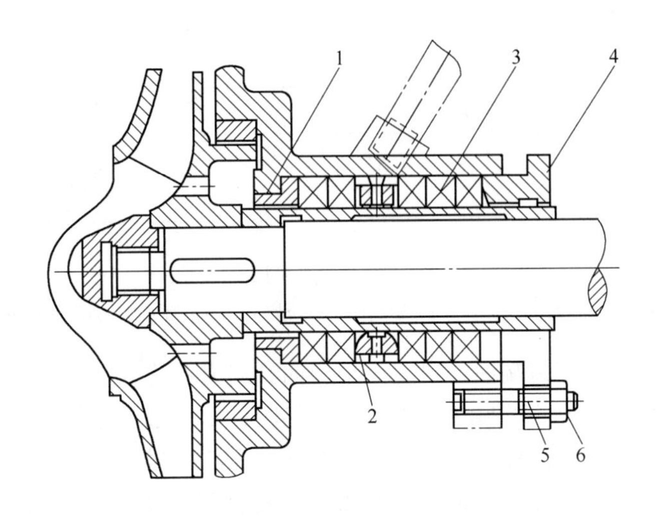

图 3-35 填料密封

1—填料套；2—填料环；3—填料；4—填料压盖；5—长扣双头螺栓；6—螺母

填料常用石墨油浸石棉绳或石墨油浸含有铜丝的石棉绳。但它们在泵高温、高速的情况下，密封效果较差。国外某些厂家使用由合成纤维、陶瓷及聚四氟乙烯等材料制成压缩填料密封，具有低摩擦性，并有较好的耐磨、耐高温性能，使用寿命较长，且价格与石棉绳填料不相上下。

填料与轴套摩擦会发热，所以填料密封还应通有冷却水冷却。对于高速大容量的泵，由于轴封处的线速度很大，填料密封已经不能满足要求。

B 机械密封

机械密封最早出现在 19 世纪末，目前在国内已被广泛使用。图 3-36 所示的机械密封是靠一对相对运动圆环的端面互相贴合形成微小轴向间隙起密封作用的，相对运动的圆环称为静环与动环。动环 5 装在公转轴上，通过传动销 3 与泵轴同时转动；静环 6 装在泵体上，为静止部件，并通过防转销 8 使它不能转动。静环与动环端面形成的密封面上所需的压力由弹簧 2 的弹力造成。动环密封圈 4 的作用是防止液体的轴向泄漏；静环密封圈 7 的作用是封堵静环与泵壳间的泄漏；密封圈除了起密封作用之外，还能吸收振动，缓和冲击。动、静环之间有一层极薄的流体膜，起着平衡压力和润滑、冷却端面的作用。机械密封的端面需要通有密封液体。密封液体要经外部冷却器冷却，在泵启动前通入，泵轴停转后才能切断。机械密封要得到良好的密封效果应该使动、静环端面光洁、平整。

机械密封的间隙一般都是径向的，如泵内水温高于 100℃，密封面出口为大气压，必然导致端面出现汽液两相。在工况变化时，液体膜会发生相变，沸腾区

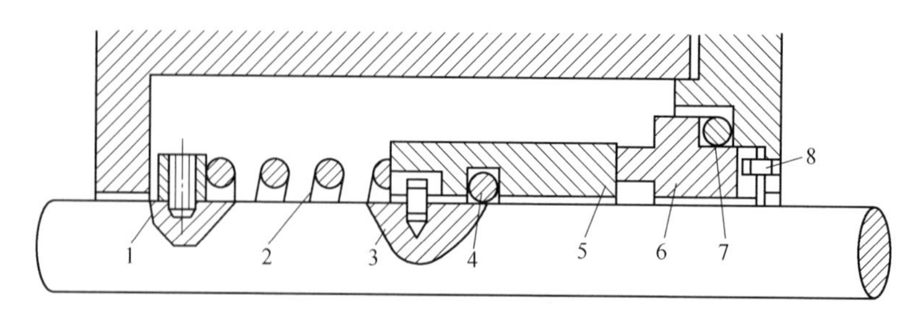

图 3-36　机械密封

1—弹簧座；2—弹簧；3—传动销；4—动环密封圈；5—动环；6—静环；7—静环密封圈；8—防转销

内压力瞬时增大，使密封端面开启。如果周向开启力不均，造成不平行开启，则开启后较难恢复，形成间歇振荡、干运转、鸣叫并出现敲击声等。为此，在机械密封的端面通有密封水冷却，吸收热量。温度升高的密封水利用热虹吸（冷却器装设在泵轴的上方）作用，有的动环套表面还具有泵水效能，使之压力升高，流入密封水冷却器冷却，再经过磁性过滤器，除去给水中容易损坏密封面的氧化铁粉，重新流入密封端面。如此不断循环。

机械密封比填料密封寿命长、密封性能好、泄漏量很小、轴或轴套不易受损伤、摩擦耗功小（约为填料密封的 10% ~ 15%）。但机械密封较填料密封复杂、价格较贵，需要一定的加工精度和安装技术。机械密封对水质的要求也较高，因为有杂质就会损坏动环与静环的密封端面。

机械密封的动环、静环材料可选用碳化硅、铬铜、金属陶瓷及碳石墨浸渍巴氏合金、钢合金和树脂等。

C　浮动环密封

当输送介质的压力和温度较高时，采用填料密封需要冷却，而采用机械密封介质的滑动性能不好，这时可采用浮动环密封。浮动环密封由浮动环、支撑环（浮动套）和弹簧等组成，如图 3-37 所示。

浮动环密封是靠轴与浮动环之间狭窄间隙产生很大的水阻力实现密封的。浮动环与支承环的密封端面在液体压力与弹簧力（也有不用弹簧）的作用下紧密接触，从而使液体得到径向密封；浮动环密封的轴向密封是通过内轴套的外圆表面与浮动环的内圆表面形成的细小缝隙对液流产生节流达到密封目的。浮动环套在轴套上，由于液体动力的支撑力可使浮动环沿着支承环的密封端面上下自由浮动，使浮动环自动调整环心。当浮动环与泵轴同心时，液体动力的支撑力消失，浮动环不再浮动，可以自动对准中心，所以浮动环与轴套的径向间隙可以做得很小，以减小泄漏量。

为了提高密封效果，减少泄漏，在浮动环中间还通有密封液体。密封液体的

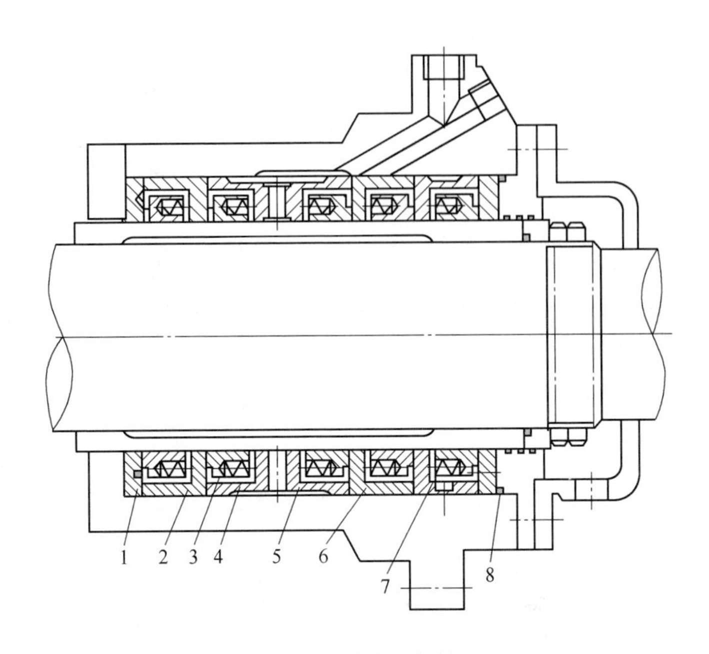

图 3-37 浮动环密封

1—封环；2—浮动套（甲）；3—浮动环；4—弹簧；5—浮动套（乙）；6—浮动套（丙）；7—浮动套（丁）；8—密封圈

压力比被密封的液体压力稍高。为了保证浮动环安全工作，密封液体必须经过滤网过滤。浮动环密封的弹簧力不能太大，否则浮动环不能自由浮动；另外，浮动环与支撑环的接触端面加工要光洁，摩擦力要小。

浮动环密封相对于机械密封来说结构较简单，运行也较可靠。如果能正确地控制径向间隙和密封长度，就可以得到满意的密封效果。泵在一定转速下，液体通过密封环间隙的泄漏量与液体的降压大小、径向间隙的大小、密封长度、轴颈大小以及介质温度的高低等因素有关，其中以径向间隙的大小影响最甚。浮动环密封轴向尺寸较长，泄漏量也不小。

D 其他密封形式

除了上述三种主要的轴端密封外，还有迷宫密封和螺旋密封。迷宫密封是利用转子与静子间的间隙变化，对泄漏流体进行节流、降压，从而实现密封作用，如图 3-38（a）所示。迷宫密封最大的特点是固定衬套之间的径向间隙较大，所以泄漏量也较大。为了减少液体的泄漏，可向密封衬套注入密封水；同时，还可在转轴的轴套表面加工与液体泄漏方向相反的螺旋形沟槽，如图 3-38（b）所示。在固定衬套内表面车出反向槽，可使水中杂质顺着沟槽排掉，从而不致咬伤轴及轴套。

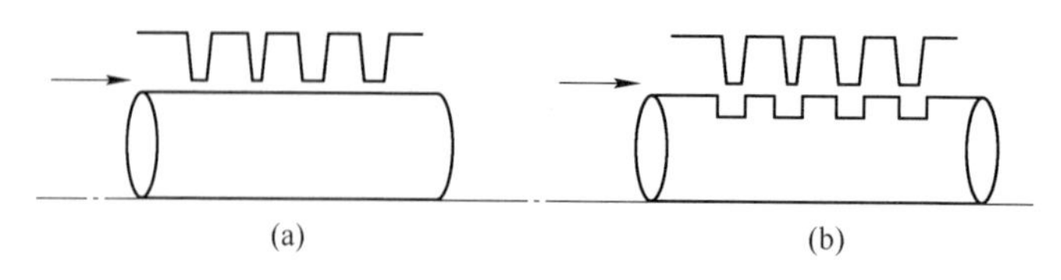

图 3-38　迷宫密封

螺旋密封是一种非接触型的流体动力密封，在密封部位的轴表面上切出反向螺旋槽，泵轴转动时可对充满在螺旋槽内的泄漏液体产生一种向泵内的泵送作用，从而达到减少介质泄漏的目的。为了有好的密封性能，槽应该浅而窄，螺旋角亦应小些，如图 3-39 所示。

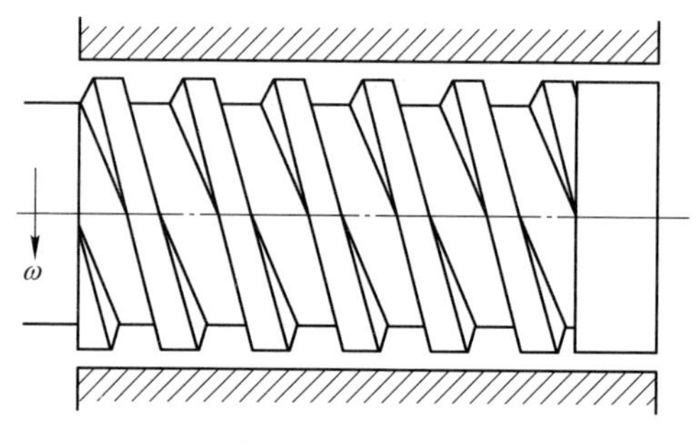

图 3-39　螺旋密封

螺旋密封工作时无磨损，使用寿命长，特别适用于含颗粒等条件苛刻的工作场合。但螺旋密封在低速或停车状态不起密封作用，需另外配置辅助密封装置。另外，螺旋密封轴向长度较长。

参 考 文 献

[1] 张永建，齐秀丽．矿井通风、压风与排水设备［M］. 徐州：中国矿业大学出版社，2014.
[2] 陈乃祥，吴玉林．离心泵［M］. 北京：机械工业出版社，2003.
[3] 毛君．煤矿固定机械及运输设备［M］. 北京：煤炭工业出版社，2006.
[4] 黄文建．矿山流体机械的操作与维护［M］. 重庆：重庆大学出版社，2010.
[5] 河北工程大学. 一种双电机驱动的大功率矿用多级高效泵：中国，201821690025. 9［P］. 2019-06-07.
[6] 袁寿其，施卫东，刘厚林．泵理论与技术［M］. 北京：机械工业出版社，2014.

4 离心式水泵的基本理论

4.1 泵的基本方程

泵把机械能变成液体的能量是在叶轮内进行的。叶轮带着液体旋转时把力矩传给液体，使液体的运动状态发生变化，完成能量的转换。泵的基本方程又称欧拉方程，它是根据叶轮和液体的运动计算泵的理论扬程的公式，故也称为能量方程。后面研究叶片泵理论时，经常要从这个方程出发，所以又称为基本方程。

4.1.1 基本方程的推导和说明

4.1.1.1 方程推导

基本方程可用动量矩定理推导而得。应用动量矩定理时，不管叶轮内的流动情况如何，只要把叶轮对液体做的功与叶轮前后液体的运动参数联系起来，即可推导出基本方程。

动量矩定理：在单位时间内，某一系统中所有质量的动量矩的改变，等于作用在这一系统上的外力矩，即

$$\frac{\mathrm{d}L}{\mathrm{d}t} = M \tag{4-1}$$

式中 M——作用于系统的外力矩；

$\mathrm{d}L$——在某一时间 $\mathrm{d}t$ 内系统对某一轴线动量矩的变化；

$\mathrm{d}t$——动量矩变化经过的时间。

现将动量矩定理应用于叶轮中的液体。我们划分出ⅠⅡ′这块液体进行研究，其中Ⅰ位于叶片进口稍前，Ⅱ′位于出口稍后。这块液体除被前后盖板包围外，还被进口稍前和 $\mathrm{d}L$ 出口稍后的两个旋转面包围，如图 4-1 所示。

首先假设液体是理想的，泵的工作状态是稳定的，也就是说泵的扬程、流量、转速、转矩等不随时间而变化，此时叶轮前后的流动为定常流动。

经过时间间隔 $\mathrm{d}t$ 后，液体从ⅠⅡ运动到Ⅰ′Ⅱ′位置，由于流动是定常的，叶片间的液体质量不变，而动量矩的变化 $\mathrm{d}L$ 就等于液体ⅠⅠ′和ⅡⅡ′动量矩的变化，即

$$\begin{aligned}\mathrm{d}L &= L_{\mathrm{I}'\mathrm{II}'} - L_{\mathrm{I}\,\mathrm{II}} \\ &= (L_{\mathrm{II}\,\mathrm{II}'} + L_{\mathrm{I}'\mathrm{II}}) - (L_{\mathrm{I}\,\mathrm{I}'} + L_{\mathrm{I}'\mathrm{II}}) \\ &= L_{\mathrm{II}\,\mathrm{II}'} - L_{\mathrm{I}\,\mathrm{I}'}\end{aligned} \tag{4-2}$$

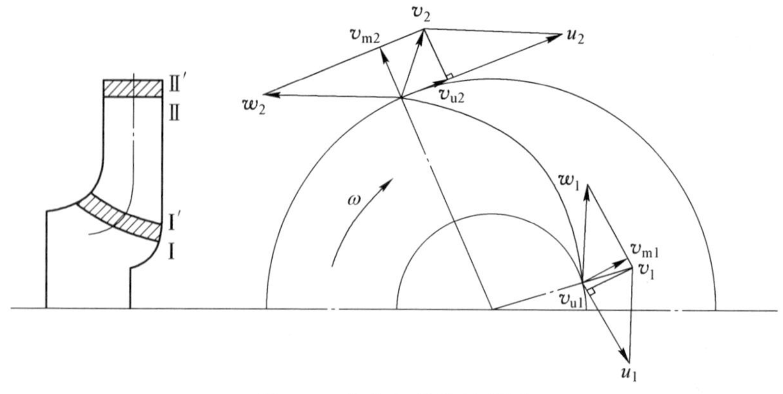

图 4-1　基本方程的示意图

由流动的连续性方程知，两块液体的体积是相等的，其数值等于 dt 时间内流出（或流入）叶轮的液体的体积 $Q_t dt$，质量为 $\rho Q_t dt$。因为时间 dt 很短，体积ⅠⅠ′和ⅡⅡ′都很小，所以可以认为这两块液体到轴线的距离，分别等于叶片的进出口半径 R_1 和 R_2，其平均速度等于叶片进出口绝对速度 v_1 和 v_2。对于绝对速度，我们把它分解为两个分量，即轴面分速度 v_m 和圆周分速度 v_u，而 v_m 必然与矢径平行，因此它不产生对轴线的动量矩，所以只有 v_u 产生动量矩。

动量矩大小为：

$$L = mv_u R = \rho Q_t dt v_u R \tag{4-3}$$

动量矩的变化为：

$$dL = \rho Q_t dt v_{u2} R_2 - \rho Q_t dt v_{u1} R_1 = \rho Q_t (v_{u2} R_2 - v_{u1} R_1) dt \tag{4-4}$$

故

$$M = \rho Q_t (v_{u2} R_2 - v_{u1} R_1) \tag{4-5}$$

现在讨论哪些力对研究的液体产生力矩。由于叶轮是轴对称的，所以重力和表面压力也是轴对称的，不产生力矩。由于是理想液体，故黏性力忽略不计。所以在研究的液体上，只有叶片对液体有作用力矩，叶轮就是通过叶片把力矩传给液体，使液体的能量增加。叶轮在单位时间内对液体做的功为 $M\omega$，它应当等于单位时间内通过叶轮的液体从叶轮中获得的能量，因此，针对理想液体输入的水功率为 $\rho g Q_t H_t$，即：

$$M\omega = \rho g Q_t H_t \tag{4-6}$$

$$M = \frac{1}{\omega} \rho g Q_t H_t \tag{4-7}$$

根据动量矩定理：

$$M = \rho Q_t (v_{u2} R_2 - v_{u1} R_1) \tag{4-8}$$

所以有：

$$\frac{1}{\omega} \rho g Q_t H_t = \rho Q_t (v_{u2} R_2 - v_{u1} R_1) \tag{4-9}$$

$$H_t = \frac{\omega}{g} (v_{u2} R_2 - v_{u1} R_1) \tag{4-10}$$

这就是泵的基本方程。

对直锥形吸水室 $v_{u1}=0$，则：

$$H_t=\frac{\omega v_{u2}R_2}{g}=\frac{u_2v_{u2}}{g} \tag{4-11}$$

初步计算时，为了粗略估算扬程，可假设 $v_{u2}=0.5u_2$，则：

$$H_t=\frac{u_2^2}{2g} \tag{4-12}$$

在流体力学中，称 $\Gamma=2\pi Rv_u$ 为速度环量，所以基本方程还可以用速度环量来表示：

$$H_t=\frac{\omega}{g}\left(\frac{2\pi v_{u2}R_2}{2\pi}-\frac{2\pi v_{u1}R_1}{2\pi}\right)=\frac{\omega}{g}\frac{\Gamma_2-\Gamma_1}{2\pi} \tag{4-13}$$

式中，$\Gamma_2=2\pi R_2v_{u2}$，$\Gamma_1=2\pi R_1v_{u1}$，分别为叶轮出口和进口的速度环量。

4.1.1.2 几点说明

（1）基本方程实质上是能量平衡方程，它建立了叶轮的外特性 H_t 和叶轮前后液体运动参数 v_u 之间的关系。

（2）基本方程可以用速度矩表示。速度矩的实质是单位质量液体的动量矩。

在叶轮中由于叶片对液体施加力矩，所以速度矩是增加的，即 $v_{u2}R_2>v_{u1}R_1$。如果叶轮中无叶片，此时外力矩 $M=0$，则 $v_{u2}R_2=v_{u1}R_1$，即 $v_uR=$ 常数。就是说在没有外力矩作用于液体的情况下，液体的速度矩等于常数，此称为速度矩保持定理。以后在研究泵其他过流部件中的流动时，常会遇到这种情况：当 v_uR 为常数时，$H_t=0$。

在基本方程中，用的是 v_uR 的平均值。事实上，对不同的叶轮，进出口处的 v_uR 不是每点都相同的。

（3）从基本方程可看出，用液柱高度表示的理论扬程 H_t，与液体的种类和性质无关，只与其运动状态有关。对于同一台泵抽送不同的介质（如水、空气、水银等）产生的理论扬程是相同的。但因其介质密度不同，泵所需的功率是不同的。

4.1.2 动扬程、势扬程和反击系数

众所周知液体的能量分为位能、压能和动能，故相应的扬程也可分为动扬程和势扬程。

由速度三角形可知：

$$w_1^2=u_1^2+v_1^2-2u_1v_1\cos\alpha_1'=u_1^2+v_1^2-2u_1v_{u1} \tag{4-14}$$

$$w_2^2=u_2^2+v_2^2-2u_2v_2\cos\alpha_2'=u_2^2+v_2^2-2u_2v_{u2} \tag{4-15}$$

由此可得：

$$u_1 v_{u1} = \frac{u_1^2 + v_1^2 - w_1^2}{2} \tag{4-16}$$

$$u_2 v_{u2} = \frac{u_2^2 + v_2^2 - w_2^2}{2} \tag{4-17}$$

代入基本方程可得：

$$H_t = \frac{v_2^2 - v_1^2}{2g} + \frac{u_2^2 - u_1^2}{2g} + \frac{w_1^2 - w_2^2}{2g} \tag{4-18}$$

式（4-18）右侧第一项称为叶轮动扬程，用 H_d 表示，即：

$$H_d = \frac{v_2^2 - v_1^2}{2g} = \frac{(v_{m2}^2 + v_{u2}^2) - (v_{m1}^2 + v_{u1}^2)}{2g} \tag{4-19}$$

通常 $v_{m2} \approx v_{m1}$，v_{u1} 很小，故 H_d 可近似以表示为 $H_d = \frac{v_{u2}^2}{2g}$，动扬程 H_d 大，表示叶轮出口的绝对速度大，这样在流动中产生的水力损失必然大。故从提高泵效率考虑，不希望 H_d 过大。式（4-18）右侧第二项和第三项之和称为势扬程，用 H_p 表示，即：

$$H_p = \frac{u_2^2 - u_1^2}{2g} + \frac{w_1^2 - w_2^2}{2g} \tag{4-20}$$

为说明问题，下面列出从叶轮进口到出口的相对运动伯努利方程：

$$z_1 + \frac{p_1}{\rho g} + \frac{w_1^2}{2g} - \frac{u_1^2}{2g} = z_2 + \frac{p_2}{\rho g} + \frac{w_2^2}{2g} - \frac{u_2^2}{2g} \tag{4-21}$$

因为叶轮是轴对称的，所以叶轮进出口的平均位能相等：

$$z_1 = z_2$$

则：

$$\frac{p_2 - p_1}{\rho g} = \frac{u_2^2 - u_1^2}{2g} + \frac{w_1^2 - w_2^2}{2g} \tag{4-22}$$

即第二项和第三项之和与位能和压能有关，称为势扬程。势杨程和理论扬程之比称为叶轮反击系数，用 ρ_i 表示，即：

$$\rho_i = \frac{H_p}{H_t} = 1 - \frac{H_d}{H_t} \tag{4-23}$$

或：

$$\rho_i = 1 - \frac{\frac{v_{u2}^2}{2g}}{\frac{u_2 v_{u2}}{g}} = 1 - \frac{v_{u2}}{2u_2} \tag{4-24}$$

4.2 比转速

4.2.1 比转速公式推导

泵的相似定律建立了几何相似的泵在相似工况下性能参数之间的关系，然而用相似定律来判断泵是否几何相似和运动相似既不直观，也不方便。因此在相似定律的基础上，希望有一个判别数，它是一系列几何相似泵性能之间的综合数据。如果各个泵的这个数据相等，则这些泵是几何相似和运动相似的，为此用相似定律来换算各泵性能之间的关系。这个判别数就是比转速，有时也称为比转数或比速。因为比转速既然是相似判别数，则根据比转速的大小可知道泵的一般几何形状。

根据相似推则，可得到单位流量 Q_{I} 和单位扬程 H_{I}，对几何相似的泵，在相似工况下工作，Q_{I}、H_{I} 为常数，故可以作为相似判据使用，但其中包括叶轮尺寸，用起来还不太方便，故将 Q_{I}、H_{I} 联立并消除尺寸因数，得：

$$\frac{Q_{\mathrm{I}}^{1/2}}{H_{\mathrm{I}}^{3/4}} = \frac{\sqrt{Q} / \sqrt{n} D^{3/2}}{\dfrac{H^{3/4}}{n^{6/4} D^{6/4}}} = \frac{n\sqrt{Q}}{H^{3/4}} \tag{4-25}$$

解得综合数据的性能参数，而且此公式是从相似定律推得，所以它也是泵的相似准则，称为比转速，用 n_{s} 表示。为使泵的比转速与水轮机的比转速一致，将上面数据乘以常数 3.65，表示为：

$$n_{\mathrm{s}} = \frac{3.65n\sqrt{Q}}{H^{3/4}} \tag{4-26}$$

式中 n——转速，r/min；

H——扬程，m，对多级泵取单级扬程；

Q——流量，m^3/s，对双吸泵取 $Q/2$。

另外各国所用的比转速有的无常数，流量 Q、扬程 H 的单位也不相同，因而对同一相似泵算得的 n_{s} 的数值不同。在比较时，应换算为使用相同单位下的数值。其换算关系见表 4-1。

表 4-1 各国比转速换算

国别	中国与苏联	美国	英国	日本	德国
公式	$\frac{3.65n\sqrt{m^3/s}}{m^{3/4}}$	$\frac{n\sqrt{\text{U. Sgal/min}}}{(\text{ft})^{3/4}}$	$\frac{n\sqrt{\text{Imp. gal/min}}}{(\text{ft})^{3/4}}$	$\frac{n\sqrt{m^3/\text{min}}}{m^{3/4}}$	$\frac{n\sqrt{m^3/s}}{m^{3/4}}$
	1	14.16	12.89	2.12	1/3.65

续表 4-1

国别	中国与苏联	美国	英国	日本	德国
换算系数	0. 0706	1	0. 91	0. 15	0. 26
	0. 0776	1. 1	1	0. 165	0. 28
	0. 4709	6. 68	6. 079	1	1. 72
	0. 2740	3. 88	3. 53	0. 58	1

注：各国比转速换算式为 $n_{s,中} = \frac{n_{s,美}}{14.16} = \frac{n_{s,英}}{12.89} = \frac{n_{s,日}}{2.12} = n_{s,德} \times 3.65$。

4.2.2　比转速几点说明

（1）同一台泵在不同的工况下具有不同的比转速值。作为相似准则用的比转速，是指对应最高效率点工况下的比转速值。

（2）比转速是根据相似理论进行推导获得的，可作为相似判别依据。对几何相似的泵，在相似工况下，比转速相等。但是不能说比转速相等的泵就一定几何形状相似，因为构成泵几何形状的参数很多。例如：对 $n_s=500$ 的泵，既可以做成轴流式，也可做成斜流式；对 $n_s=400$ 的混流泵，既可以做成导叶式，也可以做成蜗壳式。可见，虽然比转速相同，但几何形状却不同，故也就谈不上工况相似。但对同一种形式的泵而言，比转速相等时，要想使泵的性能好，就必须使其几何形状符合流动规律，这样泵的几何形状相差就不大，因此通常是几何相似的。

（3）比转速是有因次数，其量纲是 $(m/s^2)^{3/4}$，但不影响其作为相似判别的依据。对几何相似的泵，在相似工况下，比转速相等。在有些情况下，使用无因次的比转速，又称为形式数，其表达式为：

$$K = \frac{2\pi n\sqrt{Q}}{60\,(gH)^{3/4}} \tag{4-27}$$

式中各参数的单位同比转速，比转速和形式数间的关系为：

$$\frac{K}{n_s} = \frac{\dfrac{2\pi n\sqrt{Q}}{60\,(gH)^{3/4}}}{\dfrac{3.65n\sqrt{Q}}{H^{3/4}}} = \frac{2\pi}{60g^{3/4} \times 3.65} = 0.0051759 \tag{4-28}$$

即 $K = 0.0051759n_s$。

（4）比转速与泵几何形状的关系。因为比转速是由泵参数组成的一个综合参数，是泵相似的准则，其与泵的几何形状密切相关，所以可按比转速对泵进行分类。另外，泵的特性曲线是泵内液体运动参数的外部表现形式，而泵内的运动与泵的几何形状有关，所以泵的特性曲线与泵的几何形状间也有密切的关系，如表4-2所示。

表 4-2 各种不同比转速泵的典型特点

泵的类型	离心泵			混流泵	轴流泵
	低比转速	中比转速	高比转速		
比转速	30< n_s <80	80< n_s <150	150< n_s <300	300< n_s <500	500< n_s <1500
叶轮形状	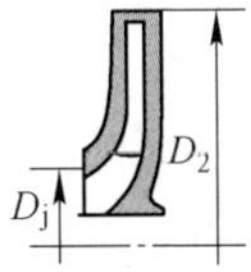 D_j D_2	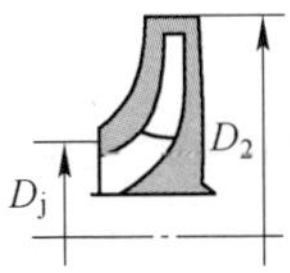 D_j D_2	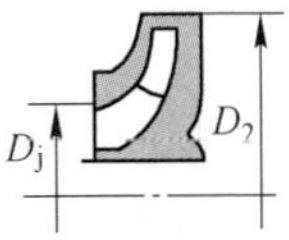 D_j D_2	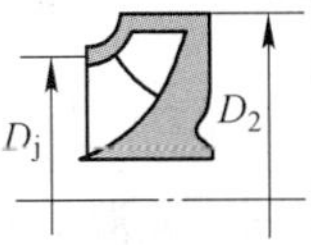 D_j D_2	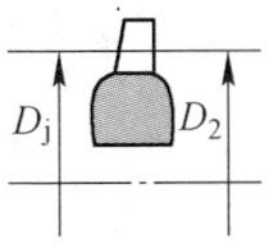 D_j D_2
$\frac{D_2}{D_j}$	3	2.3	1.8~1.4	1.2~1.1	1
叶片形状	圆柱形叶片	入口处扭曲 出口处圆柱形	扭曲叶片	扭曲叶片	轴流泵翼型
性能曲线	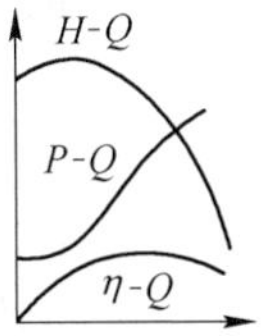 H-Q P-Q η-Q	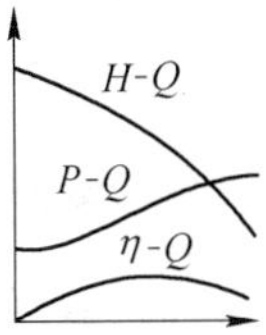 H-Q P-Q η-Q	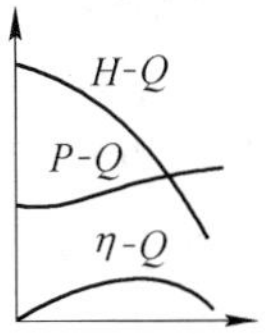 H-Q P-Q η-Q	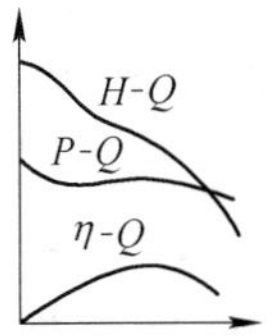 H-Q P-Q η-Q	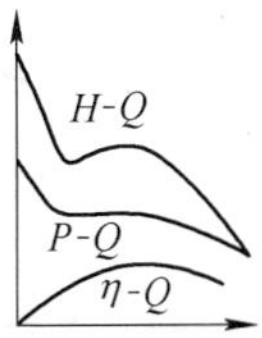 H-Q P-Q η-Q
扬程-流量曲线特点	关死扬程为设计工况的1.1~1.3倍，扬程随着流量减少而增加，变化缓慢			关死扬程为设计工况的1.5~1.8倍，扬程随着流量减少而增加，变化较急	关死扬程为设计工况的2倍左右，在小流量处出现马鞍形
功率-流量曲线特点	关死功率较小，轴功率随流量增加而上升			流量变化时，轴功率变化较小	关死点功率最大，设计工况附近变化比较小，以后轴功率随流量最大而下降
效率-流量曲线特点	比较平坦			比轴流泵平坦	急速上升后又急速下降

1）按比转速从小到大可分为离心泵、混流泵、轴流泵。

2）低比转速泵因流量小、扬程高，故低比转速泵叶轮窄而长，常用圆柱形叶片，有时为了提高泵的效率，目前也有采用扭曲叶片的；高比转速泵因流量大、扬程低，故高比转速泵叶轮宽而短，常用扭曲叶片；叶轮出口直径与进口直径的比值 D_2/D_j 随 n_s 增加而减小。

3）低比转速泵的扬程曲线容易出现驼峰；高比转速的混流泵、轴流泵关死扬程高，且曲线上有拐点。

4）低比转速泵零流量时功率小，故低比转速泵采用关阀起动；高比转速泵零流量时功率大，故高比转速泵采用开阀起动。

4.3　特性曲线

4.3.1　泵的特性曲线

泵的特性曲线可分为能量特性曲线和汽蚀特性曲线。泵的能量特性曲线包括三条：在泵的转速 n = 常量时作出的扬程与流量的关系曲线 $H=f_1(Q)$；轴功率与流量的关系曲线 $P=f_2(Q)$；效率与流量的关系曲线 $\eta=f_3(Q)$。泵的汽蚀特性曲线表征泵进口部分的压力降，也就是为了保证泵不发生汽蚀，要求在泵进口处单位重量液体具有超过汽化压力水头的富余能量，即必需的汽蚀余量。所谓必需的汽蚀余量是指要求装置必须提供这么大的汽蚀余量，方能满足泵压力降的需要，保证泵不发生汽蚀。泵的特性曲线是用横坐标表示流量 Q，纵坐标分别表示扬程 H、轴功率 P、效率 η、汽蚀余量（$(NPSH)_c$），如图 4-2 所示。

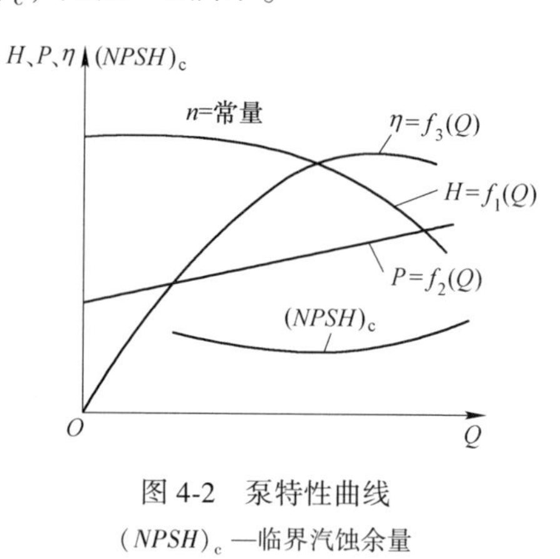

图 4-2　泵特性曲线

$(NPSH)_c$—临界汽蚀余量

泵的特性曲线全面、综合、直观地表示了泵的性能。用户可根据自身的需要，按特性曲线选择符合要求的泵，并根据曲线确定泵的安装高度，掌握泵的运行情况。制造厂在泵制造完成后，通过试验得出特性曲线，并根据特性曲线形状的变化，分析几何参数对泵性能的影响，以便制造出符合规定要求的泵。科研人员通过特性曲线形状的分析，可正确理解和掌握叶片泵的理论，提出新的见解，创建新的理论，通过优化设计，设计出符合特殊要求的泵的特性曲线形状。

鉴于泵内的流动情况十分复杂，故准确的泵特性曲线只能通过试验得出。但是根据泵的理论，可以对泵的特性曲线作定性分析，以便了解特性曲线的形状和影响特性曲线的因素。

4.3.2　特性曲线的形状分析

4.3.2.1　扬程-流量曲线

（1）假定叶片数无穷多，作 $H_{t,\infty}$-Q_t 曲线。

为简化起见，设 $v_{u1}=0$，由出口速度三角形（图4-3）得：

$$v_{u2}=u_2-v_{m2}\cot\beta_2=u_2-\frac{Q_t}{S_2}\cot\beta_2 \tag{4-29}$$

式中 S_2——叶轮出口有效过流面积。

$S_2=2\pi R_2 b_2\psi_2$，将其代入基本方程，得

$$H_{t,\infty}=\frac{u_2}{g}\left(u_2-\frac{Q_t}{S_2}\cot\beta_2\right)=A-BQ_t \tag{4-30}$$

式中，$A=\frac{u_2^2}{g}$，$B=\frac{u_2}{gS_2}\cot\beta_2$。

对既定的泵，在一定转速 n 下，u_2、S_2、β_2 是固定不变的。所以 $H_{t,\infty}$ 和 Q_t 是一次方程的关系。通常 $\beta_2<90°$，$\cot\beta_2$ 为正值，故 H_t 随 Q_t 增大而减小。当 $Q_t=0$ 时，$H_{t,\infty}=\frac{u_2^2}{g}$；当 $H_{t,\infty}=0$ 时，因 $\frac{u_2^2}{g}\neq0$，则 $Q_t=\frac{u_2S_2}{\cot\beta_2}$。泵的特性曲线分析如图4-4所示。

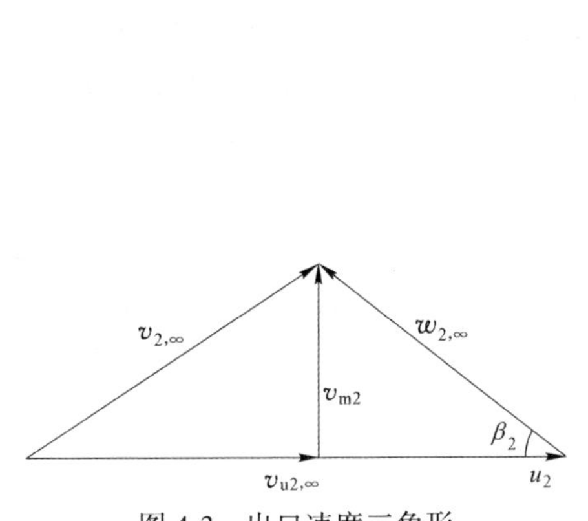

图 4-3 出口速度三角形

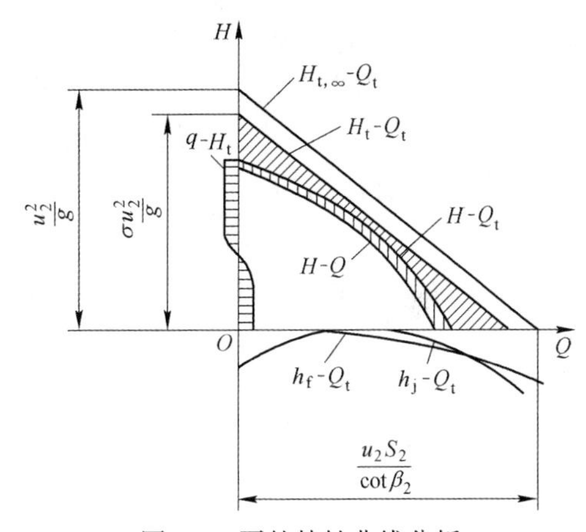

图 4-4 泵的特性曲线分析

（2）考虑有限叶片数影响，作 H_t-Q_t 曲线

$$H_t=\frac{u_2}{g}\left(\sigma u_2-\frac{Q_t}{S_2}\cot\beta_2\right) \tag{4-31}$$

当 $Q_t=0$ 时，$H_t=\frac{\sigma u_2^2}{g}$；当 $H_t=0$ 时，$Q_t=\frac{\sigma u_2S_2}{\cot\beta_2}$。

（3）考虑泵内的损失，作 $H-Q_t$ 曲线。泵的实际扬程等于泵的理论扬程减去泵内的水力损失。泵内的水力损失为从进口到出口间全部过流部分的水力损失，其中主要是叶轮和压水室中的水力损失。泵中的水力损失分为以下三种：1）从

进口到出口流道内的水力摩擦损失；2）叶轮、导叶或蜗壳内流动的扩散、收缩和弯曲损失；3）叶轮、导叶或蜗壳内的冲击损失。

1）、2）两项用 h_f 表示，它和流速（即流量）的平方成正比，即：

$$h_f = k_f Q_t^2 \tag{4-32}$$

3）项用 h_j 表示。泵过流部件的设计是按设计流量进行设计的。泵在设计流量下运行时，泵内液体的流动情况与过流部件几何形状相适应，此时基本不会产生冲击损失。但当泵的流量偏离设计流量时，过流部件的几何形状与液体就不相适应了，此时就会产生冲击损失。偏离设计流量越远，冲击损失就越大。

冲击损失的大小跟泵流量与设计流量差值的平方成正比，即：

$$h_j = k_j (Q_t - Q)^2 \tag{4-33}$$

它是一条以设计流量为原点的抛物线，从 H_t-Q_t 曲线中对应流量的纵坐标中减去（$h_f + h_j$），即得到 H-Q_t 曲线。

（4）考虑容积损失，作 H-Q 曲线。叶片泵的 H-Q_t 曲线与 H-Q 曲线之间只差泵的泄漏量 q，容积损失在单级泵中主要是叶轮口环处的泄漏，该泄漏量 q 的大小与叶轮的理论扬程成正比。q 与 H_t 的关系曲线可用实验的方法得到，大致如图4-4所示。当理论扬程为某一值时，泄漏量的方向变为相反，即从叶轮进口向出口泄漏。这是因为理论扬程去掉水力损失才是实际扬程，所以当 H_t 降低到一定程度时，$H = H_t - h$ 已经是负值了，所以 q 为负值。在 H-Q_t 曲线的横坐标上减去相应的 q 值，则得到 H-Q 曲线。

4.3.2.2　功率-流量曲线

对应 H_t-Q_t 曲线，可求出输入水力功率 $P_h = \rho g Q_t H_t$，并画出 P_h-Q_t 曲线。轴功率为 $P = P_h - P_m$，其中，P_m 为机械损失功率，其值与理论流量无关，为一常数。

在 P_h-Q_t 曲线纵坐标上加一 P_m，即得 P-Q_t 曲线。再根据 q-H_t 曲线，在 P-Q_t 曲线横坐标中减去对应 H_t 下的 q 值，即得 P-Q 曲线，就是轴功率与流量的关系曲线，如图4-5所示。

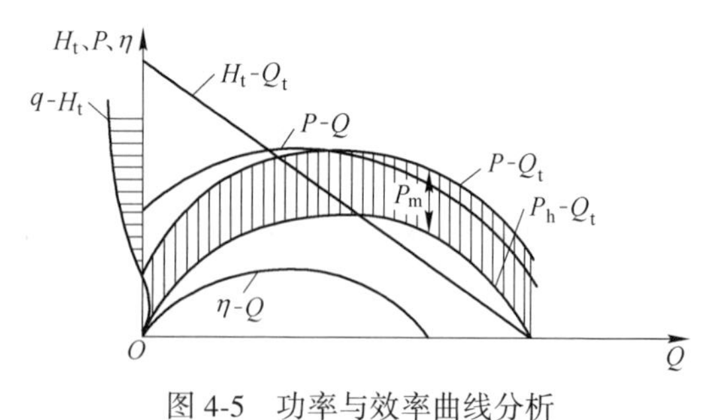

图4-5　功率与效率曲线分析

4.3.2.3　效率-流量曲线

由 H-Q 曲线和 P-Q 曲线，可求得各对应流量 Q 下的效率值为：

$$\eta = \frac{P_e}{P} = \frac{\rho g Q H}{P} \tag{4-34}$$

画出各流量下的 η-Q 曲线，即得效率-流量关系曲线。

4.3.3 几何参数对泵特性曲线的影响

4.3.3.1 特性曲线的形状

（1）扬程-流量曲线。泵的扬程-流量特性曲线的形状是多种多样的，大致可分为三类：

1）单调下降的曲线。在这种特性曲线中，$Q=0$ 时扬程最大，随着流量的增加，扬程逐渐下降，每一个扬程对应一个流量，这是一种稳定的扬程曲线。

2）平坦的特性曲线。这种特性曲线，流量变化较大而扬程变化较小。

3）驼峰特性曲线。这种特性曲线不是单调下降的，特性曲线的中部隆起，在某一扬程范围内，一个扬程可对应 2 个或 3 个流量，这是一种不稳定的特性曲线。

（2）功率-流量特性曲线。

1）单调上升的特性曲线，随着流量增大，功率增大。

2）平坦的特性曲线，当流量变化时，功率的变化不大。

3）单调下降的特性曲线，随着流量增大，功率减小。

4）功率有一最大值曲线，随着流量增大，功率开始增大，至某一流量时，功率达到最大值，然后随着流量增大，功率减小。

（3）效率-流量曲线。

1）陡峭的特性曲线，效率随流量变化大，效率曲线陡峭。

2）平坦的特性曲线，效率随流量变化小，效率曲线平坦。

泵的特性曲线的差别是液体在泵内不同运动状态的外部表现形式，而运动状态是由泵的转速和过流部件的几何形状决定的。因此，调整泵的几何参数就能改变泵的特性曲线形状。

4.3.3.2 几何参数对泵的特性曲线的影响

A 叶片出口安放角 β_2

由叶片出口速度三角形可以看出，在其他条件不变的情况下，β_2 越大，v_{u2} 越大，即泵的扬程越高。但是泵中用的 β_2 通常在 15°～40°内选择。这是因为 β_2 对泵性能的影响是多方面的，所以选择 β_2 时不能只从一个方面考虑。

下面分析 β_2 对泵性能的影响。图 4-6 中分为三种情况进行考虑，分别表示不同 β_2 对泵性能的影响。

（1）β_2 大，v_{u2} 大，扬程高。

（2）β_2 增大，叶片间流道弯曲严重（可能出现 S 形），流道变短。而叶轮出口面积一定，叶轮流道一般是扩散的，因此流道变短后，叶片间的流道扩散度增大，造成叶轮内水力损失增加。

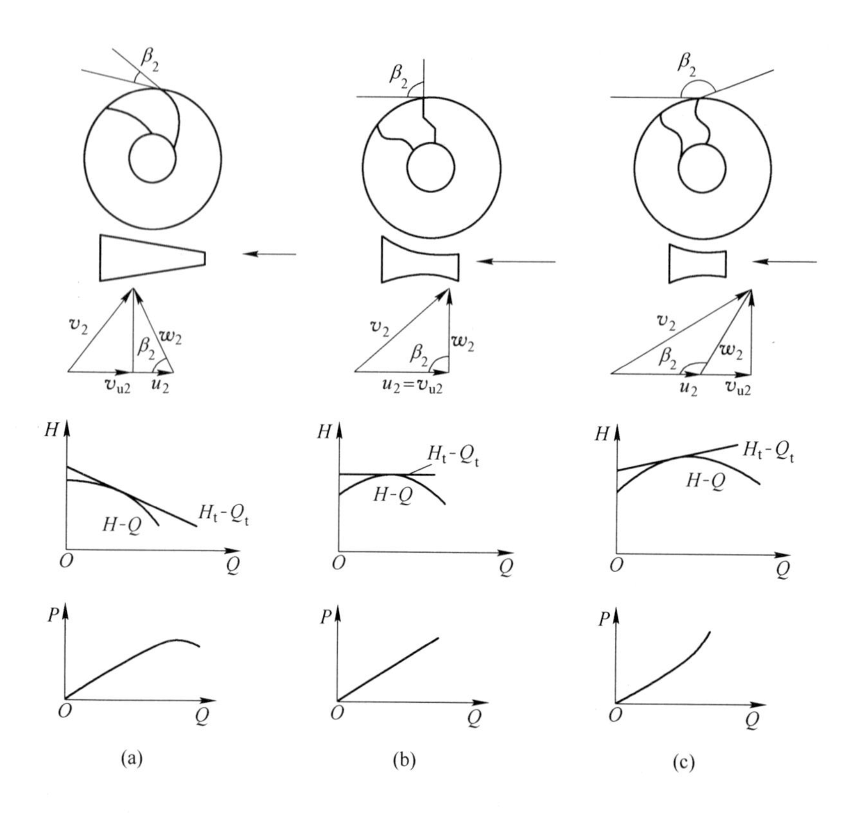

图 4-6　叶片出口安放角 β_2 对泵性能的影响

（a）$\beta_2<90°$；（b）$\beta_2=90°$；（c）$\beta_2>90°$

（3）β_2 增加，v_2 增加，v_{u2} 增加，动扬程增大，液体在叶轮和压水室中水力损失增加。

（4）扬程-流量曲线形状：

$$H_t = \frac{u_2}{g}\left(\sigma u_2 - \frac{Q_t}{S_2}\cot\beta_2\right) \tag{4-35}$$

1）$\beta_2<90°$，$\cot\beta_2$为正，Q_t 增加，H_t 减小，H_t-Q_t 曲线是下降的直线。

2）$\beta_2=90°$，$\cot\beta_2$ 为 0，H_t-Q_t 曲线是一水平线。

3）$\beta_2>90°$，$\cot\beta_2$为负，Q_t 增加，H_t 增加，H_t-Q_t 曲线是上升的直线。

所以，当β_2 增大时，H-Q 曲线容易在中间出现驼峰。这种曲线是泵不稳定运行的内在因素，有些情况下是不允许的。

（5）功率-流量曲线形状：

$$P_h = \rho g Q_t H_t = \rho g Q_t \frac{u_2}{g}\left(\sigma u_2 - \frac{Q_t}{S_2}\cot\beta_2\right) \tag{4-36}$$

1）$\beta_2<90°$，P_h-Q_t 是一条有极值的曲线；

2）$\beta_2=90°$，P_h-Q_t 是一条上升的直线；

3）$\beta_2>90°$，P_h-Q_t 是一条上升的曲线。

从运行的角度考虑，希望功率-流量曲线是平滑有极值的曲线，即希望 $\beta_2<90°$。因为对于平滑有极值的曲线，当流量变化时，原动机的功率变化不大，且不会超过极限值，故当所选原动机功率大于极限值时，泵在整个工作范围内不会引起原动机过载。

当进行低比转速离心泵设计时，为防止原动机过载烧坏原动机，通常采用一种无过载设计方法，其中有一条措施就是减小 β_2。

B 叶轮出口直径 D_2

$$H_t=\frac{u_2}{g}\left(\sigma u_2-\frac{Q_t}{S_2}\cot\beta_2\right) \tag{4-37}$$

当 $Q_t=0$ 时，关死点扬程 $H_0=\sigma\frac{u_2^2}{g}=\frac{\sigma\pi_2^2D_2^2n^2}{60^2g}$，即随 D_2 增加而增加，其他工况点的扬程也增加。

C 叶片出口宽度 b_2、排挤系数 ψ_2、装速 n

设 $\beta_2<90°$，则扬程-流量曲线的斜率为：

$$\tan\varphi=\frac{\frac{\sigma u_2}{g}}{\frac{\sigma u_2S_2}{\cot\beta_2}}=\frac{u_2}{gS_2}\cot\beta_2=\frac{\frac{\pi D_2n}{60}}{g\pi D_2b_2\psi_2}\cot\beta_2=\frac{n}{60gb_2\psi_2}\cot\beta_2 \tag{4-38}$$

由此可知，b_2 增大，φ 角变小，曲线变平，容易出现驼峰。要消除驼峰曲线，可减小 b_2。排挤系数 ψ_2 越大，叶片变薄，φ 值变小，曲线变平。

转速 n 越高，关死点扬程 H_0 越高，曲线变陡。

D 修叶片进、出口部分

（1）修叶片出口背面。

1）出口过流面积 S_2 增加。流量 Q 一定时，v_m 减小，使泵的最高效率稍有提高。

2）β_2 增加，v_{u2} 增加。流量 Q 一定时，扬程 H 增加；扬程 H 一定时，流量 Q 增加。

（2）修叶片出口工作面，对叶片出口工作面修削时，对泵的性能影响较小。

（3）修叶片进口工作面，能增加叶片进口处过流面积，增大叶片进口角可使叶轮进口处 v_{m1} 减小，w_1 减小，改善泵的抗汽蚀性能。

（4）修叶片进口背面，只改善叶片进口局部形状，对泵的性能影响不大。

4.4　相似理论

4.4.1　相似理论的基本概念

相似理论在泵的设计和试验中有着广泛的应用。通常用的相似理论按模型进行实型换算，进行泵的模型试验等都是在相似理论指导下进行的，按相似理论既可以把模型试验结果换算到实型上去，也可以把实型泵的参数换算为模型泵的参数进行模型设计和试验。因为有的实型泵尺寸较大或转速较高，受条件限制，很难进行实型泵的试验，只能用模型试验代替实型试验。根据相似理论，模型和实型的流体力学相似必须满足以下三个条件。

（1）几何相似。模型和实型对应线型尺寸的比值相同，对应的角度相等。严格地讲，几何相似包括表面粗糙度也应相似，这一点实际上很难做到，故在实践中按经验资料进行修正。对几何相似的实型和模型，有：

$$\frac{D}{D_{\mathrm{M}}} = \frac{b}{b_{\mathrm{M}}} = \frac{L}{L_{\mathrm{M}}} \tag{4-39}$$

$$\alpha_1 = \alpha_{1,\ \mathrm{M}},\ \alpha_2 = \alpha_{2,\ \mathrm{M}},\ \beta_1 = \beta_{1,\ \mathrm{M}},\ \beta_2 = \beta_{2,\ \mathrm{M}} \tag{4-40}$$

几何相似是力学相似的前提条件，没有几何相似，运动相似和动力相似也就无法满足。

（2）运动相似。模型和实型过流部分相应点液体对应速度的比值相同，方向相同。

$$\frac{v}{v_{\mathrm{M}}} = \frac{w}{w_{\mathrm{M}}} = \frac{u}{u_{\mathrm{M}}} = \frac{Dn}{D_{\mathrm{M}}n_{\mathrm{M}}} \tag{4-41}$$

运动相似是几何相似和动力相似的必然结果。

（3）动力相似。模型和实型过流部分液体所受的力名称相同，对应力的比值相同，方向相同。也就是作用在流动液体上的外力 F 和流动液体在外力作用下因本身质量引起的惯性力的比值相同，该比值称为牛顿数，用 Ne 表示：

$$Ne = \frac{F}{ma} \tag{4-42}$$

Ne 值表示流动的一般动力相似条件，Ne 相等，流动的动力相似。作用在液体上的外力有黏性力（摩擦力）、压力、重力、表面张力、弹性力等。液体流动时要使这些力都满足动力相似条件是不可能的。在处理具体问题时，只能选择起主导作用的某种力或某些力满足相似条件，而忽略那些次要的力的相似，所以又称为近似相似。

4.4.2　泵相似定律

严格地讲，两台泵中的流体力学相似必须满足几何相似、运动相似和动力相似。但是对泵内的液体，只要满足几何相似和运动相似，则叶轮内的液体可以认为自然满足动力相似。另外在泵的其他过流部件中，虽然黏性力占主导地位，但通常流速较高，液流的雷诺数很大，处于阻力平方区，在此范围内，液流的摩擦阻力与雷诺数无关，只随表面粗糙度变化。这样在几何相似及运动相似时，自然近似满足黏性力相似。所以通常在泵中，不考虑动力相似，只根据几何相似和运动相似来推导相似定律。在泵中，运动相似也称为工况相似，而几何相似是前提条件。

4.4.2.1 流量相似定律

流量相似定律表述了两台几何相似的泵，当其工况也相似时，流量与尺寸、转速、容积效率之间的关系。

泵的流量可以表示为：

$$Q = S_2 v_{m2} \eta_v = \pi D_2 b_2 \psi_2 v_{m2} \eta_v \tag{4-43}$$

所以：

$$\frac{Q_M}{Q} = \frac{(\pi D_2 b_2 \psi_2 v_{m2} \eta_v)_M}{\pi D_2 b_2 \psi_2 v_{m2} \eta_v} \tag{4-44}$$

$$\frac{b_{2,M}}{b_2} = \frac{D_{2,M}}{D_2}, \quad \frac{v_{m2,M}}{v_{m,2}} = \frac{u_{2,M}}{u_2} = \frac{D_{2,M} n_M}{D_2 n} \tag{4-45}$$

排挤系数：

$$\psi = \frac{t - s_u}{t} = 1 - \frac{s_u}{t} \tag{4-46}$$

式中 t——叶片节距，$t = \dfrac{\pi D}{Z}$；

s——叶片在圆周面上的厚度；

Z——叶片数。

对于模型和实型，因几何相似，所以：

$$\frac{s_{u,M}}{t_M} = \frac{s_u}{t}, \quad \psi_M = \psi \tag{4-47}$$

$$\frac{Q_M}{Q} = \left(\frac{D_{2,M}}{D_2}\right)^3 \frac{n_M \eta_{v,M}}{n \eta_v} \tag{4-48}$$

式（4-48）表明，对于几何相似的泵，在相似的运转工况下，其流量之比与叶轮出口直径的三次方成正比，与转速成正比，与容积效率成正比。

4.4.2.2 扬程相似定律

扬程相似定律表述了两台几何相似的泵，当其工况也相似时，泵的扬程与尺寸、转速及水力效率之间的关系。

泵的扬程可表示为：

$$H = \frac{u_2 v_{u2} - u_1 v_{u1}}{g} \eta_h \tag{4-49}$$

$$\frac{H_M}{H}=\frac{u_{2,M}v_{u2,M}-u_{1,M}v_{u1,M}}{u_2v_{u2}-u_1v_{u1}}\frac{\eta_{h,M}}{\eta_h} \tag{4-50}$$

由于两台泵运动相似，故它们的速度比值相同，根据比例定律有：

$$\frac{u_{2,M}v_{u2,M}-u_{1,M}v_{u1,M}}{u_2v_{u2}-u_1v_{u1}}=\frac{u_{2,M}v_{u2,M}}{u_2v_{u2}}=\frac{u_{1,M}v_{u1,M}}{u_1v_{u1}}=\left(\frac{D_{2,M}n_M}{D_2n}\right)^2 \tag{4-51}$$

所以：

$$\frac{H_M}{H}=\left(\frac{D_{2,M}}{D_2}\right)^2\left(\frac{n_M}{n}\right)^2\frac{\eta_{h,M}}{\eta_h} \tag{4-52}$$

式（4-52）表明，对于几何相似的泵，在相似运转工况下，其扬程之比与叶轮出口直径的平方成正比，与转速的平方成正比，与水力效率成正比。

4.4.2.3　功率相似定律

功率相似定律表述了两台几何相似的泵，当其工况也相似时，泵的输入功率与尺寸、转速、液体密度及泵机械效率之间的关系。泵的输入功率为：

$$P=\frac{\rho gQH}{\eta} \tag{4-53}$$

对几何相似的泵，当其工况也相似时，其功率比值为：

$$\frac{P_M}{P}=\frac{\rho_M Q_M H_M}{\rho QH}\frac{\eta}{\eta_M} \tag{4-54}$$

因两台泵几何相似、工况也相似，故可分别用流量相似定律中流量比值公式、扬程相似定律中扬程比值公式代入式（4-54），而 $\eta=\eta_m\eta_v\eta_h$ ，故有：

$$\frac{P_M}{P}=\frac{\rho_M}{\rho}\left[\left(\frac{D_{2,M}}{D_2}\right)^3\frac{n_M\eta_{v,M}}{n\eta_v}\right]\cdot\left[\left(\frac{D_{2,M}}{D_2}\right)^2\left(\frac{n_M}{n}\right)^2\frac{\eta_{h,M}}{\eta_h}\right]\cdot\frac{\eta_m\eta_v\eta_h}{\eta_{m,M}\eta_{v,M}\eta_{h,M}} \tag{4-55}$$

即

$$\frac{P_M}{P}=\frac{\rho_M}{\rho}\left(\frac{n_M}{n}\right)^3\left(\frac{D_{2M}}{D_2}\right)^5\frac{\eta_m}{\eta_{m,M}} \tag{4-56}$$

式（4-56）表明，对几何相似的泵，在相似运转工况下，其功率之比与叶轮出口直径的五次方成正比，与转速的三次方成正比，与液体的密度成正比，与机械效率成反比。

4.4.2.4　简化的相似定律

在相似定律中，流量、扬程、功率除了与 D_2、n 有关外，还与液体密度 ρ 和效率 η 有关。对模型和实型来说，叶轮出口直径 D_2、转速 n 都比较容易确定。对两台泵，如果抽送同一种液体，则 $\rho_M=\rho$ 。由于对于一般水泵，泵的 3 个分效率是不知道的，尤其是新设计的水泵，更是不知道，因此要应用上述三个相似公式还是有困难的。但根据模型泵的试验研究经验可知，当两个几何相似的水泵工况也相似时，如果模型泵和实型泵的尺寸和转速相差不是很大，各种效率可以认为是相等的。此时，可得到以下简化的相似定律：

$$\begin{cases}\dfrac{Q_M}{Q} = \left(\dfrac{n_M}{n}\right)\left(\dfrac{D_{2,M}}{D_2}\right)^3 \\ \dfrac{H_M}{H} = \left(\dfrac{n_M}{n}\right)^2\left(\dfrac{D_{2,M}}{D_2}\right)^2 \\ \dfrac{P_M}{P} = \left(\dfrac{n_M}{n}\right)^3\left(\dfrac{D_{2,M}}{D_2}\right)^5\end{cases} \tag{4-57}$$

当实型泵和模型泵的尺寸或转速相差很大时，泵效率将有明显的差别，这时就要考虑效率修正问题了。

4.4.2.5 单位流量、单位扬程和单位功率

（1）单位流量。将流量相似定律改写成：

$$\frac{Q_M}{n_M D_{2,M}^3} = \frac{Q}{n D_2^3} \tag{4-58}$$

令 $Q_I = \dfrac{Q}{nD^3}$，称 Q_I 为单位流量，对于几何相似的泵，当工况相似时，Q_I 相等。

（2）单位扬程。将扬程相似定律改写成：

$$\frac{H_M}{n_M^2 D_{2,M}^2} = \frac{H}{n^2 D_2^2} \tag{4-59}$$

令 $H_I = \dfrac{H}{n^2 D^2}$，称 H_I 为单位扬程，对于几何相似的泵，当工况相似时，H_I 相等。

（3）单位功率。将功率相似定律改写成：

$$\frac{P_M}{n_M^3 D_{2,M}^5} = \frac{P}{n^3 D_2^5}$$

令 $P_I = \dfrac{P}{n^3 D^5}$，称 P_I 为单位功率，对于几何相似的泵，当工况相似时，P_I 相等。

4.4.3 泵相似理论的应用

4.4.3.1 相似方法设计泵

相似设计法又称模型换算法，这种方法简单可靠，是泵的主要设计方法之一，得到了广泛的应用。用这种方法可以把实型泵设计成模型泵，进行模型试验研究、改进，试验成功后，再进行定型制造。也可按其使用条件，选择性能优秀的模型泵，换算成实型泵。设计的步骤如下：

（1）按给定的使用参数（Q、H、n），计算所要设计泵的比转速 n_s。

（2）根据计算的比转速选择比转速相同或相近、性能优秀的模型泵。

（3）按所要设计泵和模型泵的参数 Q、H、n，计算尺寸系数。系数的计算可用流量和扬程相似定律分别计算：

$$\lambda_Q = \frac{D}{D_M} = \sqrt[3]{\frac{Q}{Q_M}\frac{n_M}{n}} \tag{4-60}$$

$$\lambda_H = \frac{D}{D_M} = \frac{n_M}{n}\sqrt{\frac{H}{H_M}} \tag{4-61}$$

（4）计算实型泵的尺寸。按 $D = \lambda D_M$ 进行计算，其中 λ 用 λ_Q 或 λ_H 均可，但一般选用其中较大的值或它们的平均值。

（5）实型泵的各尺寸确定后，即可画出实型泵的加工图，并根据模型泵的特性曲线换算出所设计泵的特性曲线。此处要注意，所谓模型和实型几何相似，一般是保证模型和实型过流部分的几何相似，至于其他方面的结构，可根据强度需要或结构需要进行改动。

4.4.3.2　转速改变时泵的特性曲线换算

如果泵的相应尺寸相等（或对同一台泵），则相似定律就变为：

$$\frac{Q_1}{Q_2} = \frac{n_1}{n_2},\ Q_1 = \frac{n_1}{n_2}Q_2 \tag{4-62}$$

$$\frac{H_1}{H_2} = \left(\frac{n_1}{n_2}\right)^2,\ H_1 = \left(\frac{n_1}{n_2}\right)^2 H_2 \tag{4-63}$$

$$\frac{P_1}{P_2} = \left(\frac{n_1}{n_2}\right)^3,\ P_1 = \left(\frac{n_1}{n_2}\right)^3 P_2 \tag{4-64}$$

以上公式称为比例定律，表示了泵转速改变时性能参数之间的关系。在进行泵试验时，通常采用异步电动机，故电动机转速随负荷变化而变化。试验时，在不同的工况下，泵的转速一般是变化的，故试验完毕后，必须把各试验转速下的数据换算到额定转速下的数据。这种换算就是按比例定律进行的。

4.4.3.3　相似抛物线及其应用

根据前面的讨论可知，当泵的转速变化时，泵的特性也会发生变化。若已知转速为 n_1 时的特性曲线上的 A_1 点，则当转速分别为 n_2、n_3 时，与 A_1 点相似的工况点 A_2、A_3 的参数分别为：

$$\begin{cases} H_2 = \left(\dfrac{n_2}{n_1}\right)^2 H_1 \\ Q_2 = \left(\dfrac{n_2}{n_1}\right) Q_1 \end{cases},\qquad \begin{cases} H_3 = \left(\dfrac{n_3}{n_1}\right)^2 H_1 \\ Q_3 = \left(\dfrac{n_3}{n_1}\right) Q_1 \end{cases} \tag{4-65}$$

类似地可以求出 A_1，B_1，C_1，…的相似工况点 A_2，B_2，C_2，…把相应的 A_2，B_2，C_2，…各点光滑地连接起来，就是转速为 n_2，n_3，…时的特性曲线。而泵的效率是相等的，根据转速 n_1 时已知的效率曲线，可作出转速为 n_2，n_3，…的效率曲线，连接与 n_1 时的 A_1 点对应的相似工况点 A_2，A_3，…的曲线，称为相似抛物线。

在相似抛物线上，泵的扬程 H 和流量 Q 的关系可通过比例定律得到。对相似工况的泵有：

$$\frac{H_1}{H_2} = \left(\frac{n_1}{n_2}\right)^2 \qquad \frac{Q_1}{Q_2} = \frac{n_1}{n_2} \tag{4-66}$$

由此可得：

$$\frac{H_1}{H_2} = \left(\frac{Q_1}{Q_2}\right)^2 \tag{4-67}$$

即：

$$\frac{H_1}{Q_1^2} = \frac{H_2}{Q_2^2} \tag{4-68}$$

同理可得：

$$\frac{H_1}{Q_1^2} = \frac{H_3}{Q_3^2} \tag{4-69}$$

令比例系数为 K，则：

$$H = KQ^2 \tag{4-70}$$

式（4-70）为一抛物线方程，所以称为相似抛物线。它是转速改变时泵相似工况点的连线。如果认为转速改变时在相似工况下泵效率相等，则这条曲线又是一条等效率线。又因为几何相似的泵在相似工况下比转速相等，所以这条曲线又是一条等比转速线。

例 4-1 已知某一台泵转速为 n_1 时的特性曲线如图 4-7 所示。求特性曲线过点 $B(Q_B, H_B)$ 时泵的转速 n_2。

解：

（1）根据已知的 Q_B、H_B，求系数 K：

$$K = \frac{H_B}{Q_B^2} \tag{4-71}$$

（2）作相似抛物线。由 $H = KQ^2$，给出一系列 Q_i 可计算出 H_i。将这些点连成曲线，其与转速 n_1 时的特性曲线的交点为 A。

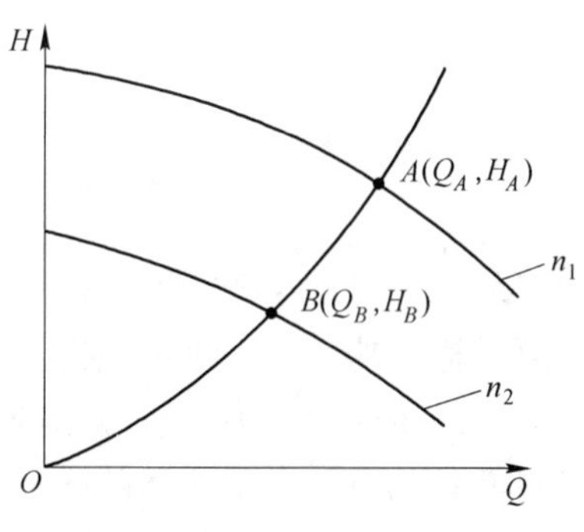

图 4-7 相似抛物线的应用

（3）计算泵的转速 n_2。根据相似抛物

线与 n_1 时的特性曲线的交点 A（Q_A，H_A），因 AB 是在同一抛物线上，是相似工况点，故可利用相似定律来计算 n_2。

$$n_2 = n_1\left(\frac{Q_B}{Q_A}\right) \quad 或 \quad n_2 = n_1\sqrt{\frac{H_B}{H_A}} \tag{4-72}$$

4.5　泵的能量损失

4.5.1　泵内的各种损失及泵的效率

泵在把原动机的功率传递给它所抽送液体的过程中，伴随各种功率损失，所以泵的输出功率 P_e 小于输入功率 P，而输出功率与各种损失功率之和等于输入功率。泵内损失的大小可用泵的效率 η 来表示。

$$\eta = \frac{P_e}{P} \tag{4-73}$$

泵内的功率损失主要有以下几个方面。

4.5.1.1　机械损失和机械效率

泵内的机械损失由两部分组成。

一部分是轴承和密封装置处的摩擦损失 ΔP_f，原动机把功率 P 经过联轴器传递给泵轴，泵轴转动时要克服轴承和密封装置处的摩擦力矩，付出一部分功率 ΔP_f，剩下来的功率 P' 才是经过轴传递给叶轮的功率。ΔP_f 与泵的机械设计有关，与泵的水力设计无关。

另一部分是叶轮在泵体内旋转时，叶轮的前后盖板外表面与液体的摩擦损失 ΔP_d。这部分损失与叶轮直径大小有关，称为圆盘摩擦损失功率。P' 扣除这部分损失功率 ΔP_d 后才是由叶轮传递给液体的功率，称为水力功率 P_h。

机械损失功率为以上两部分功率损失之和，即：

$$P_m = \Delta P_f + \Delta P_d \tag{4-74}$$

机械损失功率的大小用机械效率 η_m 来表示。机械效率等于水力功率与输入功率之比，即：

$$\eta_m = \frac{P_h}{P} = \frac{P - P_m}{P} = 1 - \frac{P_m}{P} \tag{4-75}$$

4.5.1.2　容积损失和容积效率

泵的输入功率减去机械损失后，余下的功率全部由叶轮传递给液体，故称为水力功率。单位时间内流过叶轮的流量称为理论流量，用 Q_t 表示；而叶轮传递给通过叶轮的单位重量液体的能量，称为理论扬程，用 H_t 表示，则水力功率为

$$P_h = \rho g Q_t H_t \tag{4-76}$$

由于输入功率通过叶轮对液体做功，因而使得叶轮出口处液体的能量大于叶轮进口处液体的能量，叶轮出口处的压力高于进口处的压力。这使得从叶轮流出的一部分液体从叶轮口环处的间隙向叶轮进口逆流，故通过叶轮的理论流量并不能完全输送到泵的出口。单位时间内经过间隙流向叶轮进口处的液体体积称为泄漏量，用 q 表示（也包括泄漏孔处的泄漏量、轴向力平衡处的泄漏量以及密封处的泄漏量等）。

泄漏量从叶轮处得到的功率为 ΔP_v ，这部分流量流回到叶轮进口处后，又将这部分功率 ΔP_v 损失掉。这部分功率损失是以减少理论流量容积的形式损失掉的，故称为容积损失

$$\Delta P_v = \rho g q H_t \tag{4-77}$$

容积损失的大小用容积效率 η_v 来衡量。容积效率应等于容积损失后的功率 P'' 与容积损失以前的功率 P_h 的比值，其中 $P'' = P_h - \Delta P_v$ ，即：

$$\eta_v = \frac{P''}{P_h} = \frac{P_h - \Delta P_v}{P_h} = \frac{\rho g Q_t H_t - \rho g q H_t}{\rho g Q_t H_t} \tag{4-78}$$

$$\eta_v = \frac{Q_t - q}{Q_t} = \frac{Q}{Q_t} = \frac{Q}{Q + q} \tag{4-79}$$

因此，容积效率等于水泵的流量与理论流量之比值。

4.5.1.3　泵的水力损失和水力效率

$$P'' = P_h - \Delta P_v = \rho g Q_t H_t - \rho g q H_t = (Q_t - q)\rho g H_t = \rho g Q H_t \tag{4-80}$$

水泵所排出的液体其功率要比 P'' 小，因为液体在流过吸入室、叶轮、压水室时，会有水力摩擦损失和冲击、脱流等局部损失。

设单位重量液体损失的能量为 h，则水力损失功率为：

$$\Delta P_h = \rho g Q h \tag{4-81}$$

泵的实际扬程 $H = H_t - h$ ，水力损失的大小以水力效率来衡量。水力效率应等于输出功率 P_e 与水力损失之前的功率 P'' 的比值，即：

$$\eta_h = \frac{P_e}{P''} = \frac{P'' - \Delta P_h}{P''} = \frac{\rho g Q H_t - \rho g Q h}{\rho g Q H_t} \tag{4-82}$$

所以：

$$\eta_h = \frac{H_t - h}{H_t} = \frac{H}{H + h} \tag{4-83}$$

因此，泵的水力效率等于泵的扬程与理论扬程之比。

4.5.1.4　泵的损失与泵的总效率

泵内能量的总的损失功率为 ΔP ，即：

$$\Delta P = \Delta P_f + \Delta P_d + \Delta P_v + \Delta P_h \tag{4-84}$$

式中，后三项称为泵内损失。于是，泵的效率可表示为

$$\eta = \frac{\rho g Q H}{P} = \frac{\rho g Q H}{P}\frac{Q_t}{Q_t}\frac{H_t}{H_t} = \frac{\rho g Q_t H_t}{P}\frac{Q}{Q_t}\frac{H}{H_t} \tag{4-85}$$

即

$$\eta = \eta_m \eta_v \eta_h \tag{4-86}$$

由此可知，泵的总效率等于3个分效率（即水力效率 η_h 、容积效率 η_v 及机械效率 η_m ）的乘积。

4.5.2　泵损失的计算

（1）机械损失。机械损失包括轴承、密封装置处的损失和圆盘摩擦损失，即 $P_m = \Delta P_f + \Delta P_d$ 。

1）轴承、密封装置处的损失 ΔP_f ，轴承、密封损失都很小，通常取：

$$\Delta P_f = (0.01 \sim 0.03)P$$

2）圆盘摩擦损失 ΔP_d ，其大小可表示为：

$$\Delta P_d = 0.07 \frac{1}{\left(\frac{n_s}{100}\right)^{\frac{7}{6}}} \frac{\rho g Q H}{\eta_v \eta_h} \tag{4-87}$$

式中　Q——流量，m^3/s；

H——扬程，m。

利用式（4-75）即可估算出机械效率 η_m。

（2）容积损失。容积损失是泵由于结构上的需要使部分液体体积泄漏而造成的，其大小可用容积效率 η_v 来表示：

$$\frac{1}{\eta_v} = 1 + 0.68 n_s^{-\frac{2}{3}} \tag{4-88}$$

（3）水力损失。水力损失是液体流过泵的过流部件时，产生的水力摩擦损失和冲击、脱流等局部损失。水力损失的大小以水力效率 η_h 来衡量：

$$\eta_h = 1 + 0.0835 \lg \sqrt[3]{\frac{Q}{n}} \tag{4-89}$$

式中　Q——流量，m^3/s；

n——转速，r/min。

参考文献

[1] 牟介刚，李必祥. 离心泵设计实用技术［M］. 北京：机械工业出版社，2015.

[2] 袁寿其，施卫东，刘厚林 . 泵理论与技术 [M]. 北京:机械工业出版社，2014.
[3] 刘厚林，谈明高 . 离心泵现代设计方法 [M]. 北京:机械工业出版社，2013.
[4] 陈乃祥，吴玉林 . 离心泵 [M]. 北京:机械工业出版社，2003.
[5] 关醒凡 . 现代泵技术手册 [M]. 北京:宇航出版社，1995.
[6] 查森 . 叶片泵原理及水力设计 [M]. 北京:机械工业出版社，1988.
[7] 关醒凡 . 泵的理论与设计 [M]. 北京:机械工业出版社，1987.

5　离心式水泵的运行、调节及测试

5.1　离心式水泵的启停操作

5.1.1　离心泵启动前的检查与准备工作

（1）离心泵试运前的准备工作如下：

1）清除泵房内一切不需要的东西。

2）电动机检查。检查电动机的绕组绝缘电阻，并要盘车检查电机转子转动是否灵活。

3）检查并装好水泵两端的盘根，其盘根压盖受力不可过大，水封环应对准尾盖的来水口。

4）滑动轴承要注入20号机械油，注油量一定要合乎规定要求。

5）检查闸板阀是否灵活可靠。

6）电动机空转试验，检查电动机的旋转方向是否正确。

7）检查填料压盖的松紧程度是否合适。

8）检查真空表和压力表管上的旋栓是否关闭，指针是否指示零位。

9）装上并拧紧联轴器的连接螺栓，胶圈间隙不许大于0.5~1.2mm。

10）用手盘车检查水泵与电动机是否自由转动，检查后通过漏斗向水泵和吸水管内注灌引水，灌满后关闭放气阀（设有喷射器装置时，可用其灌引水）。

11）检查接地线是否良好。

（2）离心泵起动前的检查与准备，除试运前的准备工作外，还要求做到如下几点：

1）详细检查各部螺栓有无松动及是否齐全。

2）联轴器的间隙是否合乎规定。

3）润滑油质量及数量是否合乎要求，油环转动是否灵活。

4）管路、闸阀和逆止阀等是否正常。

5）吸水管路是否正常；底阀潜入水中深度是否达到要求；吸水几何高度是否符合规定。

6）盘根松紧是否适合，并盘车2~3转，水泵机组转动部分是否灵活。

7）电源电压是否正常；起动设备、控制设备各开关把手是否在停车位置；

电动机滑环与碳刷是否接触良好。

8）接地线是否良好。

5.1.2 离心泵的正常启动

（1）若采用有底阀排水，应先打开注水阀向水泵内部灌水，并打开放气阀，直到放气阀不冒气而完全冒水为止，再关闭注水阀及放气阀。

如果采用喷射泵无底阀排水，应先打开两个阀门（非排水管上的阀门），注意观察真空表的指示，直至喷射泵射流中没有气泡为止，再关闭这两个阀门；如果采用正压排水，应先打开进水管的阀门。

（2）关闭水泵排水管上的闸阀，使水泵在轻负荷下启动。对一些大型高压的水泵，为了避免启动后再打开闸阀困难，也可以不完全关闭闸阀，而使闸阀保留一定的开度，这可以从阀杆行程来观察。

（3）启动电动机，根据电动机启动设备的不同，分别采用不同步骤。

（4）操作高压电气设备主回路时，操作人员必须戴绝缘手套，并必须穿电工绝缘靴或站在绝缘台上，操作千伏级电气设备主回路时，操作人员必须戴绝缘手套或穿电工绝缘靴。

（5）控制水泵电动机的开关柜如果设在变电所内，启动前应按电铃通知变电所合上电源开关。

（6）待电动机转速达到正常状态时，慢慢将水泵排水管上的闸阀全部打开，同时注意观察真空表、压力表、电压表、电流表的指示是否正常。若一切正常表明启动完毕，若根据仪表指示判断水泵没有上水应停止电动机运行，重新启动。

5.1.3 离心泵运行中的注意事项

（1）经常观察电压、电流的变化，当其超过额定电压、电流的±5%时，应停车检查原因，待处理达到正常时再重新开机运行。

（2）认真检查各部轴承温度，滑动轴承不得超过65℃，滚动轴承不得超过75℃；检查电动机温度不得超过铭牌规定值，检查轴承润滑情况，油量是否合适，油环转动是否灵活。

（3）检查各部螺栓及其防松装置是否完整齐全和有无松动。

（4）注意水泵各部音响及振动情况，有无由于气蚀现象产生的噪声。

（5）检查盘根箱密封情况、盘根箱温度是否正常、平衡装置放水管水量的变化情况。

（6）经常观察压力表、真空表的指示变化情况及吸水井水位变化情况，检查底阀或笼头埋入水面深度，水泵不得在泵内无水情况下运行、不得在汽蚀情况下运行、不得在闸阀闭死情况下长期运行。

（7）按时填写运行记录。

5.1.4　离心泵的停车

离心泵的停车步骤如下：

（1）慢慢关闭闸阀。

（2）按停电按钮，停止电动机运行。

（3）正压排水时，应关闭进水管上的阀门。

（4）将电动机及启动设备的手轮、手柄恢复到停车位置。

（5）长时间停运应放掉泵内存水，以防冬季有冻冰危险。每隔一定时间应将电动机空运，以防受潮。空运前应将联轴器分开，使电动机单独运转。

（6）当电源切断以后，要注意观察水泵转子继续惰走的时间，即到达完全停止转动的时间。如发现惰走时间较正常情况缩短，表明转子受的阻力增加了，应查明原因。

5.2　正压给水自动化排水系统启停操作

5.2.1　开泵前准备工作

（1）检查软启动处于带电状态（显示屏处于点亮状态）。

（2）检查高压开关处于带电分闸状态。

（3）检查喂水泵（前置潜水泵）开关已送电。

（4）检查电动阀门开关已送电。

（5）将电动闸阀本体控制方式按钮旋转至“现场”位置，并旋转电动闸阀本体操作按钮至“开启”位置，使水门打开约30mm后停止运行（观察丝杆光杆部分漏出阀体30mm）。

5.2.2　启泵、调速和停泵操作

启泵工作过程：

（1）通过工控机按下前置泵“启动”按钮，前置泵启动。

（2）当入水口压力传感器压力稳定后（约3s），按下双吸主排水泵电机软启动开关“启动”按钮，双吸主排水泵启动。

（3）软启动开关投入结束时，按下电动闸板阀“启动”按钮，电动闸阀开始缓慢匀速打开，开启速度按电动闸板阀伺服电机电流值不超过额定为上限，待闸阀全部打开后电动闸阀自动停止运行。

（4）双吸主排水泵启动后，通过工控机观察双吸主排水泵进、出水口压力值，出口压力值在双吸主排水泵额定值为正常，进口水压力大于“零”为正常。

（5）观察双吸主排水泵盘根，滴水不成线为正常，滴水速度为每分钟 30～60 滴。

调速工作过程：

（1）双吸主排水泵启动后，PLC 控制器实时采集前置喂水泵电机转速、前置喂水泵电机电流、电压和功率因数、双吸主排水泵电机电流、电压和功率因数、双吸主排水泵进出水口压力值、系统流量等数据信息，并将各参量数据信息传给工控机进行处理。

（2）工控机通过求解系统装置效率函数的最大值，确定出前置喂水泵电机最佳转速，并保持在该转速下工作，此时排水系统处在高效工况区运行。

停泵工作过程：

（1）通过工控机按下电动闸板阀"停止"按钮，电动闸板阀逐渐关闭。

（2）按下双吸主排水泵电机软启动开关"停止"按钮，双吸主排水泵停止运行。

（3）按下前置泵"停止"按钮，停止前置泵运行。

5.3 离心式水泵的联合运行

离心泵常以串联或并联的方式在管路系统中联合运行。目的在于增加系统中的流量或提高压力，如对流量变化较大的系统需要增开或停开部分并联泵以调节流量；当原有的系统扩建后要求增加流量时，采取加装设备与原有设备并联工作的方式，往往比用一台大型泵替换原泵更经济些。在远距离输送系统中，一般需要多台泵串联运行，以将液流运送到预定的地点。

一般说来，泵的联合运行要比单泵的运行效果差，而且运行工况复杂，调节困难。联合运行的台数最好不超过 3 台。若串联的泵数量过多，末级泵将承受很大的压力，对泵体的强度要求就更高。而且轴封泄漏的危险性也大，如果是采用副叶轮密封，有时会因副叶轮产生的反向压力不够而达不到密封效果；如果采用水封，也可能由于高压泵提供的水源达不到规定的压力而使水封失效。同时，用作联合运行的泵应以具有相同的性能曲线为宜，有时可以通过比较，以泵站串联的方式达到目的，但必须做经济技术比较。

5.3.1 泵的运行工况点

泵的运行工况指泵在系统中运行的状况，主要以流量、扬程、转速和效率等参数来表示，它由泵本身的特性和管路特性决定。如图 5-1 所示，在同一图中分别绘出泵特性曲线 $H=f(q_V)$ 和管路特性曲线 $R=f(q_V)$，二者的交点 A 即泵的运行工况点。

对一台泵而言，其特性是确定的，而当它在系统中运行时，其工况点是变化的。管路特性又称为泵装置特性。泵装置由泵、泵的附件、吸入池、吸入管路和排出管路组成，其中泵的附件是指安置在泵及管路上的滤网底阀、调节阀、修理备用阀门及监测、测量用的仪器仪表等。管路特性曲线是泵装置扬程 R 和流量 q_v 的关系。在管路系统中，R 的构成为：

$$R = H_z + (P_2 - P_1)/\rho g + \sum h \tag{5-1}$$

式中　H_z——排出液面与吸入液面的高度差；

$(P_2 - P_1)/\rho g$——排出液面处与吸入液面处的压差；

Σh——管路损失总和，$\sum h = \sum Kv^2/2g = K'q^2v$，由各种泵附件的局部损失和管路沿程损失组成，它与管路中的流速平方成正比；

K——流动损失系数；

K'——综合水头损失系数。

对某一系统而言，R 公式中的前二项为常数，所以装置扬程曲线是一条起点在零点以上的二次抛物线。图 5-1 说明只有当泵的扬程 $H > H_z + (P_2 - P_1)/\rho g$ 时才可能达到输送介质的目的。

有时低比转速泵具有驼峰型的特性曲线。在这种情况下泵的特性曲线与系统的装置特性曲线有两个交点，如图 5-2 中的 A、B 点。其中 B 点为稳定工况点，A 点为非稳定工况点。因为当系统有较小波动，若工况点朝大流量方向 B_1 移动，则泵本身的扬程（液流能量）不足以克服装置阻力，导致流动速度减小，使泵的流量减小，运行工况点必然会重新回到 B 点；反之，若工况朝小流量方向 B_2 移动，则泵的扬程大于装置扬程，液流多余的能量使流体加速，泵的流量增大，工况点又回到 B 点。所以在 B 点，泵本身对系统的微小扰动具有自适应能力。

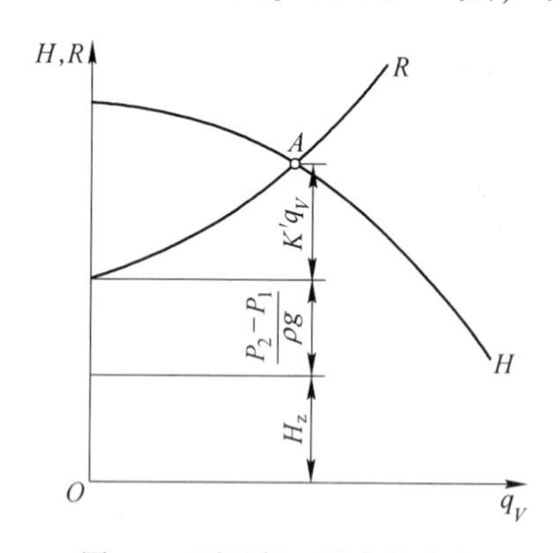

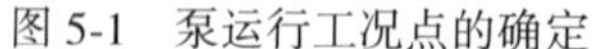
图 5-1　泵运行工况点的确定

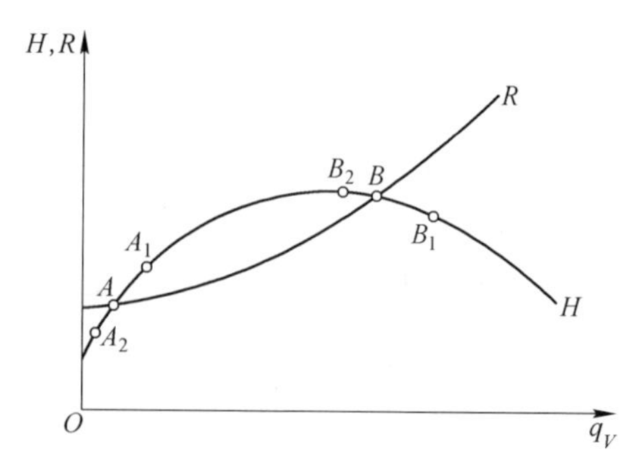

图 5-2　稳定工况点与非稳定工况点

A 点为非稳定工况点，当系统发生较小波动时，其情况正好相反。若工况向 A_1 移动，则泵的扬程大于装置扬程，导致管路中液流加速、泵的流量增大，使运行工况进一步偏离 A 点；若工况朝 A_2 方向移动，泵的扬程小于装置扬程，导致管路中液流速度降低，泵流量减小，工况继续向小流量滑移。因此在泵系统中，单台泵的运行工况要选择在稳定工况点的附近。对联合运行的情况同样如此。

5.3.2 两台泵的串联

在系统中，当单台泵的扬程低于装置扬程或为改善泵的空蚀性能，往往使用两台或多台泵串联运行。两台泵串联时两台泵的流量相等，总扬程等于两泵在此流量下的扬程之和。为保证它们都在高效区工作，最好要求二泵的最佳工况点流量相同或相近。串联运行的两台泵是按流量相等的原则来分配扬程的。

5.3.2.1 相同特性泵的串联

图 5-3 所示为两台相同特性泵串联运行的情况。H_1、H_2 分别是它们的特性曲线，H_3 是两台泵串联运行时的特性曲线，泵装置的特性曲线为 R。在系统中单泵运行时工作点为 A，两台泵串联时的工况点为 B。此时总的扬程和流量都增大，其增大的幅度与装置特性曲线有关，装置特性曲线较平坦时流量增加的幅度较大，装置特性曲线较陡时，扬程增加的幅度较大，但总是小于单泵运行时扬程和流量的 2 倍，即：

$$H_B < 2H_A, \quad q_{V,B} < 2q_{V,A} \tag{5-2}$$

对联合运行的单台泵来说，实际工作流量增大了，而扬程则降低了，即：

$$q_{V,B} > q_{V,A}, \quad H_{B_1} < H_A \tag{5-3}$$

此外，当需要限制串联后泵的流量与单泵运行时的流量一致时，可通过调节泵出口压力管上阀门等方法，改变装置特性曲线，从而达到调节工况（流量）的目的。图 5-3 中，装置特性曲线由 R 变为 R_1，串联工况点由 B 变为 C，此时 $q_{V,C} = q_{V,A}$，$H_C = 2H_A$。

5.3.2.2 不同特性泵的串联

图 5-4 所示为两台不同特性泵串联运行的情况。H_1、H_2 分别是它们的特性曲线，H_3 是两台泵串联运行时的特性曲线，泵装置的特性曲线为 R。在系统中单泵运行时两台泵的工作点分别为 A_1、A_2，二台泵串联后的工况点为 B。在这种情况下，显然存在以下关系：$q_{V,B} > q_{V,A_1}$，$q_{V,B} > q_{V,A_2}$，$H_B > H_{A_1}$，$H_B > H_{A_2}$。

当装置特性曲线为 R_1 时，两台泵串联后的工况点为 B'，泵 2 的扬程正好等于装置扬程，则泵 1 的扬程为零，其作功用于泵本身的内部消耗。如果系统要求流量大于 $q_{V,B'}$ 时，为不合理工况。因为如果两台泵串联后的工况点为 $B''(q_{V,B''} > q_{V,B'})$，泵 2 的扬程大于装置扬程。若泵 1 是串联的第一级，则它成为泵 2 的吸入阻力，使得泵 2 的吸入条件变坏，可能诱发空化；若泵 2 是串联第一级，则泵 1 成为泵 2 的压出侧阻力，将降低泵 2 的扬程。

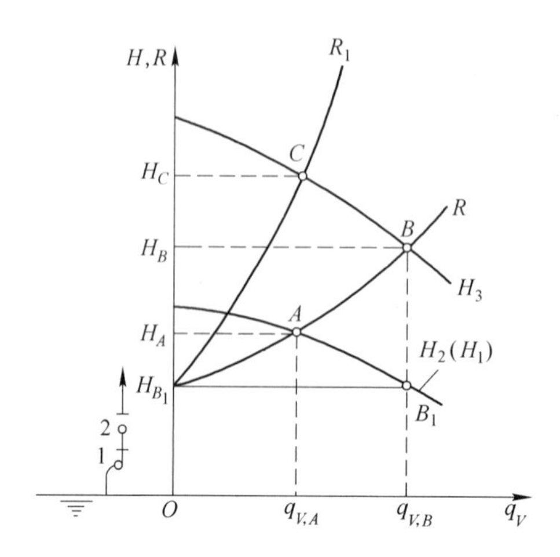

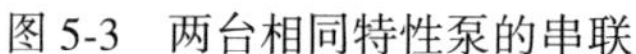
图 5-3　两台相同特性泵的串联

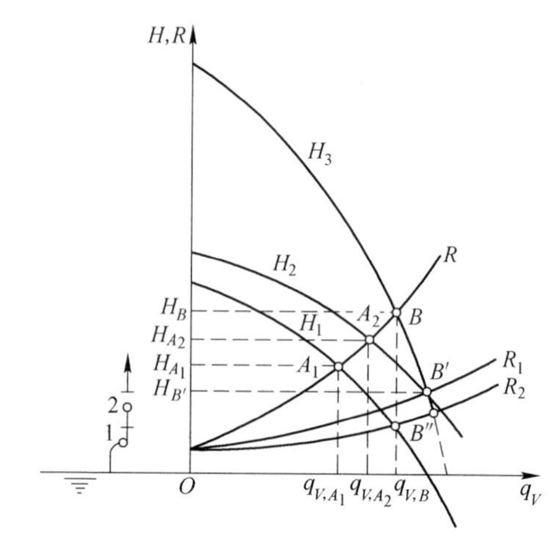

图 5-4　两台不同特性泵的串联

5.3.3　两台泵的并联

在实际中，为了增加系统的流量和改善泵装置的可调节性能，需要使泵按并联方式运行。并联运行的两台泵是按照扬程相等的原则来分配流量的。

5.3.3.1　特性相同泵的并联

图 5-5 所示为两台特性相同泵并联运行的情况。H_1、H_2 分别是它们的特性曲线，H_3 是两台泵并联运行的特性曲线，泵装置的特性曲线为 H_R。在系统中单泵运行时工作点为 A，两台泵并联后的工况点为 B。因此两泵并联运行的流量和扬程分别较单台泵的流量和扬程大，但都小于单台泵运行时参数的 2 倍，即 $q_{V,C} < 2q_{V,A}$，$H_C < 2H_A$，其增加幅度也与装置特性曲线有关。

两泵并联运行的系统中，每台泵实际的运行工况点是 C，此时 $q_{V,B} = 2q_{V,C}$，$H_C = H_B$。所以，并联后每泵的运行流量小于其单独运行时的流量，而扬程则大于其单独运行时的扬程，即 $q_{V,C} < q_{V,A}$，$H_C > H_A$。

5.3.3.2　特性不同泵的并联

图 5-6 所示为两台特性不同泵并联运行的情形，H_1、H_2 分别是它们的特性曲线，H_3 是两台泵并联运行的特性曲线，泵装置的特性曲线为 R。在系统中单台泵运行时工作点分别为 A_1、A_2，两台泵并联后的工况点为 B，此时两台泵在系统中的实际工作点分别为 C_1、C_2，显然有 $H_B = H_{C_1} = H_{C_2}$，$q_{V,B} = q_{V,C_1} + q_{V,C_2} < q_{V,A_1} + q_{V,A_2}$。

当管路阻力增加，装置特性曲线变为 R_1 时，泵 1 的流量 $q_{V,C_1'}$ 将大于并联合成流量 $q_{V,B'}$，零流量点扬程较低的泵 2 成为倒灌泵。若泵 2 无防逆流装置，则会发生液流在泵内倒流，引起泵的反转。当然，这种现象应当尽量避免。

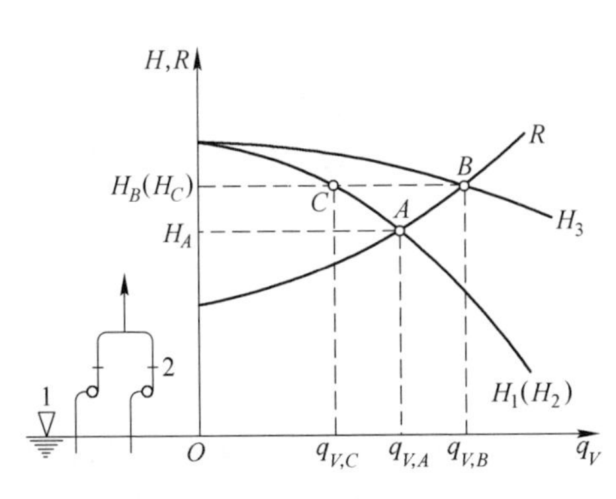

图 5-5 两台特性相同泵的并联

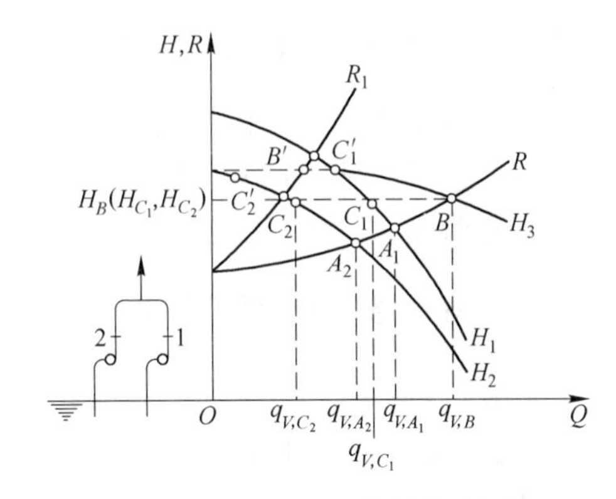

图 5-6 两台特性不同泵的并联

5.3.4 串联与并联的选择

如图 5-7 所示，假设两台特性相同的泵，它们的特性曲线分别是 H_1、H_2，而 H_3 为它们串联后的特性曲线，H_4 为它们并联运行的特性曲线，R、R_1 和 R_2 分别为三种不同阻力的装置特性曲线。

在装置特性曲线为 R 时，两台泵无论按串联还是并联方式，合成的性能曲线与装置特性曲线的交点都是 B，得到的流量和扬程都一样。对每台泵而言，在串联方式下的实际工作点是 A_1，在并联方式下的实际工作点是 A_2。就节约能量来说，并联方式优于串联方式。

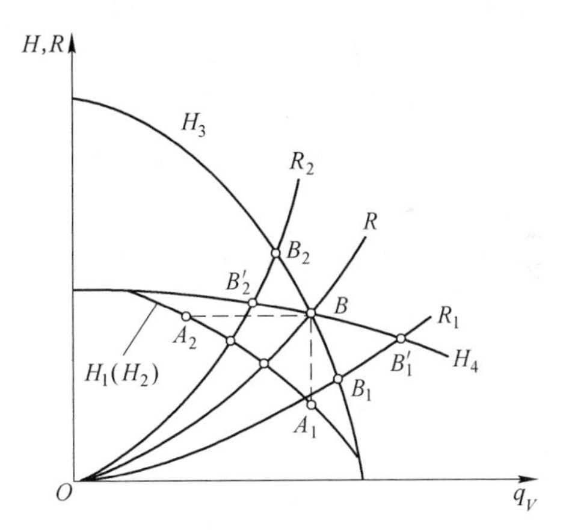

图 5-7 两台特性相同泵的联合方式比较

在装置特性曲线为 R_1 时，两台泵按串联方式，合成的性能曲线与装置特性曲线的交点是 B_1；而两台泵按并联方式，合成的性能曲线与装置特性曲线的交点是 B_1'。显然由实际的工作点可看出，并联时的流量扬程均大于串联时的流量、扬程。

在装置特性曲线为 R_2 时，两台泵按串联方式，合成的性能曲线与装置特性曲线的交点都是 B_2；而两台泵按并联方式，合成的性能曲线与装置特性曲线的交点是 B_2'。由实际的工作点可看出，按串联方式的流量和扬程都较大。

因此用两台特性相同的泵联合运行都可以达到增加流量的目的。而具体选择哪种联合运行方式，需要综合考虑装置特性曲线和泵的特性曲线，根据系统的实际要求来加以确定。

5.4　离心式水泵的运行工况调节

离心泵在管道系统中工作，管道特性曲线和泵扬程曲线的交点是该泵的工作点。泵的运行工况调节就是改变泵的工作点，可以从改变管路的特性曲线或改变泵的扬程曲线这两个途径着手。

5.4.1　改变管路特性曲线调节法

5.4.1.1　阀门节流调节

改变管路的特性曲线最常用的方法是节流法，主要靠调节阀门的开度来实现。通过改变阀门开度大小，改变阀门的局部水力损失，使管路的特性曲线发生变化，由此改变泵的工作点，从而达到调节流量的目的。由于此调节方法非常简单，在工程中广泛应用。但减小流量是靠增加阀门的局部阻力系数来实现的，故额外增加了能量损失。

当阀门全开时，管路特性曲线 R_1 与泵特性曲线 H 的交点 a 是泵工作点（图 5-8）。当阀门关至某一开度时，管路特性曲线由 R_1 变为 R_2，泵的工作点由 a 点移至 b 点，泵运行工况流量由 $q_{V,a}$ 减至 $q_{V,b}$，扬程由 H_a 变至 H_b。这时阀门的损失为 bb'。随阀门关小，管路特性曲线变陡，阀门的损失增大，当阀门关至流量 q_V 时，阀门的损失 $cc' > bb'$。

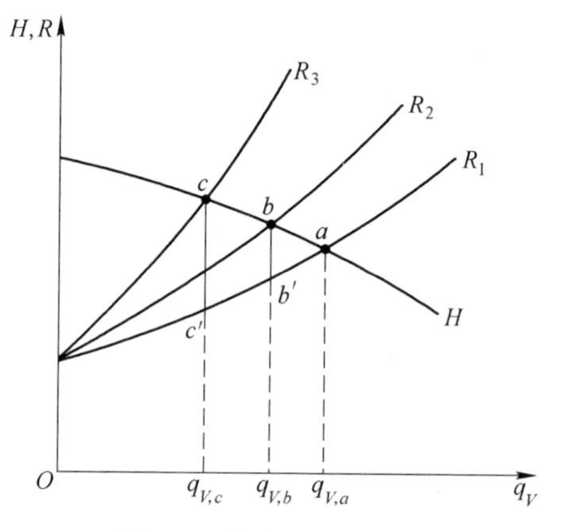

图 5-8　节流法调节流量

调节流量的阀门只能安装在泵的出口管路上，因为装在泵的吸入管路上会增加吸入装置的水头损失，使装置空化余量 *NPSH* 减小，易引起空化。

5.4.1.2　旁路分流调节

在泵出口设一旁路分流管与吸水池相连（图 5-9），分流管上装有阀门。R_1 是主管路的特性曲线，R_2 是分流管在阀门某一开度下的特性曲线；R 是主管路和分流管合成的阻力特性曲线。旁路阀门全关时，泵的工作点为 b。旁路阀门在某一开度时，泵工作点为 a，这时主管路的流量为 q_{V,a_1}，旁路分流量为 q_{V,a_2}，$q_{V,a} = q_{V,a_1} + q_{V,a_2}$。这样，通过调节旁路阀门开度，可使旁路特性曲线变化，从而使旁路和主管路的并联合成特性曲线 R 变化，起到调节主管路流量的作用。增设旁路分流后，泵的流量增大了，故这种方法适合于轴功率随流量增大而减小的泵，否则会浪费能源。在泵运行现场，有时会发现有的工位由于泵的选型不当(如管路阻力计算结果比实际偏大较多，使泵的扬程选择偏高，余量过大)，或在运行过程中由于生产流程需要，对管路系统作了调整，而使管路阻力减小等，使主管路流量偏大，主管路上无阀门，从而采取旁路分流调节方法降低主管路的流量，殊不知泵的流量比无旁路分流时更大了。由于泵的轴功率一般随流量增加而增大。故这种方法对泵来说是不适用的，是一种浪费能量的做法。

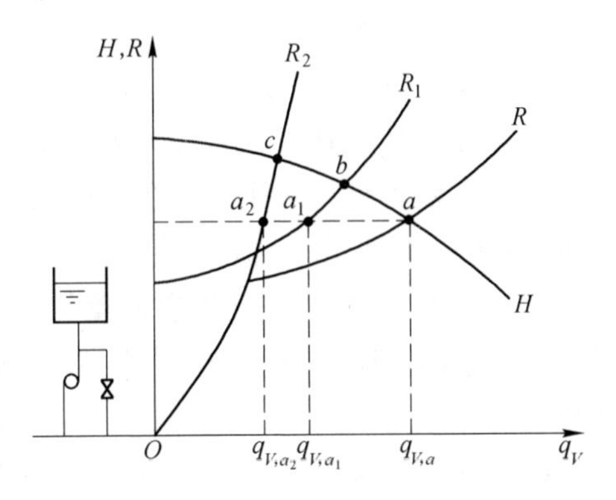

图 5-9 旁路分流调节

5.4.2 改变泵性能调节法

改变泵的性能就是改变泵的扬程曲线，从而改变泵的工作点。

5.4.2.1 改变泵的转速

由比例定律得：

$$\frac{q_{V,1}}{q_{V,2}} = \sqrt{\frac{H_1}{H_2}} = \sqrt[3]{\frac{P_1}{P_2}} = \frac{n_1}{n_2} \tag{5-4}$$

可将泵在某一转速下的特性曲线换算成另一转速下的特性曲线。图 5-10 中，输送同介质的管路特性曲线 R_1 和泵特性曲线 H_1（转速 n_1）的交点 a 为泵的工作点。当泵的转速变为 n_3 时，a 相似工况点为 c 点，由比例定律

$$\frac{q_{V,c}}{q_{V,a}} = \sqrt{\frac{H_c}{H_a}} = \sqrt[3]{\frac{P_c}{P_a}} = \frac{n_3}{n_1} \tag{5-5}$$

这时泵的扬程曲线由 H_1 变成 H_3，流量 $q_{V,c}$ 对应管路特性曲线上的 b 点，它与 a 点不是相似工况点，而是在转速 n_2 下泵的工作点。在转速 n_2 时，a 点的相似工况点为 e 点，故不要把它们之间的相互关系弄混淆了。若已知 n_2，则可由比例定律求出曲线 H_2，从而确定工作点 b；若已知 b 点（如要求流量由 $q_{V,a}$ 变至 $q_{V,b}$ 或要求扬程由 H_a 变 H_b 时），则利用相似抛物线 $H = K_2 q_V$ 可求出 b 点在曲线 H_1 上相似工况点 d，由 b、d 两点的

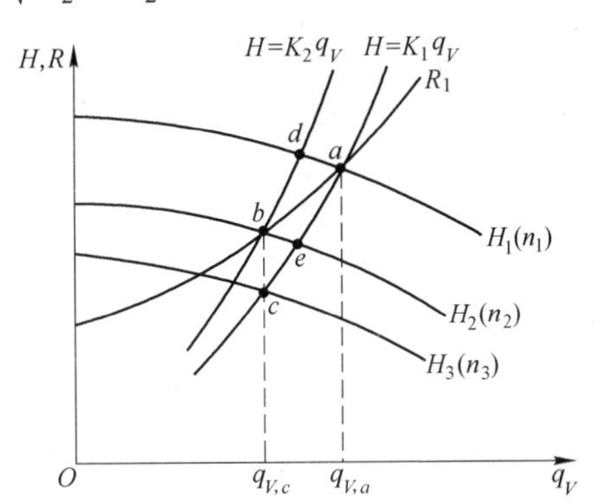

图 5-10 不同转速下泵的相似点和工作点

流量或扬程由比例定律求出 n_2。

改变泵转速的方法通常有三种：

（1）皮带轮调速。泵与电动机采用三角带式传动，通过改变泵或电动机的带轮的大小来调速，这种方法在国内泵运行中广泛采用，缺点是调速范围有限，且不能随时自动调速，需停机换轮。

（2）变频调速。利用变频调整器，通过改变电流频率来改变电动机转速，进而改变泵的转速，该方法优点是能实现泵转速的自动调节。变频调速已在国内外普遍使用。

（3）采用变速电动机。由于这种电动机价格较贵，且效率较低，故应用场合受到限制。

5.4.2.2 减少叶轮数目

多级泵由多个叶轮串联而成，其扬程可依据水泵串联工作的理论确定。因此，多级泵的扬程是单级叶轮的扬程乘以叶轮个数。即：

$$H = iH_i \tag{5-6}$$

式中 H——多级泵的扬程，m；

H_i——单级叶轮的扬程，m；

i——叶轮个数。

当泵的扬程高出实际需要扬程较多时，可采用减少叶轮数调节泵的扬程，使其进入工业利用区有效地工作。此法在凿立井时期排水时采用较多。凿立井时，随井筒的延伸所需的扬程随之发生变化，而泵的扬程是一个有级系列，为适应使用需要，往往采用拆除叶轮的办法来解决。

拆除叶轮时只能拆除最后或中间一级，而不能拆除吸水侧的第一级叶轮。因为第一级叶轮拆除后，增加了吸水侧的阻力损失，将使水泵提前发生汽蚀。

拆除叶轮时，泵壳及轴均可保持原状不动，但需要在轴上加一个与拆除叶轮轴向尺寸相同的轴套，以保持整个转子的位置固定不动，另外也可采用换轴和拉紧螺栓的方法。两种方法各有优缺点，前者调整方便、操作简单、工作量小，但对效率有一定的影响；后者调整工作量较大，但对效率影响较小。

5.4.2.3 削短叶轮直径

切割叶轮外径可以改变泵的性能曲线，降低泵的流量和扬程，从而改变泵的工作点。此外，通过切割叶轮外径，可以在一种泵体内分别装几种不同直径的叶轮，提高泵的通用性，相当于一种泵起到了几种泵的作用。

切割叶轮后的泵与原泵已不符合几何相似的条件，工况相似也就无从谈起，因此不能用相似理论来进行性能换算。设切割后的对应参数用上标“′”表示，实践表明：

$$\frac{q'_V}{q_V} = \left(\frac{D'_2}{D_2}\right)^m \quad (m > 1) \tag{5-7}$$

$$\frac{H'}{H} = \left(\frac{D_2}{D'_2}\right)^n \quad (n > 1) \tag{5-8}$$

叶轮切割以后的性能，一般按经验公式进行换算。有些文献建议按下式进行计算：

$$\frac{q'_V}{q_V} = \frac{D'_2 A'_2}{D_2 A_2} \tag{5-9}$$

$$\frac{H'}{H} = \left(\frac{D'_2}{D_2}\right)^2 \frac{\tan\beta'_2}{\tan\beta_2} \tag{5-10}$$

式中 D_2——叶轮外径；

A_2——叶轮出口过流面积；

β——叶片出口安放角。

对于一般离心泵（中高比转速）叶轮，假设切割前后叶轮出口面积相等（$A'_2 = A_2$），叶片出口角相等（$\beta'_2 = \beta_2$），则由式（5-9）和式（5-10）得：

$$\frac{q'_V}{q_V} = \frac{D'_2}{D_2}, \; q'_V = \left(\frac{D'_2}{D_2}\right) q_V \tag{5-11}$$

$$\frac{H'}{H} = \left(\frac{D'_2}{D_2}\right)^2, \; H' = \left(\frac{D'_2}{D_2}\right)^2 H \tag{5-12}$$

由于功率 $P \propto q_V H$，故：

$$\frac{P'}{P} = \left(\frac{D'_2}{D_2}\right)^3, \; P' = \left(\frac{D'_2}{D_2}\right)^3 P \tag{5-13}$$

式（5-13）表明切割叶轮前后流量、扬程和轴功率之比，等于切割前后叶轮外径的一次方、二次方和三次方之比。

对于低比转速离心泵（$n_s = 30 \sim 80$）叶轮，在叶片出口角相等的情况下，可以认为 $\beta'_2 = \beta_2$，切割前后的速度三角形相似，则由式（5-9）和式（5-10）得：

$$\frac{q'_V}{q_V} = \frac{D'_2 \pi D'_2 b'_2 \psi}{D_2 \pi D_2 b_2 \psi} = \left(\frac{D'_2}{D_2}\right)^2, \; q'_V = \left(\frac{D'_2}{D_2}\right)^2 q_V \tag{5-14}$$

$$\frac{H'}{H} = \left(\frac{D'_2}{D_2}\right)^2, \; H' = \left(\frac{D'_2}{D_2}\right)^2 H \tag{5-15}$$

则

$$\frac{P'}{P} = \left(\frac{D'_2}{D_2}\right)^4, \; P' = \left(\frac{D'_2}{D_2}\right)^4 P \tag{5-16}$$

式（5-14）假定叶轮切割前后出口排挤系数相等，即式（5-14）~式（5-16）表示叶轮切割前后的流量、扬程和轴功率之比，分别等于切割前后叶轮外径的二次方、二次方和四次方之比。

由此可见，对于不同比转速的叶轮，其切割后的流量变化不同。对于一般离心泵，切割前后的流量之比与叶轮之比为一次方关系；对于低比转速离心泵，切割前后的流量之比等于叶轮外径的平方之比。但目前绝大多数液流泵生产厂家提供给用户的样本上均按式（5-11）~式(5-13）计算切割叶轮后的泵性能参数，与实际情况误差较大。因为对于低比转速泵，叶轮切割前后出口宽度近乎相等（因为叶轮前盖板和后盖板接近平行），即 $b' \approx b$ ，而叶轮出口面积不相等（因为叶轮外径不相等），故切割叶轮前后流量之比和叶轮外径之比不是一次方关系，而更接近于平方关系，

由式（5-14）和式（5-15）得：

$$D'_2 = D_2\sqrt{\frac{q'_V}{q_V}} \tag{5-17}$$

$$D'_2 = D_2\sqrt{\frac{H'}{H}} \tag{5-18}$$

如果给定切割后的流量或扬程，可利用上式求出叶轮切割后的直径。

由式（5-14）和式（5-15）还可得到：

$$\frac{H'}{q'_V} = \frac{H}{q_V} = k \tag{5-19}$$

即：

$$H = kq_V \tag{5-20}$$

为线性表达式，它是叶轮切割前后离心泵对应工况点的连线。叶轮切割后的特性曲线绘制如图 5-11 所示，在已知扬程曲线 H_1（叶轮外径为 D_2）上任取 $a(q_{V,a},\ H_a)$，$b(q_{V,b},\ H_b)$，$c(q_{V,c},\ H_c)$，$d(q_{V,d},\ H_d)$，… 由叶轮切割式（5-11）和式（5-12）求出叶轮切割后的对应工况点 $a'(q'_{V,a},\ H'_a)$，$b'(q'_{V,b},\ H'_b)$，$c'(q'_{V,c},\ H'_c)$，$d'(q'_{V,d},\ H'_d)$，…光滑连接各点，即得叶轮切割后的扬程曲线 H_2。同理，由式（5-14）和式（5-16）可得到叶轮切割后的功率曲线。

叶轮切割后，泵的效率通常有所下降。若切割量不大，则效率变化不大，可认为叶轮切割前后效率相等。但随切割量增加，效率将明显下降。清水泵叶轮允许的最大切割量与其比转速有关，见表 5-1。

表 5-1　清水泵叶轮允许的最大切割量与比转速关系

n_s	60	120	200	300	350
$\frac{D_2 - D'_2}{D_2}$	0.2	0.15	0.11	0.09	0.01

图 5-11 中 R 和 H_1 为同介质的管路特性曲线和泵特性曲线，泵的工作点为

$c(q_{V,c}, H_c)$ 。若运行中要求流量由 $q_{V,c}$ 减至 q'_V，用切割叶轮的方法调节时，注意叶轮外径不是切割到 D'_2，因为叶轮外径为 D'_2 时，流量为 q_V，扬程为 H'_c；而运行工况要求流量为 q'_V 时，扬程为 H_c 。这时利用式（5-20）求出 k 值。

$$k = \frac{H_e}{q_{V,e}} \tag{5-21}$$

选择不同 q_V 值，求出 $H = kq_V$ 直线，与 H_1 线交于 f 点（$q_{V,f}$, H_f），则由式（5-17）或式（5-18）求出切割后的叶轮外径 D''_2。

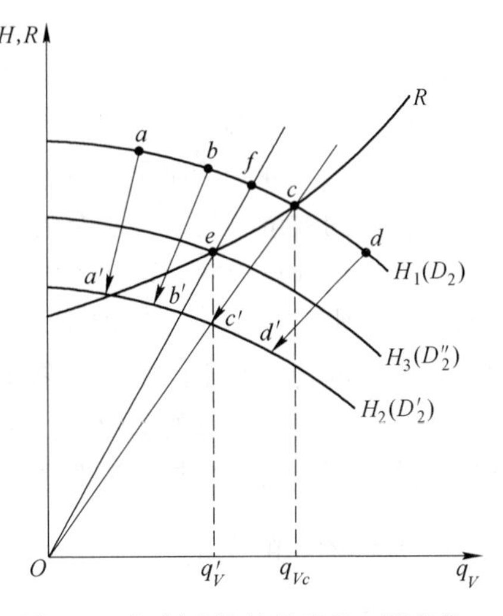

图 5-11 切割叶轮外径后的工况变化

$$D''_2 = D_2\sqrt{\frac{q'_V}{q_{V,f}}} \quad 或 \quad D''_2 = D_2\sqrt{\frac{H_e}{H_f}} \tag{5-22}$$

5.4.2.4 泵的串联与并联

通过泵的串联或并联也可改变泵的工况点。可以是几台相同性能泵的串、并联，也可以是不同性能泵的串、并联。

5.5 离心式水泵的性能测定

5.5.1 测试基本原理

5.5.1.1 离心式水泵性能测试的目的

测试水泵性能的目的是为了获得水泵实际的运行工况和实际运转曲线。水泵在长期运行中，由于多种原因导致实际运转特性发生变化，所以必须定期对水泵进行性能测试，以获得水泵的实际运行工况，以此鉴定下列问题：

（1）排水设备是否达到设计要求和技术指标。

（2）排水设备的容量配置是否合理。

（3）水泵检修质量是否符合要求。

（4）适时地掌握排水设备的性能变化，以便及时调整运行工况，使其高效运转。

水泵性能测试是排水设备技术管理的一项重要内容。

5.5.1.2 离心式水泵性能测试的基本原理

在进行水泵性能测试时，常用流量作为测试的基础。在各种不同的流量下，测试并计算出相应的扬程、效率、轴功率和转速的工况参数，最后绘制出水泵的性能曲线，其方法通常是利用排水管路上的调节阀来改变水泵的流量。流量的控制可由小到大或由大到小，也可以两种方法交替进行，以便相互调节和修正各测点的参数。为了准确绘制出水泵的性能曲线，流量一般要测 8～10 个点，必要时可增加测点的数量，特别在水泵的高效工作区要尽量多测几个点。记录下每一个测点的数据，计算出对应流量下的扬程、功率和效率的数值，绘制出水泵的性能曲线。由于水泵在不同工况时电动机的输出功率不同，用异步电动机拖动水泵时，各工况的转速是不同的。水泵技术说明书上的性能曲线是在额定工况下绘制的，所以必须把各测点的参数数值换算为额定转速下的数值之后，才能绘制性能曲线。这样便于与水泵技术说明书上的性能曲线进行比较分析。

5.5.2　水泵流量的测试

通常采用的流量计主要有孔板流量计、文丘里管流量计、喷嘴流量计、超声流量计和电磁流量计。

5.5.2.1　孔板流量计或文丘里管流量计测流量

测试时，通常将孔板或文丘里管装在管路中进行测量，如果长期固定在管路上就会增加管路阻力，而且节流装置积垢后对测量精度有影响，因此可将孔板或文丘里管装在分支管上，支管和主管并联，日常的排水由主管排出，测量流量时水由支管排出，如图 5-12 所示。为了减小上下游流体的运动对测量精度的影响，安装孔板时，其上游直管的长度要大于（10～20）D，下游直管长度为 $5D$（D 为排水管的直径）。安装文丘里管时其上游直管长度为 $40D$，下游直管长度要大于 $5D$（图 5-13），在管的末端要装抬头弯管，以保持流量计内处于满水状态。孔板、文丘里流量计的流量计算公式为：

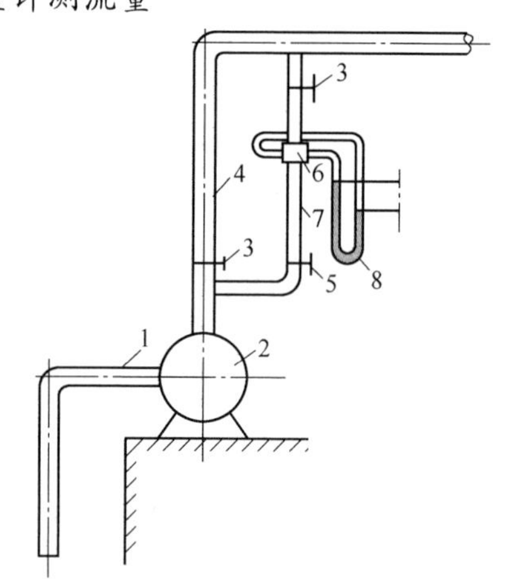

图 5-12　孔板流量计的布置

1—吸水管；2—水泵；3，5—闸阀；4—排水管；6—喷嘴；7—测水管；8—U 形管

$$q_V = \mu A_0 \sqrt{2\frac{\Delta p}{\rho}} \tag{5-23}$$

式中　q_V——流量，m^3/s；

μ——流量系数；

A_0 ——孔板的内孔截面积，m^2；

ρ ——被输出流体的密度，kg/m；

Δp ——喉部前后的压力差，Pa。

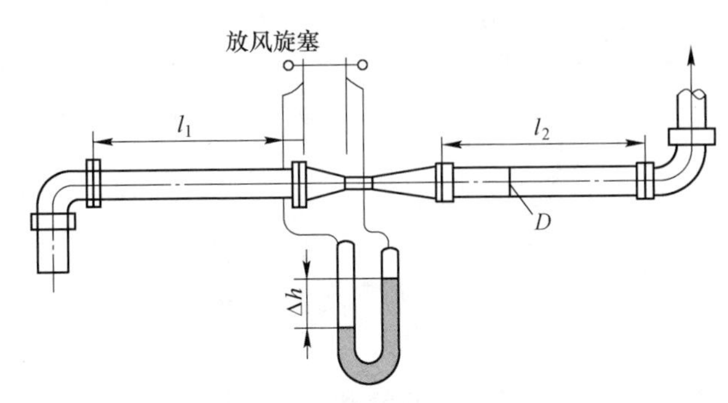

图 5-13　文丘里管流量计的安装

5.5.2.2　喷嘴测流量

测试时可将喷嘴临时装在排水管出口，喷嘴前应有一段长度等于 8~10 倍排水管直径的直管。测试结束后取下，对正常排水无影响，安装方便，操作容易。因此，喷嘴法测流量在水泵测试中应用很广泛。用喷嘴法测流量的计算公式为：

$$q_V = 3.477cd^2 \sqrt{\frac{\rho_g}{\rho}\Delta h \pm h} \tag{5-24}$$

式中　q_V ——流量，m^3/s；

c——喷嘴流量系数，由制造厂家给定；

d ——喷嘴开孔直径，m；

ρ_g ——水银的密度，kg/m^3；

ρ ——水的密度，kg/m^3；

Δh ——U 形管水银液面高度差，m；

h ——U 形管水银低液面距喷嘴轴线的垂直高度，m，如图 5-14 所示。

5.5.2.3　超声流量计测流量

A　工作原理

超声流量计是通过检测流体流动时对超声波的作用确定流量的仪表。其基本工作原理是：超声波在流动流体中的传播速度与声速和流体速度有关，通过接收换能器接收到的超声波信号可以检出流体速度并换算成流体的体积（质量）流量。下面以传播速度差法为例说明其工作原理。

根据超声波在流体中顺流与逆流传播时的速度之差与被测流体流速之间的关系求流速或流量的方法，称为传播速度差法。按所测物理量的不同，传播速度差法又可分为时差法和相位差法等。

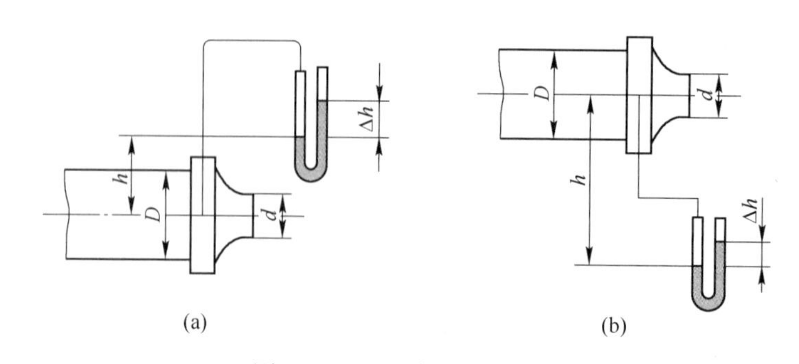

图 5-14　差压计的安装位置

（a）差压计装于上方；（b）差压计装于下方

a　时差法

时差法就是直接测量超声波脉冲顺流和逆流传播的时间差，其基本原理如图 5-15 所示。取静止流体中的声速为 c，流体流速为 v，从上下游两个作为发射器的超声换能器 T_1、T_2 发射两束超声波脉冲，各自到达下上游作为接收器的两个超声换能器 R_1、R_2，显然顺流（由 $T_1 \rightarrow R_1$）的传播时间为：

$$t_1 = \frac{L}{c + v} \tag{5-25}$$

逆流（由 $T_2 \rightarrow R_2$）的传播时间为：

$$t_2 = \frac{L}{c - v} \tag{5-26}$$

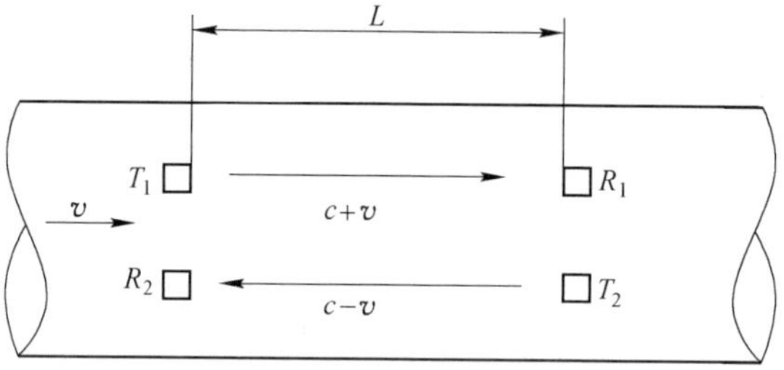

图 5-15　时差法原理

一般情况下，液体中的声速在 1000m/s 以上，而工业上多数流体的流速不超过几米每秒，即 $c^2 >> v^2$，所以：

$$\Delta t = t_2 - t_1 \approx 2L\frac{v}{c^2} \tag{5-27}$$

因而，当声速 c 一定时，流速 v 和时差 Δt 成正比，只要测出时差 Δt 就可以求得流体流速，这就是时差法。用时差法对管道流量进行非接触测量时，其换能器的安装方式常采用管外斜置式结构，如图 5-16 所示。

主控振荡器以一定额率控制收发转换器，使两个超声波换能器轮流发射或接

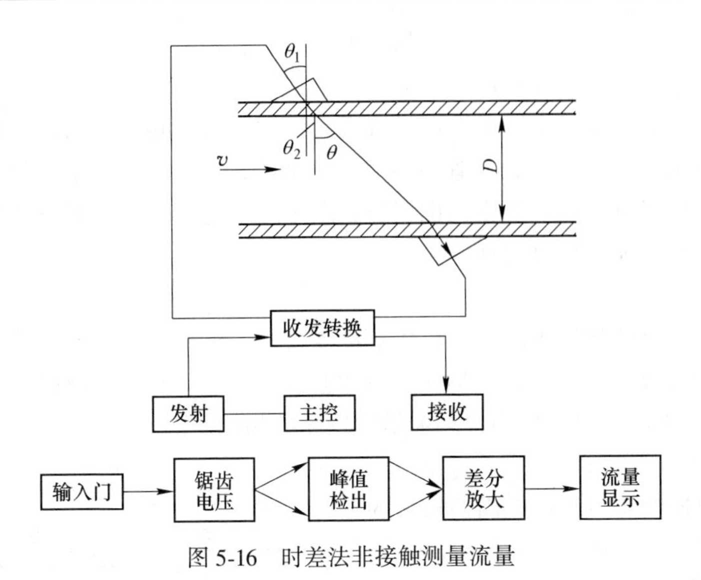

图 5-16 时差法非接触测量流量

收超声脉冲。设顺流时超声脉冲的传播时间为 t_1，逆流时超声脉冲的传播时间为 t_2，则：

$$t_1 = \frac{D/\cos\theta}{c + v\sin\theta} + \tau_0 \tag{5-28}$$

$$t_2 = \frac{D/\cos\theta}{c - v\sin\theta} + \tau_0 \tag{5-29}$$

式中 D——管径内径，m；

c——超声波在静止流体中的声速，m/s；

τ_0——声脉冲在声楔和管壁中传播的时间及电路延迟时间之和，s。

因为 $c^2 >> v^2$，所以时差 $\Delta t = t_2 - t_1 = \dfrac{2Dv\tan\theta}{c^2}$，即：

$$v = \frac{c^2 \Delta t}{2D\tan\theta} \tag{5-30}$$

流量计算的基本公式为：

$$Q = \frac{1}{8K}\pi D c^2 \cot\theta \Delta t \tag{5-31}$$

$$Q_m = \frac{1}{8K}\pi D c^2 \rho \cot\theta \Delta t \tag{5-32}$$

式中 K——流速分布补偿系数；

ρ——被测流体的密度，kg/m³；

Q_m——被测流体的质量流量，kg/s；

Q——被测流体的体积流量，m³/s；

由式（5-32）可见，对于一定的被测流体和管径，其 D、ρ 、c 、θ 皆为定值，所以质量流量与时间差成正比。

时差法一般用于几米以上大口径管道、河川和海峡的流速测量。由于流速及流量方程中包含有声速 c ，声速受温度的影响较大，并且它的温度系数不是常数，另外流体的组成或密度变化也将引起声速的变化从而影响测量精确度，因此采用时差法时必须进行温度补偿。

b　相位差法

由于工业上被测流体的流速在数米每秒以下，而流速带给声波的变化至多不过是 10^{-3} 数量级，当要求流速测量精度达 1% 时，对声速的测量精度要求为 $10^{-5}\sim10^{-6}$，因此，早期使用检测灵敏度较高的相位差法。

相位差法的原理如图 5-17 所示。发射机发出连续超声脉冲或周期较长的脉冲波列，当顺、逆流同时发射时，两接收换能器收到的信号之间就产生了相位差：

$$\Delta\varphi = \omega\Delta t \tag{5-33}$$

式中　ω ——发射声信号的角频率，$\omega = 2\pi f$ ；

f ——超声波的振荡频率；

Δt ——时间表。

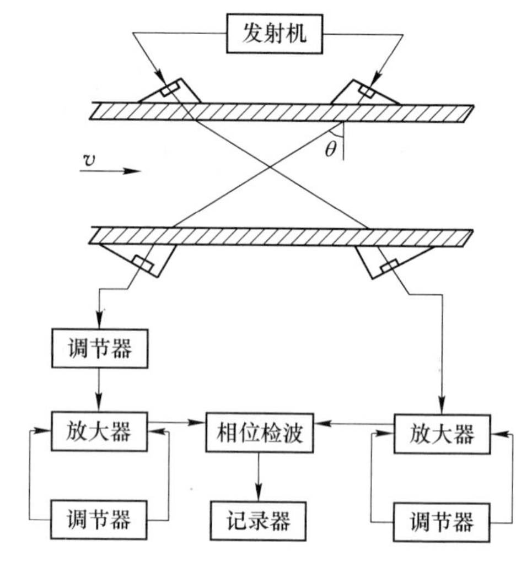

图 5-17　相位差法原理

将式（5-33）代入式（5-30）得：

$$v = \frac{c^2\cot\theta}{2D\omega}\Delta\varphi \tag{5-34}$$

再将式（5-34）代入式（5-31）和式（5-32），得相位差法计算流量的基本公式：

$$Q = \frac{1}{16Kf}Dc^2\Delta\varphi\cot\theta \tag{5-35}$$

$$Q_m = \frac{1}{16Kf}Dc^2\rho\Delta\varphi\cot\theta \tag{5-36}$$

图 5-17 所示为用相差法对管道流量进行非接触测量时的换能器安装方式（双通道）。电路中采用两个自动调节器分别控制两个同相放大器，将接收到的超声波信号稳定放大，然后加到相位检波器上，它输出的直流电压和相位差成正比，即与被测流体的流量成正比。

相位差法把时间差转换成相位差，避免了测量微小的时间差，可提高测量的精确度。但在流量计算公式中，依然含有随温度而变化的声速这个物理量，当温度变化时会引起声速的变化，从而造成测量误差。这一时差法的缺点在相位差法中依然存在。

B　安装方法

a　可移动安装

换能器夹装在管外，称夹装式安装，因换能器不与流体接触，也称为干式安装，如图 5-18 和图 5-19 所示。

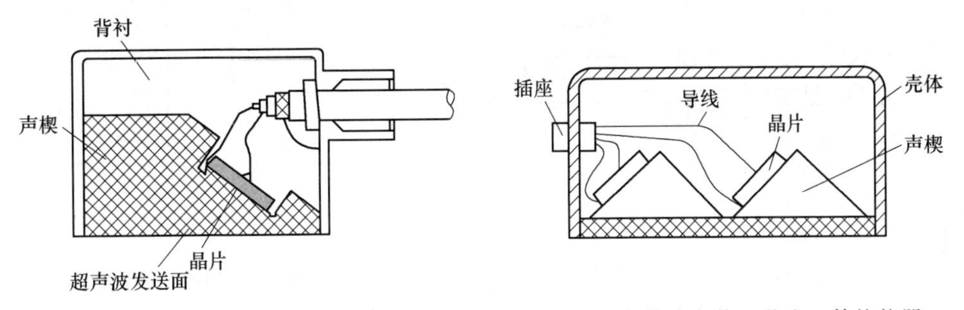

图 5-18　夹装式安装（声楔和晶片一体换能器）　　图 5-19　夹装式安装（收发一体换能器）

b　固定安装

该安装方式中换能器通常与流体接触，也称为湿式安装，其换能器也称为湿式换能器或直射式换能器。固定安装又分为管段式和现场安装式两类。

管段式是换能器和专门制造的测量管组成一体，构成独立的超声流量传感器，结构如图 5-20 所示。

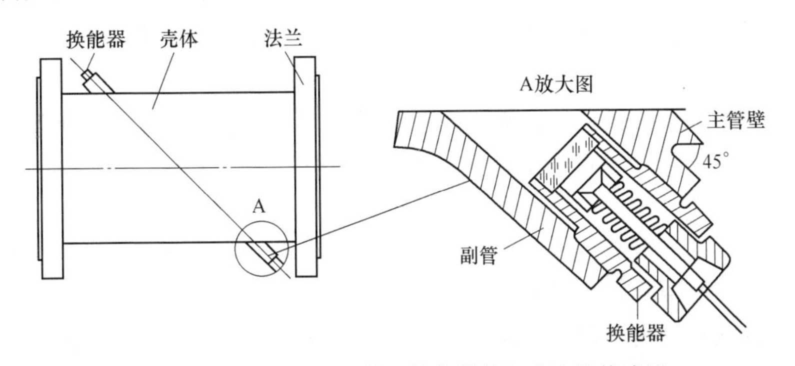

图 5-20　带管段式插入管壁换能器的超声流量传感器

现场安装式是指换能器安装在现场已有的待测管道上，可分为以下三种结构：

（1）插入管壁结构，如图 5-21 所示；

（2）外插结构，可不停流取出换能器，清洗超声波发射、接收面，如图 5-22所示；

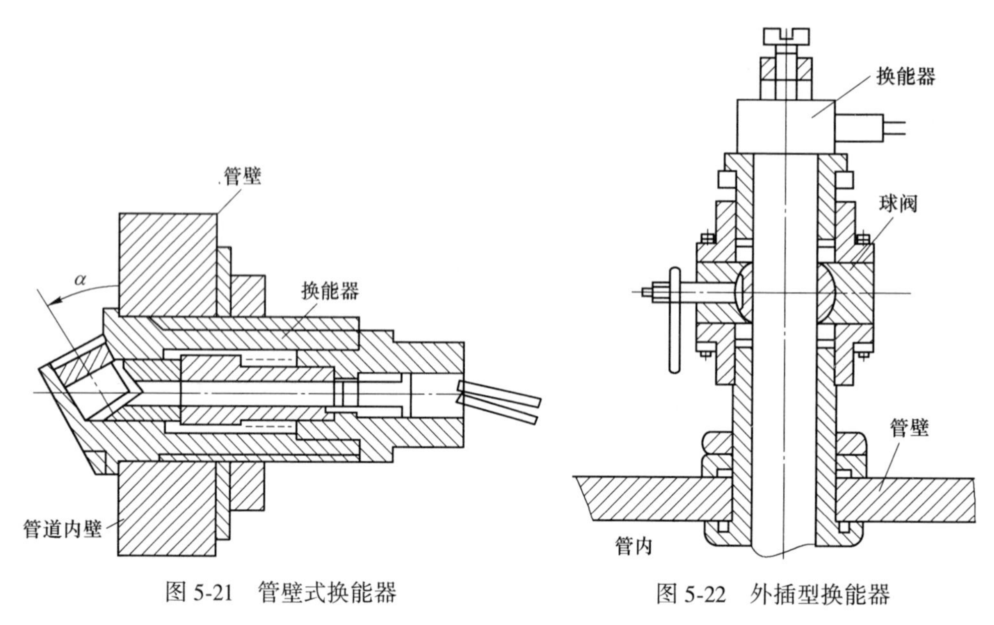

图 5-21　管壁式换能器　　图 5-22　外插型换能器

（3）内装结构，管壁不打孔，人进入管道将换能器装于管壁，通常用于混凝土管。

5.5.2.4　电磁流量计测流量

电磁流量计是应用导电流体在磁场中运动产生感应电势的原理，测量流量的一种仪表，因此，被测流体介质必须是导电的。在工业生产中，导电液体或浆液很多，像各种酸碱盐等腐蚀性液体都属于导电液体，这些介质的流量选用电磁流量计测量较合适。电磁流量计有许多独特优点，但也有它自身的缺点。

A　工作原理

电磁流量计由变送器、转换器和流量显示仪三部分组成。变送器是电磁流量计的一次仪表，它将被测流体的流量转换为相应的感应电势。转换器将变送器输出的感应电势信号放大并转换成标准电流信号或标准电压信号。流量显示仪表将转换器输出的标准电流或电压信号进行显示，计算流量。即导体在磁场中切割磁力线运动时在其两端产生感应电动势。如图 5-23 所示，导电性液体在垂直于磁场的非磁性测量管内流动，与流动方向垂直的方向上产生与流量成比例的感应电势，电动势的方向按“右手规则”，其值如下：

$$E = kBD\bar{v} \tag{5-37}$$

式中　E——感应电动势（即流量信号），V；

k——系数；

B——磁感应强度，T；

D——测量管内径，m；

$\bar{v}$ ——平均流速，m/s。

设液体的体积流量为 q_V（m^3/s），$q_V = \pi D^2 \bar{v}/4$，则：

$$E = (4kB/\pi D)\, q_V = Kq_V \tag{5-38}$$

式中 K ——仪表常数，$K = 4kB/\pi D$ 。

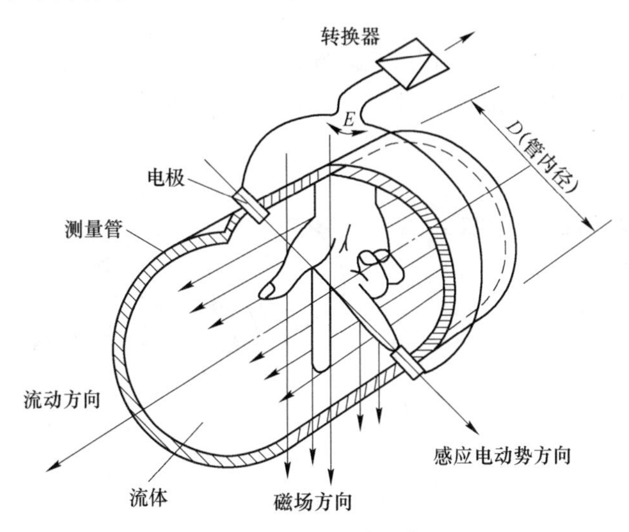

图 5-23 电磁流量计工作原理

B 安装方法

a 分离型

分离型是电磁流量计最普遍应用的形式，如图 5-24 所示。传感器接入管道，转换器装在仪表室或人们易于接近的传感器附近，相距数十到数百米。为防止外界噪声侵入，信号电缆通常采用双层屏蔽。测量电导率较低液体而相距超过 30mm时，为防止电缆分布电容造成信号衰减，内层屏蔽也要求接上与芯线同电

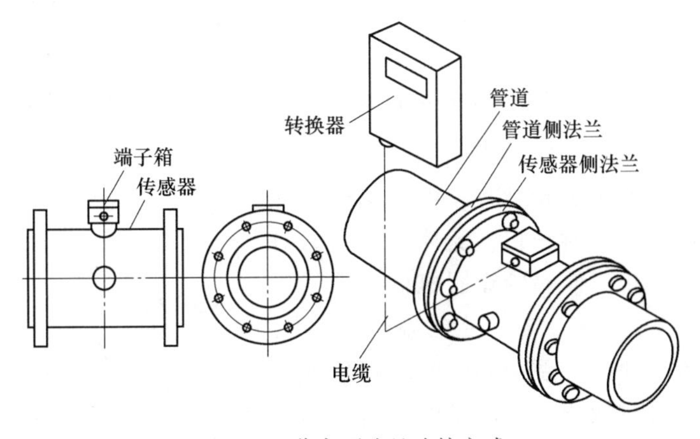

图 5-24 分离型法兰连接方式

位低阻抗源的屏蔽驱动。分离型转换器可远离现场恶劣环境，电子部件检查、调整和参数设定比较方便。

b　一体型

一体型指传感器和转换器组装在一起，直接输出直流电流（或频率）标准信号，实际上即为电磁流量变送器。一体型缩短了二者之间信号线和激磁线的连接长度，并使之无外接，隐蔽在仪表内部，从而减少信号衰减和空间电磁波噪声侵入（图 5-25）。同样，测量电路与分离型相比可测较低电导率的液体。取消了

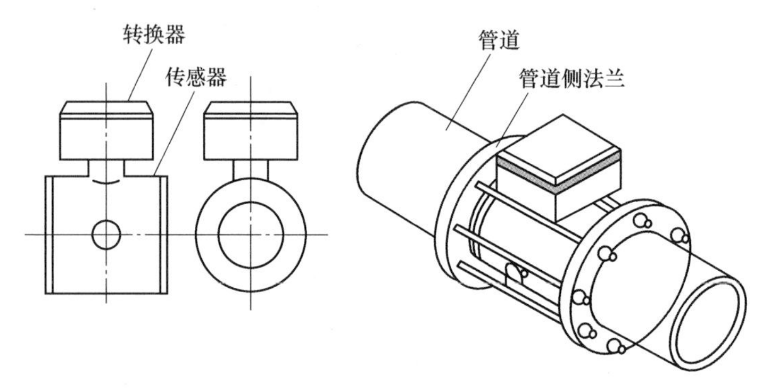

图 5-25　一体型夹装连接

信号线和激磁线的布线，简化了电气连接，仪表价格和安装费用均相对便宜，较多采用小管径仪表。随着二线制仪表的商品化发展，一体型仪表将会有较快发展。但如果由于管道布置限制，安装在不易接近的场所，则维护不便。此外，转换器电子部件装于管道上，将受到流体温度和管部振动的较大限制。

5.5.2.5　涡轮流量计测流量

涡轮流量计是一种速度式流量仪表，其结构如图 5-26 所示。它主要由仪表壳体 1、前后导向架组件 2 和 4、叶轮组件 3 和信号检测放大器 6 组成。当被测流体通过涡轮流量传感器时，流体通过导流器冲击涡轮叶片，由于涡轮的叶片与流体流向间有一倾角口，流体的冲击力对涡轮产生转动力矩，使涡轮克服机械摩擦阻力矩和流动阻力矩而转动。在一定的流量范围内，对于一定的流体介质黏度，涡轮的旋转角速度与通过涡轮的流量成正比。涡轮的旋转角速度

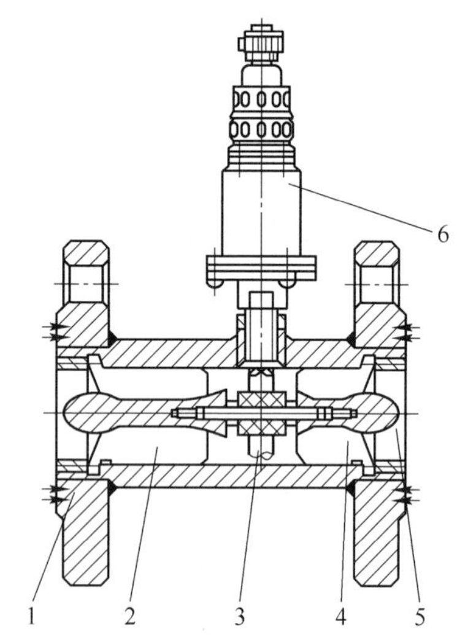

图 5-26　涡轮流量计结构

1—壳体组件；2—前导向架组件；3—叶轮组件；4—后导向架组件；5—压紧圈；6—信号检测放大器

一般都是通过安装在传感器壳体外面的信号检测放大器，用磁电感应的原理来测

量转换的。当涡轮转动时，涡轮上由导磁不锈钢制成的螺旋形叶片依次接近和离开处于管壁外的磁电感应线圈，周期性地改变感应线圈磁回路的磁阻，使通过线圈的磁通量发生周期性的变化而产生与流量成正比的脉冲电信号。此脉冲信号经信号检测放大器放大整形后送至显示仪表（或计算机）显示流体流量或总量。在某一流量范围和一定黏度范围内，涡轮流量计输出的信号脉冲频率与通过涡轮流量计的体积流量成正比，即：

$$Q = \frac{f}{k_0} \tag{5-39}$$

式中，k_0 为与数学模型有关的仪表常数（1/L 或 1/m³）。通常情况下，对 定的涡轮流量计和介质，k_0 值由标定求得，且表示成流量的关系曲线，称为涡轮流量计的特性曲线。图 5-27 所示为典型的涡轮流量计特性曲线。

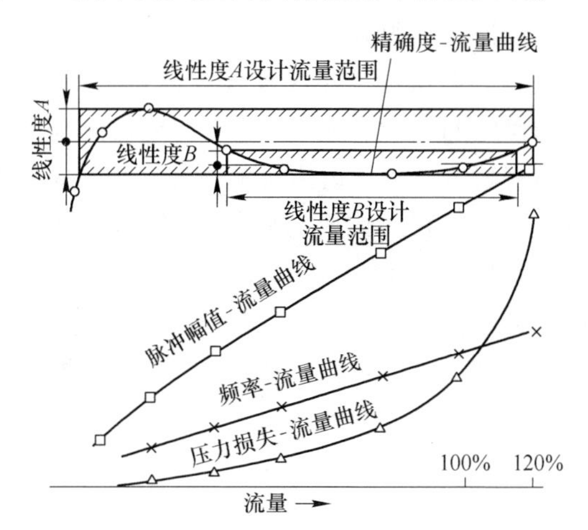

图 5-27 典型的涡轮流量计特性曲线

5.5.2.6 椭圆齿轮流量计测流量

椭圆齿轮流量计是一种常见的容积式流量计，具有精度高、适应高黏度介质、抗干扰性强的特点。图 5-28 所示为椭圆齿轮流量计在转动过程中的三种状态。

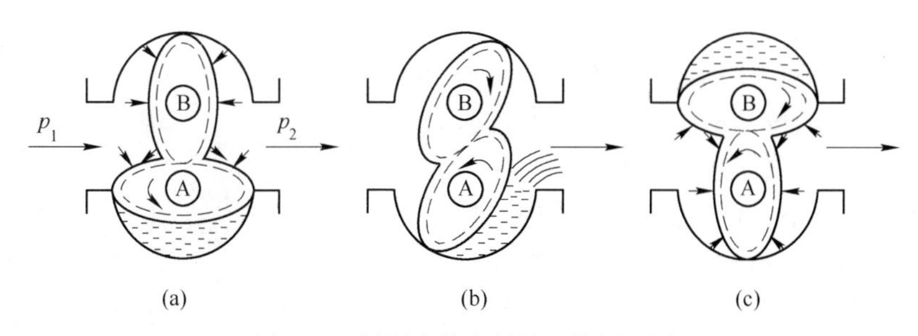

图 5-28 椭圆齿轮流量计工作原理图

椭圆齿轮在被测介质的压差 $\Delta p = p_1 - p_2$ 的作用下，产生作用力矩使其转动。在图 5-28（a）所示位置时，B 为主动轮，A 为从动轮，由于 $p_1>p_2$，在 p_1 和 p_2 的作用下所产生的合力矩使轮 B 产生顺时针方向转动，并带动轮 A 作逆时针方向转动，把轮 A 和壳体间的半月形容积内的介质排至出口；图 5-28（b）所示为中间位置，A 和 B 均为主动轮；而图 5-28（c）所示位置，p_1和 p_2 作用在 B 轮上的合力矩为零，作用在 A 轮上的合力矩使 A 轮作逆时针方向转动，并把轮 B 和壳体间的半月形容积内的介质排至出口，这时 A 为主动轮，B 为从动轮，与图 5-28（a）所示情况刚好相反。如此往复循环，轮 A 和轮 B 互相交替地由一个带动另一个转动，将被测介质以半月形容积为单位一次一次地由进口排至出口。显然，图 5-28 仅表示椭圆齿轮转动了 1/4 周的情况，而其所排出的被测介质为一个半月形容积。所以，椭圆齿轮每转一周所排出的被测介质量为半月形容积的 4 倍，则通过椭圆齿轮流量计的体积流量 $Q = 4nv_0$。式中，n 为椭圆齿轮的旋转频率；v_0 为半月形部分的容积。这样，在椭圆齿轮流量计的半月形容积 v_0 一定的条件下，只要测出椭圆齿轮的旋转速度 n，便可知道被测介质的流量。椭圆齿轮流量计流量信号的显示有就地显示和远传显示两种，其中，就地显示是将齿轮的转动通过一系列的减速及调整转速比机构后，直接与仪表面板上的指示针相连，并经过机械式计数器进行总量的显示。

5.5.2.7　转子流量计测流量

转子流量计由两个部件组成，一部分是从下向上逐渐扩大的锥形管；另一部分是置于管中且可以沿管的中心线上下自由移动的转子，如图 5-29 所示。当用转子流量计测量流体的流量时，被测流体从锥形管下端流入，流体的流动冲击转子，并对它产生一个作用力（这个力的大小随流量大小而变化）；当流量足够大时，其产生的作用力将转子托起，并使之升高；同时，被测流体流经转子与锥形管壁间的环形断面，这时作用在转子上的力有 3 个：流体对转子的动压力、转子在流体中的浮力和转子自身的重力。流量计垂直安装时，转子重心与锥管管轴重合，作用在转子上的 3 个力都沿平行于管轴的方向。当这 3 个力达到平衡时，转子就平稳地浮在锥管内某一位置上。对于给定的转子流量计，转子大小和形状已经确定，

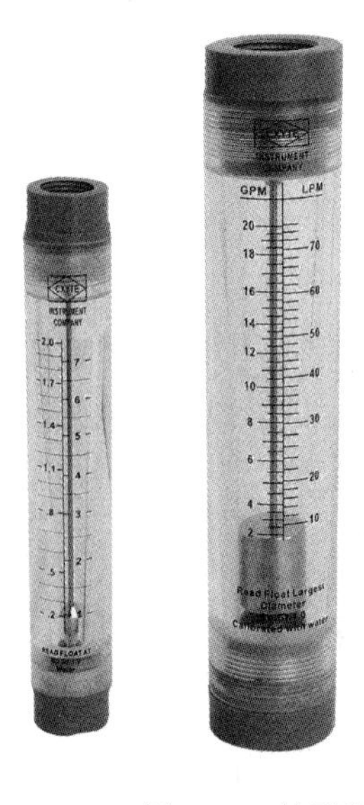

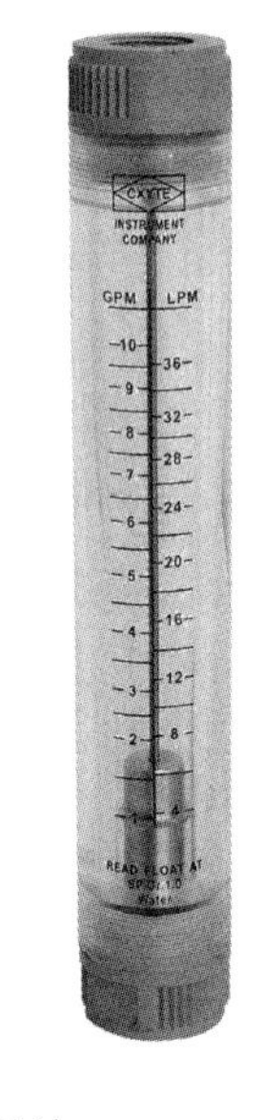

图 5-29　转子流量计

故它在流体中的浮力和自身重力都是已知的常量，唯有流体对浮子的动压力是随来流流速的大小而变化的。因此当来流流速变大或变小时，转子将作向上或向下的移动，相应位置的流动截面积也发生变化，直到流速变成平衡时对应的速度，转子就在新的位置上稳定。对于一台给定的转子流量计，转子在锥管中的位置与流体流经锥管的流量的大小成一一对应关系。

为了使转子在锥形管的中心线上下移动时不碰到管壁，通常采用两种方法：一种是在转子中心装一根导向芯棒，以保持转子在锥形管的中心线作上下运动；另一种是在转子圆盘边缘开一道道斜槽，当流体自下而上流过转子时，一面绕过转子，同时又穿过斜槽产生一反推力，使转子绕中心线不停地旋转，就可以保证转子在工作时不致碰到管壁。转子流量计的转子材料可用不锈钢、铝、青铜等制成。

5.5.2.8 科里奥利质量流量计测流量

科里奥利质量流量计（Coriolis mass flowmeter）简称科氏力流量计，其是利用流体在振动管中流动时，将产生与质量流量成正比的科里奥利力的原理测量的，实物如图 5-30 所示。由于它实现了真正意义上的高精度的直接流量测量，具有抗磨损、抗腐蚀、可测量多种介质及多个参数等诸多优点，现已在石油化工、制药、食品及其他工业过程中广泛应用。

科氏力流量计由传感器和变送器两大部分组成。其中传感器用于流量信号的检测，主要由分流器、测量管、驱动、检测线圈构成，如图 5-31 所示。

图 5-30 科里奥利质量流量计

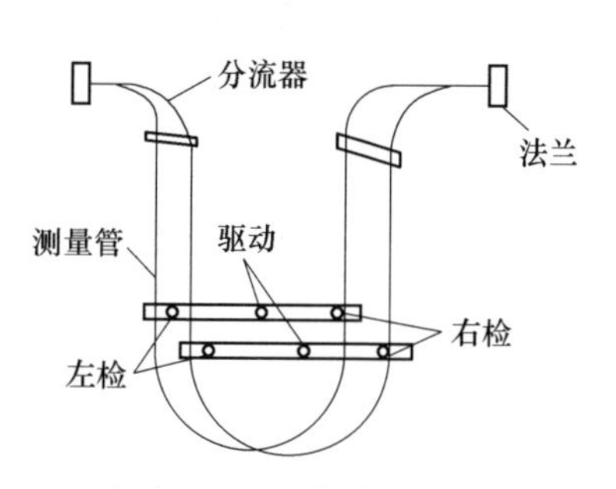

图 5-31 流量传感器结构图

科里奥利质量流量计以利用旋转体系中进行直线运动的质点由于惯性相对于旋转体系产生的直线运动的偏移的科氏力效应为基础，在传感器结构主体内部有两根平行的 U 形管，上部装有驱动线圈，两端装有检测线圈，当变送器提供的激励电压加到驱动线圈上时，振动管做往复周期振动，工业过程的流体介质流经传感器的振动管，就会在振动管上产生科氏力效应，使两根振动管扭转振动。同时安装在振动管两端的检测线圈将产生相位不同的两组信号，这两个信号的相位差与流经传感器的流体质量流量成比例关系，最后经计算机解算出流经振动管的质量流量。

5.5.3　水泵扬程的测试

5.5.3.1　测试原理

离心式水泵的扬程是指单位质量的流体通过泵后增加的能量。离心式水泵扬程的测试相对来说比较简单。测试扬程可利用装在水泵进、出口法兰盘小孔上的真空表和压力表进行，如图 5-32 所示。离心式水泵扬程可按式（5-40）计算：

$$H = \frac{(p_y + p_z) \times 10^6}{\rho g} + \Delta H + \frac{8}{\pi^2 g}\left(\frac{1}{d_p^4} - \frac{1}{d_x^4}\right) q_V^2 \tag{5-40}$$

式中　H——扬程，m；

p_z——真空表读数，MPa；

p_y——压力表读数，MPa；

ΔH——两压力表中心垂直高度，m；

g——重力加速度，m/s^2；

d_p——排水管内径，m；

d_x——吸水管内径，m。

从式（5-40）中可以看出，水泵扬程的测量关键是压力的测量。

5.5.3.2　压力表

应根据排水系统中对压力测量的要求、被测介质的性质、现场环境、经济适用等条件，合理考虑压力表类型、量程、精度和指示形式。

A　压力计量仪器的分类

a　按照仪器的工作原理分类

（1）液体式压力计。液体式压力计是基于流体静力学原理制作的。被测压力被液柱高度产生的压力所平衡，液柱的高度可以直接测量或通过计算求得。常用的液体式压力计有汞气压计、U 形管和杯形压力计、倾斜式压力计、环天平式压力计、钟罩式压力计和浮标式压力计等。

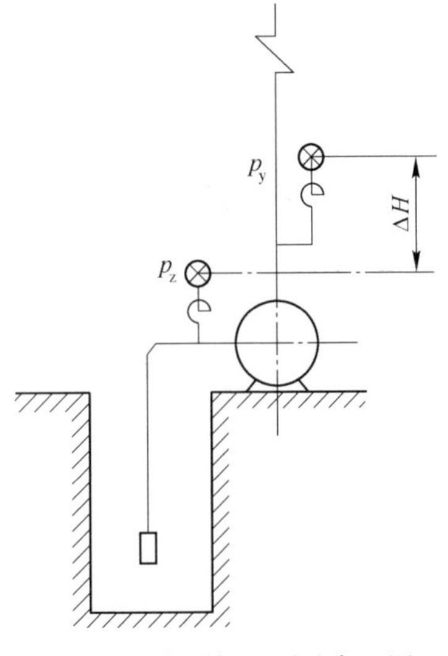

图 5-32　水泵扬程测试布置图

（2）弹性式压力表。弹性式压力表是利用弹性敏感元件（如弹簧管）的弹性变形来平衡被测压力的，弹性元件之所以发生变形是压力作用的结果。一般弹性敏感元件的弹性变形量很小，都需要经过放大机构和传动机构将变形量加以放大，并转换成被测量值的指针位移。根据使用的弹性元件的形状及作用形式不同，弹性式压力表可以分为C形弹簧管、螺旋弹簧管、膜片、膜盒和波纹管等类型。

（3）活塞式压力计。在活塞式压力计中，压力是由作用在已知活塞有效面积上的已知质量的砝码通过计算求得的。常用的有活塞式压力计、活塞式真空计等。

（4）电测式压力计。电测式压力计的工作原理是某些物质在压力作用下，其电气性能发生变化，其变化量与外加的压力大小成正比。例如，石英晶体具有各向异性的特性，晶体表面受压后，在表面上有电荷聚积，这个现象称为压电效应。利用这个效应可以制作压电式压力计；在压力作用下，金属丝的电阻会生化，利用金属的压阻效应可以制作电阻式压力计。

（5）综合式压力计。综合式压力计是利用综合工作原理制成的。如用弹性式压力仪表中的膜片作为电容的极板，极板在压力作用下发生位移，并改变电容量。其电容量的变化与压力的大小成正比。这类仪表与电测式压力仪表一样都是二次仪表，主要用于动态压力测量或远传测量。

b 按被测对象分类

（1）表压压力表。主要有压力表、真空表和压力真空表三种；

（2）绝对压力表；

（3）用于测量差压的压力表。

B 弹簧管压力表

矿井排水系统测量水泵出水口处水压和水泵吸水口处真空度所用的压力表和真空表基本上都是弹簧管压力表和真空表，下面对弹簧管压力表的结构和使用注意事项进行简单介绍。

a 弹簧管压力表的结构

弹簧管压力表主要由弹簧管、传动机构、指示机构和表壳四大部分组成。通常使用的压力表、压力真空表和氧气压力表等均为此种仪表。弹簧管压力表的结构如图5-33所示。

弹簧管：它是一根弯曲成圆弧形状、横截面常常为椭圆形或平椭圆形的空心管子。它的一端焊接在压力表的管座上固定不动，并与被测压力的介质相连通。管子的另一端是封闭的自由端，在压力的作用下，管子的自由端产生位移，在一定的范围内，位移量与所测压力呈线性关系。

传动机构：一般称为机芯，它包括扇形齿轮、中心齿轮、游丝和上下夹板以及支柱等零件。传动机构的主要作用是将弹簧管的微小弹性变形加以放大，并把弹簧管自由端的位移转换成仪表指针的圆弧形旋转位移。

指示机构：包括指针、刻度盘等。其作用是将弹簧的弹性变形通过指针指示

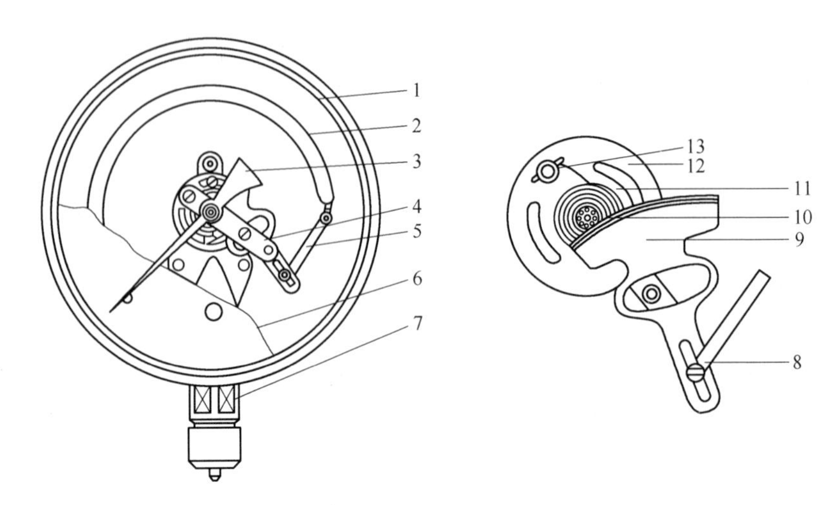

图 5-33　弹簧管压力表结构示意图

1—表壳；2—弹簧管；3—指针；4—上夹板；5—连杆；6—刻度盘；7—接头；8—示值调节螺钉；9—扇形齿轮；10—中心齿轮；11—游丝；12—下夹板；13—固定游丝螺钉

出来，从而读取压力值。

表壳：它的主要作用是固定和保护上述三部分以及其他的零部件。

b　弹簧管压力表使用时注意事项

为了保证弹簧管压力表正确指示和长期使用，在使用时应注意以下各项规定：

(1) 仪表应工作在正常允许的压力范围内。在静压力下，一般不应超过测量上限的 70%；在波动压力时，一般不应超过测量上限的 60%。

(2) 一般压力表应在环境温度为-40～+60℃，相对湿度不大于 80%的条件下使用。

(3) 仪表安装处与测定点间的距离应尽量短，以免指示迟缓。

(4) 在振动情况下使用仪表时要安装减振装置。

(5) 仪表必须垂直安装，无泄漏现象。

(6) 仪表的测定点与仪表的安装处应处于同一水平位置，否则将产生附加高度误差。

(7) 仪表必须定期校验，合格的表才能使用。

C　压力表量程的选择

测量稳定压力时，最大工作压力不应超过量程的 2/3；测量脉动压力时，最大工作压力不应超过量程的 1/2；测量高压时，最大工作压力不应超过量程的 3/5；为了保证测量的准确度，最小工作压力不应低于量程的 1/3。按照此原则根据被测最大压力算出一个数值后，从压力表产品目录中选取测量范围稍大于该值的压力表。选择矿井主排水泵出口压力的压力表时，其量程最大刻度应不小于1.3倍工作压力。

D 压力表精度的选择

选择压力表精度时，应能满足生产对测量精度的需要，本着节约的原则，不必追求选用高、精、尖的压力表。对于测量矿井主泵压力的压力表，其精度一般不低于1.5级。

E 压力表的种类和型号选择

（1）从被测介质的压力大小来考虑。对于被测介质压力在15000Pa以下，常选用U形管压力计或单管压力计；压力在50000Pa以上的一般选用弹簧压力表。

（2）从被测介质的物理、化学性质来考虑。选择压力表时，主要考虑水的酸碱度、密度及水中的杂质。

（3）从使用环境来考虑：选择压力表时，应考虑到温度、湿度和照明条件等。

F 压力表的安装

压力表安装正确与否，对测量的准确性、压力表的使用寿命以及维护工作都有很大影响。离心式水泵扬程测试用的真空表和压力表可以通过螺纹装在进出口法兰盘上的小孔上。压力表和真空表的连接导管上，应有旋塞360°的弯管与测孔相通，以稳定读数和保护仪表免受压力冲击。压力表安装应注意如下事项：

（1）压力表必须经过校验合格后才能安装。

（2）压力表尽可能安装在温度为0~40℃、相对湿度小于80%、振动小、灰尘少、没有腐蚀性物质的地方。

（3）压力表所在的地方光线要充足或具有良好的照明，为了便于观察仪表值和确保安全，压力表必须垂直安装。在一般情况下，安装高度与一般人的视线平齐，即1.5~1.6m；对于高压压力表应高于一般人头，即1.7~1.8m。

（4）压力表和真空表安装好后，需有明显的标志。

5.5.3.3 压力传感器

压力测量常采用的压力传感器和压力变送器主要有电容式压力变送器、压阻式传感器等。

A 电容式压力变送器

电容式压力变送器是应用十分广泛的一种压力变送器，它包括压力、差压、绝对压力、带开方的压差（用于流量测量）等几个品种，以及高差压、微差压、高静压等规格。尤其是电容式差压变送器，采用差动电容作为检测元件，完全没有机械传动机构和机械调整装置。尺寸紧凑、抗震性好、准确度高，而且零点调整和量程调整互不影响。因此，得到越来越广泛的应用。

二室结构的电容式差压传感器如图 5-34 所示。图中金属膜 6 为电容左右两个定极板，测量膜片 7 为动极板，并将左右空间分隔成两个室。左右二室充满硅油，当左右二室承受高压 p_H 和低压 p_L 时，硅油的不可压缩性和流动性将压差 $\Delta p = p_H - p_L$ 传递到测量膜片左右面上。当 $\Delta p = 0$ 时，左右两电容 C_H 与 C_L 相等，$\Delta C = C_H - C_L = 0$；当 $\Delta p \neq 0$ 时，测量膜片 7 变形，即动极板向低压侧定极板靠近，同时远离高压侧定极板，从而使 $C_L > C_H$。采用差动电容的好处是减少介电常数 ε 受温度影响引起的不稳定性，又提高灵敏度，改善线性关系。

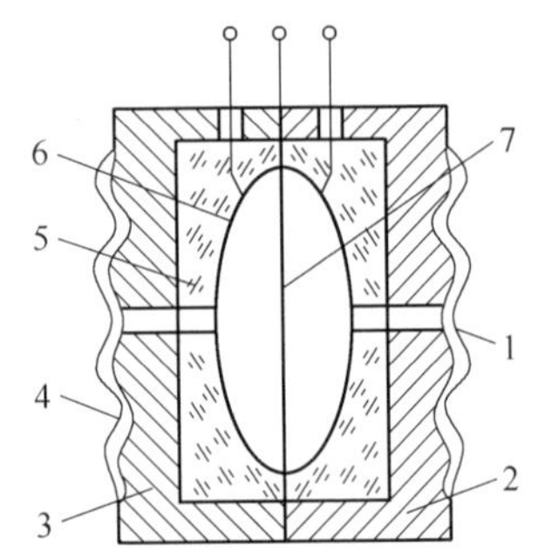

图 5-34　二室结构的电容式差压传感器

1，4—波纹隔离膜片；2，3—不锈钢基座；5—玻璃层；6—金属膜；7—测量膜片

当 $\Delta p \neq 0$ 时，两侧电容变化如图 5-35 所示。图中动极板变形至虚线所示位置时，它与动极板初始位置间的假想电容为 C_A，它与低压侧定极板间电容为 C_L，它与高压侧定极板间电容为 C_H。

由此得出：

$$C_H = \frac{C_0 C_A}{C_A + C_0} \tag{5-41}$$

$$C_0 = \frac{C_A C_L}{C_A + C_L} \tag{5-42}$$

$$\frac{C_L - C_H}{C_L + C_H} = \frac{C_0}{C_A} \tag{5-43}$$

式中　C_0——测量膜片在初始位置时与定极板间电容。

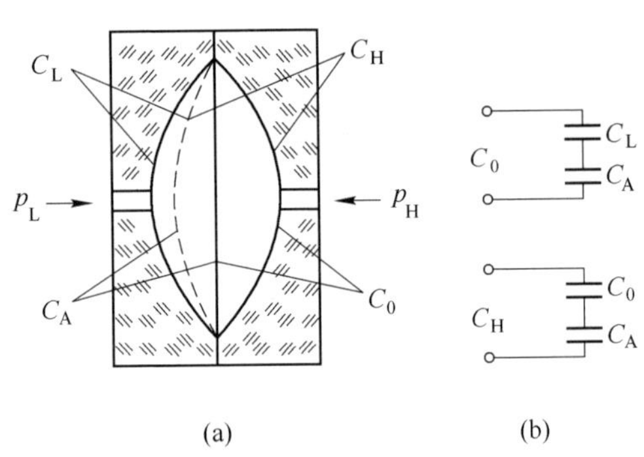

图 5-35　有压差时两侧电容变化

（a）电容变化；（b）等效关系

对于有初始张力的测量膜片，在差压 $\Delta p = p_H - p_L$ 作用下的挠度与压差成正比，由此可得：

$$\frac{C_0}{C_A} = K_1(p_H - p_L) \tag{5-44}$$

式中　K_1——结构常数，它与定极板曲率半径、球面定极板在中央动极板初始平面上投影半径、测量膜片可动部分半径、定极板球面中央与测量极板距离、球面定极板边缘与测量极板距离及测量极板初始张力有关。

B　压阻式传感器

压阻式传感器是利用半导体压阻效应制造的一种新型的传感器，如将 P 型杂质扩散到 N 型硅片上，形成极薄的导电 P 型层，焊上引线制成半导体应变片，称为“扩散硅应变片”。因 N 型硅基底即为弹性元件，并与扩散电阻结合在一起，无需粘贴，硅片边缘有一个很厚的环形物，中间部分很薄，形如杯子，故称“硅杯”，这种扩散硅压阻元件结构如图 5-36 所示。通常硅杯 1 的尺寸十分小巧紧凑，直径约为 1.8～10mm，膜厚为 50～500μm。

由扩散硅传感器构成的压差变送器，其典型电路原理如图 5-37 所示。

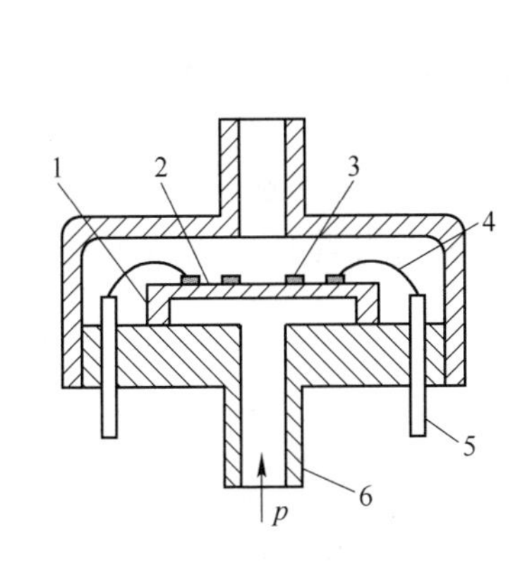

图 5-36 扩散硅压阻元件结构

1—硅杯；2—膜片；3—扩散电阻；4—内部引线；5—引线段；6—压力接管

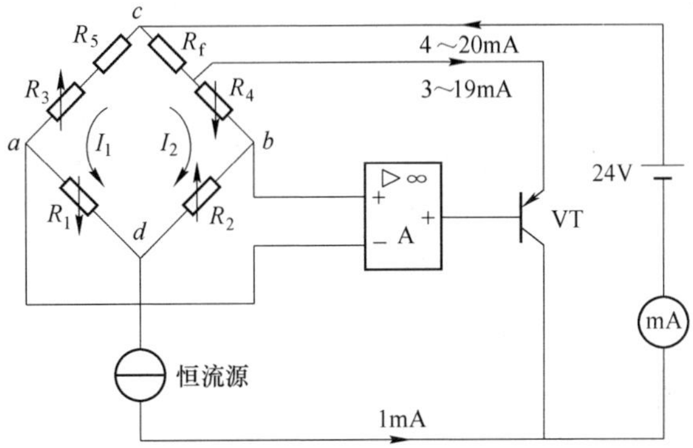

图 5-37 扩散硅压差变送器电路原理

在差压变送器中，硅杯上的应变电桥由 1mA 的恒流源供电，无差压时，$R_1=R_2=R_3=R_4$，左右桥臂支路上的电流相等，$I_1=I_2=0.5\text{mA}$。有差压时，R_4 减小，R_2 增大。因 I_2 不变导致 b 点的电位升高。同时，R_3 增大、R_1 减小，引起 a 点电位下降。对角线 ab 间的电压输入到运算放大器 A，放大后的输出电压经过晶体管 VT 转换成电流信号（3～19mA），此电流流过负反馈电阻 R_f，导致 b 点电位下降，直至 ab 两点间的电压接近为零。恒流源保证电桥的总电流为 1mA。于是，变送器的总电流就是 4～20mA，此输出电流可以反映差压大小。

5.5.4 水泵轴功率的测试

水泵的轴功率是电动机传递给水泵轴的功率。水泵轴功率的测试实质上是通过测试拖动电机的输入功率和功率损耗来确定拖动电机的输出功率，然后再乘以传动效率即为水泵的轴功率。

$$P_{do}=P_{di}-\Delta P \tag{5-45}$$

式中 P_{do}——电动机输出功率，kW；

P_{di}——电动机输入功率，kW。

$$\eta_d=\frac{P_{do}}{P_{di}}\times 100\% \tag{5-46}$$

式中　η_d ——电动机的效率。

水泵的轴功率测量方法有天平式测功机法、转矩式测功机法和电测功法。

5.5.4.1　天平式测功机

用天平式测功机测量水泵的转矩是传统测量方法之一，可用普通交流电动机改装，如图 5-38 所示。把电动机的定子用轴承支起来，电动机定子通电后，由于电磁转换关系，给转子以旋转力矩，使转子旋转，而转子给定子以大小相等、方向相反的反作用力矩。此力矩使定子以轴承为支点摆动，其大小可以用砝码质量来平衡。

天平测功机的不灵敏度 Δ 即引起天平离开平衡位置的最小负荷，当力臂长度等于 0.974m 时，其不灵敏度不得超过表 5-2 规定。当力臂长度大于或小于 0.974m 时，负荷 Δ 数值可以成比例地减小或增加。

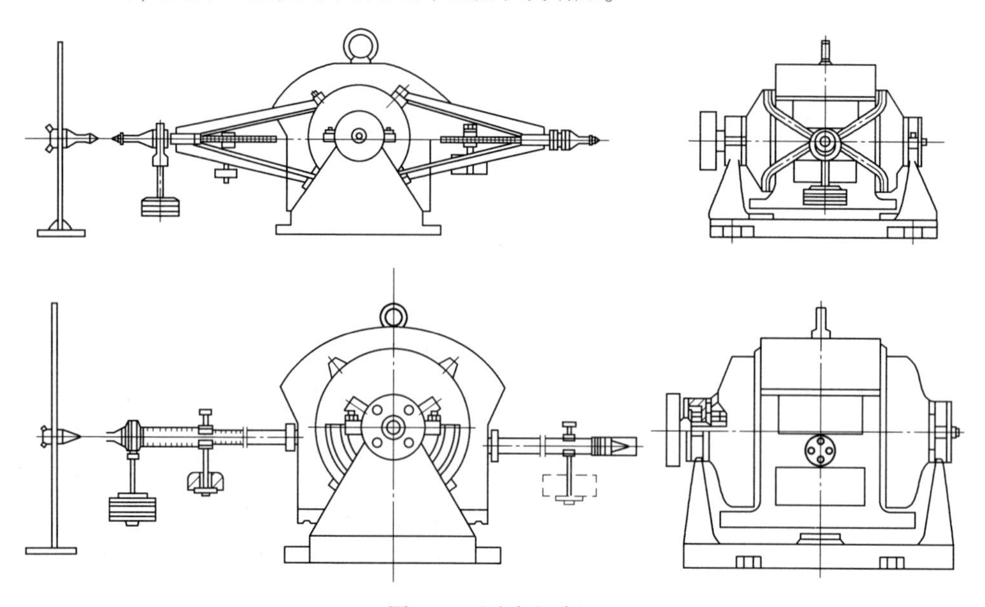

图 5-38　测功电动机

表 5-2　不同转速下天平测功机允许不灵敏度极限值　　（N · m）

功率/kW	转速/r · min^{-1}				
	500	750	1000	1500	3000
7				0.0716	0.0363
10			0.1509	0.1051	0.0525
20		0.4060	0.3104	0.2101	0.1051
50	1.6238	1.1271	1.7642	0.5253	0.2579
100	3.1044	2.1014	1.6238	1.1271	0.5253
200	7.4028	4.2984	3.1044	2.1014	1.1271
300	9.5520	7.4028	4.7760	3.1044	1.6238

测量时，先将天平测功机的联轴器与泵脱开空转，调整砝码，使两力臂平衡，此时天平测功机与泵连接后测得的力矩，即是传到泵轴上的转矩 M，此时泵轴功率为

$$P = \omega M = \left(2\pi \frac{n}{60}\right) M = \frac{nM}{9552} \tag{5-47}$$

式中 ω——角速度，rad/s；

n——转速，r/min；

M——传到泵轴上的转矩，N · m，$M=mgL$；

m——砝码质量，kg；

L——力臂长度，m。

一种自动电动机-天平测功机如图5-39所示，其构成也是按天平原理设计的。将电动机6悬挂在支架上，形成一个摆动系统，由一个力矩传感器、一个平衡传感器和一个测速传感器组成，与数字式转矩-转速测量仪配套构成转矩、转速测量系统。力矩传感器固定在摆动体上，它由步进电动机、丝杆2和游码组成，步进电动机与丝杆直接连接，能正反旋转，使游码5作左右移动。平衡传感器装在固定的龙门架上，摆杆左右触及时发出信号。转速传感器用齿盘装在电动机轴端，采用前面介绍的磁电式测速法。

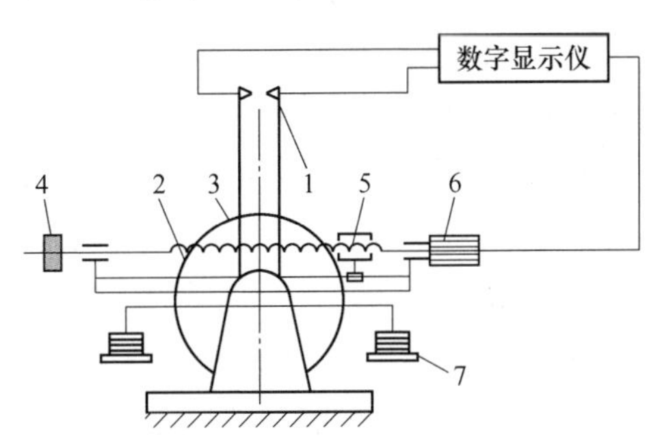

图 5-39 自动电动机-天平测功机

1—平衡配重；2—丝杆；3—电动机定子；4—电触点；5—游码；6—步进电动机；7—固定砝码

当负载转矩发生 ΔM_1 变化时，自动测功机的平衡传感器发生偏摆，产生不平衡信号，通过数字式转矩转速仪的控制，使力矩传感器的步进电动机转动，从而带动丝杆，使丝杆上的游码移动 L 距离后，摆动系统达到新的平衡。

游码移动后所产生的力矩为：

$$\Delta M_2 = mgL = mgKN \tag{5-48}$$

式中 K——一个工作脉冲，使步进电动机带动游码所移动的步距量，使测功机丝杆确定的常数，$K=0.05$mm；

m——游码质量，kg；

N——转矩转速仪送给步进电动机的工作脉冲。

按力的反作用原理，$\Delta M_2=-\Delta M_1$。使用时，先在测功机的摆动系统的固定臂杆上放置一定数量的砝码（按测量范围定），配重砝码对摆动系统产生一个力矩 M_1，在转矩转速仪上预置 M_1 的数。当测功机转动，输出轴功率时，测功机摆动系统除了平衡 M_1 的力矩外，再驱动步进电动机，使游码移动，产生 ΔM 的力

矩，此时力矩 $M=M_1+\Delta M$，使测功机的平衡系统达到平衡，则在仪器上的数码显示 $M=M_1+\Delta M$，直接反映测功机的转矩量。

天平式测功机的使用范围存在一定限制，不同转速、不同功率的试验泵就需要配不同的天平测功机。而大功率泵的电动机功率较大或电压较高，采用天平测功机显然不太现实。对于一些特殊类型的泵，如潜水泵等更是无法实现，所以天平测功机只适用于小功率泵的转矩测量。

5.5.4.2　转矩传感器

A　磁电式转矩传感器

磁电式转矩传感器是利用转轴受扭后产生的弹性变形测量转矩大小，其结构如图 5-40 所示。

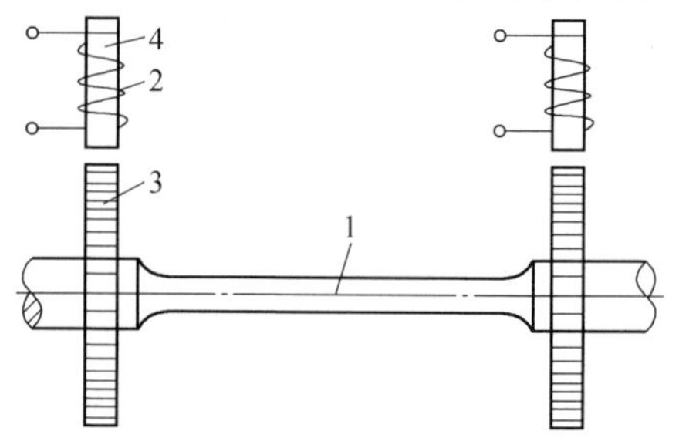

图 5-40　磁电式转矩传感器

1—弹性轴；2—信号线圈；3—齿轮；4—磁钢

传感器中间为一根标准的弹性轴 1，两端安装有两个相同的齿轮 3，在两个齿轮的外侧各安装一块绕有线圈的磁钢 4。当弹性轴 1 转动时，由于磁钢 4 与齿轮 3 间隙磁导的变化，在信号线圈 2 中分别感应出两个电动势 u_1 和 u_2。当外加转矩为零时，这两个电动势有一个恒定的初始相位差 θ_0。θ_0 只与两只齿轮在轴上安装的相对位置和两个磁钢的相对位置有关。当外加转矩时，弹性轴产生扭转变形，轴的一端相对另一端产生一个偏转角 $\Delta\theta$，当轴在弹性限度内，其扭转角 $\Delta\theta$ 与外加转矩 M 成正比，即 $\Delta\theta=KM$，此时，在两个信号线圈中的感应电动势 u_1 和 u_2 的相位差也随之发生变化，这一相位差变化的绝对值与外加转矩 M 成正比。

两个感应电动势分别为：

$$u_1 = U_m \sin Z\omega t \tag{5-49}$$

$$u_2 = U_m \sin(Z\omega t + 2\theta) \tag{5-50}$$

式中　Z——齿轮的齿数；

ω——轴的角速度，rad/s；

θ——两个齿轮间的空间偏转角，rad。

θ 角由两部分组成：一是齿轮安装时的初始角 θ_0；另一部分是由于受转矩 M 后，弹性轴变形而产生的偏转角 $\Delta\theta=KM$。因此

$$u_1 = U_m \sin Z\omega t \tag{5-51}$$

$$\begin{aligned} u_2 &= U_m \sin[Z\omega t + Z(\theta_0 + \Delta\theta)] \\ &= U_m \sin(Z\omega t + Z\theta_0 + ZKM) \end{aligned} \tag{5-52}$$

相位差式传感器的两路电动势 u_1、u_2 分别经过放大整形后送入检相器。检

相器输出为矩形波，其宽度 t_1 正比于 u_1 和 u_2 的相位差 $Z\theta$，即：

$$t_1 = \frac{Z\theta}{Z\omega} = \frac{\theta_0 + KM}{\omega} \tag{5-53}$$

其波形如图 5-41 所示。

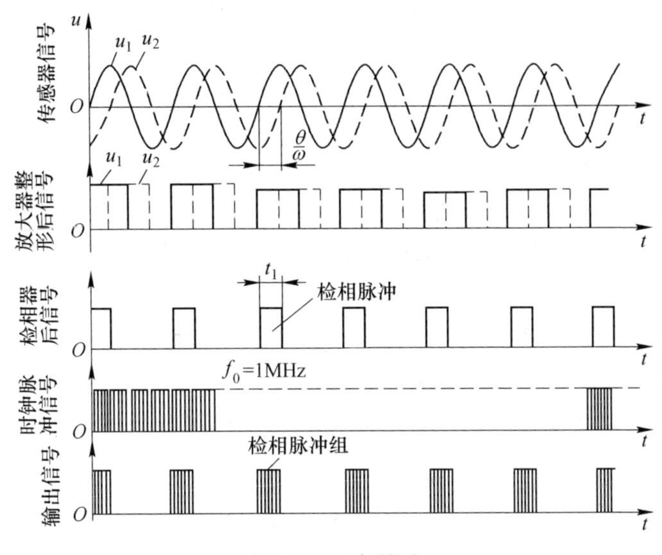

图 5-41 波形图

因此，转矩的测量就是两个电动势的相位差的测量。数字扭矩显示仪就是用适当的电路将标准时间脉冲填入相位差信号，从而完成转矩测量的数字显示。

另外，两个感应电动势 u_1 和 u_2 的频率 f 与转速及齿轮数的乘积成正比，即：

$$f = Zn \tag{5-54}$$

这种测量方法对转矩传感器的安装有下述要求：

(1) 试验泵、传感器、负载三者应安装在同一稳固的基础上，必须避免各部件发生振动。

(2) 为了避免在传感器弹性轴上产生弯矩，安装时必须使试验泵、传感器和负载三者具有较好的同心度。当存在弯矩时，不但降低测量精度，而且在某种情况下甚至使弹性轴损坏。

(3) 在可能的条件下，应尽量减小联轴器的质量。

B 应变式转矩传感器

应变式转矩传感器的检测敏感元件是电阻应变桥，将专用的测扭应变片用应变胶粘贴在被测弹性轴上组成应变电桥，只要向应变电桥提供电源，即可测得该弹性轴受扭的电信号；然后将该应变信号放大，再经过压频转换变成与扭应变成正比的频率信号。传感器的能源输入及信号输出是由两组带间隙的特殊环形旋转变压器承担的，因此可实现能源及信号的无接触传递，如图 5-42 所示。

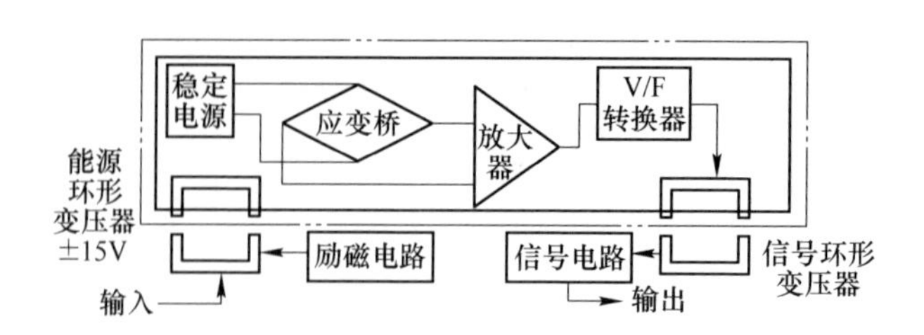

图 5-42　应变式转矩传感器测量原理

5.5.4.3　电测法

电测法是通过测量电动机的输出功率，即电动机轴上的机械功率来得到泵轴功率的。这种方法最适用机-泵不能分开，无法使用转矩传感器或电动机-天平的场合，如潜水泵等。

由于电动机输出功率的测量涉及电工参数，所以称为电测法。如果电动机输出功率采用损耗分析法得到，则又可称为损耗分析法。若用损耗分析法测量电动机输出功率，只要按电动机的能量图（图 5-43）即可分析解得。

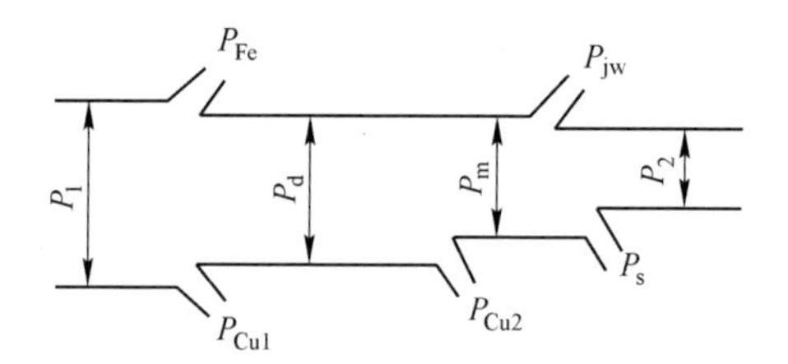

图 5-43　电动机能量图

电动机负载运行时，自电网获取有效输入功率 P_1，首先在定子中消耗铁损耗 P_{Fe}和定子绕组损耗 P_{Cu1}，剩下的电磁功率 P_d 通过气隙中的旋转磁场，利用电磁感应作用传递到转子，然后补偿转子绕组损耗 P_{Cu2}转变成电动机转子上总的机械功率 P_m。总的机械功率去掉机械损耗 P_{jw}和杂损耗 P_s 就得到电动转轴上输出的有效机械功率 P_2。

由图 5-43 可得功率平衡方程为：

$$\begin{gathered} P_1 = P_d + P_{Cu1} + P_{Fe} \\ P_d = P_m + P_{Cu2} \\ P_m = P_2 + P_{jw} + P_s \end{gathered} \tag{5-55}$$

总的损耗$\sum P$ 为：

$$\sum P = P_{Cu1} + P_{Cu2} + P_{Fe} + P_{jw} + P_s \tag{5-56}$$

输出功率 P_2 为：

$$P_2 = P_1 - \sum P \tag{5-57}$$

5.5.5 水泵转速的测试

泵的转速表达式为：

$$n = n_0 - \Delta n \tag{5-58}$$

式中 n——泵实际转速，r/min；

n_0——泵用电动机同步转速，与电网频率 f_1 和电极对数 p 有关，即：

$$n_0 = \frac{60f_1}{p} \tag{5-59}$$

Δn——转差，$\Delta n = \frac{60f_2}{p}$，其中 f_2 为转差频率。

因此，转速的另一表达式为：

$$n = \frac{60}{p}(f_1 - f_2) \tag{5-60}$$

在转速的表达式中，电网频率 f_1、电动机极对数 p 为定值。因此，可以看出，转速的测量方法分为直接转速测量和转差测量两类。直接转速测量通常用光电式和磁电式传感器，并利用数字频率仪表进行测量，所以直接转速测量又称为数字测速。

5.5.5.1 直接测速

直接测速是利用传感器将转速值变成电脉冲信号，然后用数字频率计显示转速值的一种先进的测量方法。最常用的转速传感器有光电式和磁电式两种。

光电式传感器有投射式和反射式两种。反射式光电传感器使用最为普遍，其工作原理如图 5-44 所示。

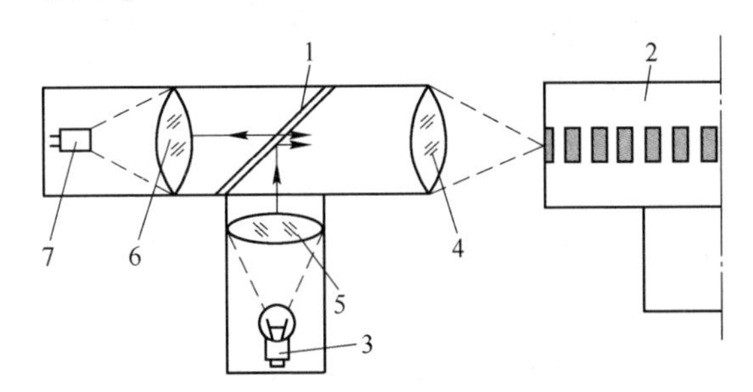

图 5-44 光电式转速传感器

1—半透膜；2—联轴器；3—光源；4~6—透镜；7—光敏二极管

电光源发出的光线通过透镜 5 成为平行光线，经半透膜 1，其反射的部分穿过透镜 4，聚焦在测量轴的标记上（如联轴器的黑白块上）。当光束射到白块上时产生反射光，此反射光再经透镜 4 形成平行光线，其穿过半透明膜的光线经透镜 6 聚焦在光敏二极管上产生脉冲信号。因此，单位时间 t 内光敏二极管上的脉

冲数 N 正比于转速 n。若联轴器 2 上一圈内的黑白标记块为 Z，则

$$n = 60\,\frac{N}{Zt} \tag{5-61}$$

当 $Z=10$，并用数字频率计量时，将 t 置为 6s，那么，$n=N$。即数字频率计显示值正好等于转速 n。

5.5.5.2　转差测速

转差测速有频闪测速和感应线圈法测速两种。

A　频闪测速

频闪测速法来自频闪效应原理。所谓频闪效应，就是物体在人的视野中消失后能留一定时间的视觉印象，即视后效。视后效的持续时间，在物体一般光度条件下约在 1/5~1/20s 的范围内。如果来自被观察物体的视刺激信号是一个跟一个的信号，每两次间隔都少于 1/20s，则视觉来不及消失，从而给人以连贯的假象。若用一闪一闪的光照明旋转的轴，并且预先在旋转轴上做出明显记号，则当旋转轴转速与闪光频率相等或成一定倍数关系时，旋转轴上的记号即呈现停留不动的状态（定像）。

如果利用与泵的拖动电动机同电源的日光灯，照射电动机端事前画好的黑白扇形标记，如图 5-45 所示，借日光灯的闪频光用秒表确定标记转数（即转差）来计算泵转速。

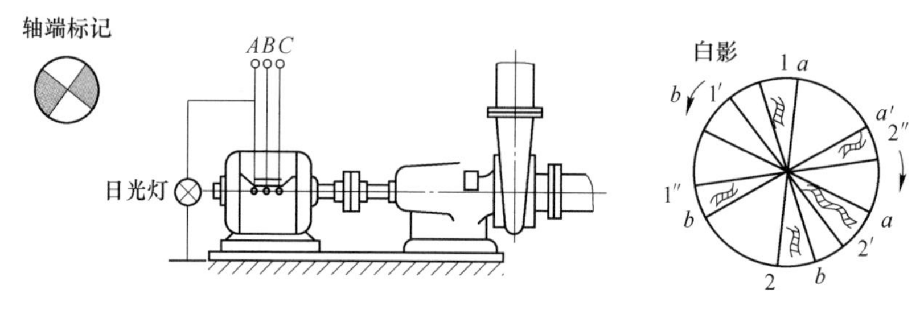

图 5-45　日光灯测速法

一般电网的频率为 $f_1=50\text{Hz}$，相电压按正弦曲线变化，电压达到一定值后日光灯才发光，一个周期内闪光两次，每秒 100 次，每分钟 6000 次。由于 2 极及 4 极电动机的同步转速分别为 3000r/min、1500r/min，日光灯闪光次数恰恰为同步转速的整数倍。若电动机以同步转速旋转，则每两次闪光期间内，扇形标记上的黑色标记恰好转 2 整转（或 4 整转）。由于人的视觉惰性，只是看到轴端不动的扇形假象，实际上由于异步电动机转速总是低于同步转速，两次闪光期间内扇形标记的影形并非转整数转。第一次闪光影形在某个位置，第二次闪光影形就比原来位置落后一个角度，如此连续不断，影形好像逆电动机转向旋转，影形转一周，表明电动机比同步转速少一转。如果用秒表记下影形每分钟内的翻转数为

Δn，则异步电动机的实际转速为：

$$n = n_0 - \Delta n \tag{5-62}$$

测不同转速时，轴端面的扇形图的个数也不同，黑色扇形数应与电动机极数相同。例如2极异步电动机，极数为2，极对数为1，黑色扇形数应为2；4极电动机的黑色扇形数为4。当测多极电动机转速时，由于扇形图个数太多，影形不易看准，可用半波整流后再接日光灯，这时，扇形图的个数可以减半。但无论几极电动机，测转差时只跟踪一个扇形的图像。

日光灯测速法能达到±0.5%的测量精度，其精度主要由电网频率的测量精度决定。

B　感应线圈法

感应线圈法是一种适应性很强的测速方法，特别对有些泵（如潜水泵等），当用上述测速方法无法进行时，就可使用感应线圈法测速。其方法是，将一只如图5-46（a）所示的匝数较多的带铁心的线圈放置在电动机转轴端，如图5-46（b）所示。

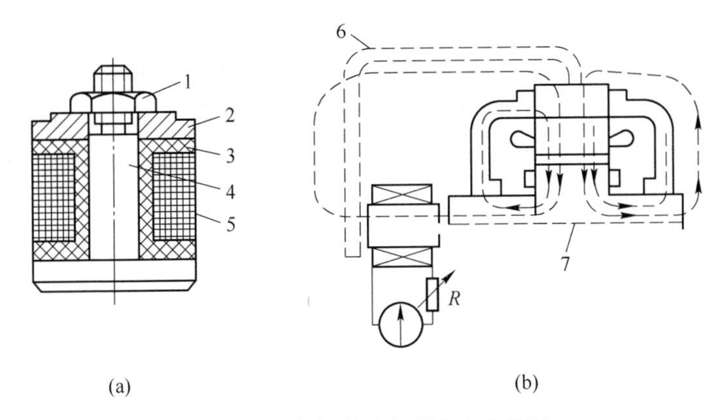

图5-46　感应线圈法测转速示意图

1—螺母；2—压盖；3—线圈骨架；4—铁心；5—线圈；6—铁棒；7—电动机

线圈与灵敏的磁电式检流计连接，这时，由于电动机气隙不均匀，转子外圆与转轴不完全同心，造成电动机转子漏磁，通在线圈中就会感应出电动势。此电动势既有按转差频率（一般在5Hz以下）交变的分量，但信号微弱；也有随电源频率（50Hz）交变的分量，而检流计对微电量敏感，且不能反映10Hz以上的交变电动势，所以，用检流计测量此电动势时，指针或光标只随转差频率摆动。用秒表测取指针或光标全摆动 N 次所需的时间 t，则

$$f_2 = \frac{N}{t} \tag{5-63}$$

转速可由式（5-61）计算。当被试电动机的负载很小，测量不够灵敏时，应

使用一铁棒 6 靠近电动机的机座中部，另一端靠近感应线圈铁心尾部，使电动机轴向的漏磁通形成磁阻很小的通路，即可显著提高测量灵敏度。感应线圈法测速精度可达±0.5%。

把感应线圈感应的电动势通过低通滤波电路将电网频率 f_1 和超低频率信号 f_2 分离，然后分别放大、整形，再测量其频率 f_1 和 f_2，这样的感应测速仪在我国已研制成功并广泛应用。

5.6 排水设备的经济运行

矿山排水设备电耗在矿山生产中占有很大的比重，一般为 17.5%～40.9%，有的矿甚至高达 60%以上。据国外某水泵生产厂家统计，水泵在整个服务年限内，人工费占 7%，维修费占 8%，电费占 85%。因此，提高排水设备的效率，保证排水设备的经济运行，对降低电耗、节约能源、保证国民经济可持续发展具有重要意义。

5.6.1 排水设备的经济运行评价

排水设备的经济性用吨水百米电耗进行评价。吨水百米电耗是指排水设备将 1t 水提高 100m 所消耗的电能，用 $W_{t\cdot 100}$ 表示，单位 kW · h/(t · 100)。

若水泵的工况参数为 Q_M、H_M 和 η_M，传动效率为 η_c，电机效率为 η_d，电网效率为 η_w，实际扬程为 H_c，矿水重度为 γ，矿井年正常和最大涌水天数分别为 Z_H 和 Z_{max}，正常涌水和最大涌水期间水泵同时工作的台数和工作时间分别为 n_1、n_1+n_2 和 T_H、T_{max}，则年排水电耗 W 为

$$W = 1.05 \times \frac{\gamma Q_M H_M}{1000 \times 3600 \eta_M \eta_c \eta_d \eta_w}[n_1 Z_H T_H + (n_1 + n_2) Z_{max} T_{max}] \quad (5\text{-}64)$$

年排水量 V 为：

$$V = \frac{\rho Q_M}{1000}[n_1 Z_H T_H + (n_1 + n_2) Z_{max} T_{max}] \quad (5\text{-}65)$$

式中 V——矿井年排水量，t/a。

所以，吨水百米电耗为：

$$W_{t\cdot 100} = \frac{W}{VH_c} \times 100 = 1.05 \times \frac{H_M}{3.67 \eta_M \eta_c \eta_d \eta_w H_c} \quad (5\text{-}66)$$

5.6.2 排水系统效率

排水管路效率是指实际扬程和水泵工况点扬程的比值，用 η_g 表示，其计算公式为：

$$\eta_{g} = \frac{H_{c}}{H_{M}} \tag{5-67}$$

排水系统效率是指水泵工况点效率、管路效率、电机效率、电网效率和传动效率的乘积，用 η_{P} 表示，其计算公式为：

$$\eta_{P} = \eta_{M}\eta_{g}\eta_{c}\eta_{d}\eta_{w} \tag{5-68}$$

5.6.3 吨水百米耗电影响因素

由式（5-66）和式（5-67）可知，吨水百米电耗可表示为：

$$W_{t\cdot100} = 1.05 \times \frac{1}{3.67\eta_{M}\eta_{g}\eta_{c}\eta_{d}\eta_{w}} \tag{5-69}$$

从式（5-69）可以看出，吨水百米电耗取决于水泵工况点效率 η_{M} 、管路效率 η_{g} 、传动效率 η_{c} 、电机效率 η_{d} 及电网效率 η_{w} 。一般来讲，电网效率 η_{w} 主要取决于输电线路和输电设备，电机效率 η_{d} 主要取决于功率因数，传动效率 η_{c} 取决于传动方式，这几种效率相对变化不大。因此，要降低吨水百米电耗，主要应考虑水泵工况点效率 η_{M} 和管路效率 η_{g} 。

在额定工况下，水泵的效率 η_{M} 最高，偏离额定工况时，水泵的效率 η_{M} 都会下降。管路的效率 η_{g} 取决于实际扬程 H_{c} 和工况点扬程 H_{M} ，实际扬程 H_{c} 是一定的，而当流量增大时，水泵工况点扬程 H_{M} 减小，管路的效率 η_{g} 提高。在额定工况左侧，随流量增大，η_{M} 增大，η_{g} 增大，排水系统效率 η_{P} 增大，吨水百米电耗 $W_{t\cdot100}$ 降低；在额定工况右侧，随流量增大，η_{M} 降低，η_{g} 增大，但 η_{g} 增大起主要作用，排水系统效率 η_{P} 也增大，吨水百米电耗 $W_{t\cdot100}$ 也是降低的。

从工况点设计上来讲，工况点设计在工业利用区右侧，排水系统效率较高，吨水百米电耗较小。从现在水泵生产厂家的性能测试上看，流量超过额定流量20%，水泵完全能够正常安全工作。因此，要降低吨水百米电耗 $W_{t\cdot100}$ ，提高排水设备的经济性，主要应设法提高水泵的效率和管路的效率，并应注意提高电动机的功率因数、传动效率和电网效率。

5.6.4 提高排水设备经济运行的措施

5.6.4.1 提高水泵的运行效率

（1）选用高效水泵。选用新型、高效水泵，如 MDP 型矿用自平衡多级离心式水泵。用新型水泵替换原有的老产品，以提高水泵的效率。

（2）合理调节水泵工况点。如果水泵富余扬程过大，就会造成浪费，排水设备的经济性就差。因此可以采取降低水泵转速、减少叶轮数目或削短叶轮叶片长度等调节方法，去除富余扬程，提高排水系统的效率；也可采用管路并联，增大流量，降低工况点扬程，提高排水系统的效率，但要注意防止电动机过载和发生汽蚀。

（3）提高水泵检修和装配质量。水泵检修和装配质量的高低，直接影响水泵的性能。在水泵检修和装配时，应严格按照检修、装配规定和要求进行，应及时对损坏零件进行维修或更换，各配合零件的间隙一定要符合规定，各密封部分应完好，轴承部分应润滑良好等。总之，要符合检修装配要求和水泵完好标准。

5.6.4.2　减小排水管路阻力损失

（1）适当增大排水管径。管路内径不同，阻力损失不同，管径越大阻力损失越小。因此，在选择管路时，应适当加大排水管径，把工况点设计在额定工况点或工业利用区右侧，以减小排水管路阻力损失，提高管路效率。但是，应注意工况点在工业利用区右侧时，要防止电动机过载，防止因吸水高度降低而发生汽蚀，高原地区更应注意汽蚀问题。

（2）定期清除管路积垢。由于矿水中泥沙的存在，会在管路内壁产生积垢，积垢变厚、管子内径变小、阻力损失增大。为提高排水系统效率，应定期清理管路积垢。清理管路积垢的方法主要有盐酸清理法、碎石清理法、蒸汽清理法等；也可根据矿井排水的具体情况找出新的、有效的清理方法。

（3）缩短排水管路长度。如把斜井排水改为钻孔垂直排水，虽然增加了一定的钻孔费用，但可以缩短管路的长度，不仅可以节约一定的管材费，而且可使管路的阻力损失减小、节约电耗。据资料统计，钻孔排水比斜井排水可节电12%~36.5%。

（4）采用多管并联排水。采用多管并联排水，相当于增大管路的直径，降低管路的阻力损失，提高管路的效率，降低排水电耗，但需注意防止电机过载和汽蚀发生。

5.6.4.3　改善吸水管路特性

改善吸水管路的特性，不仅可以降低吸水管路阻力、节约电能，而且可以增大吸水高度。改善吸水管路特性的主要措施有选择较大直径的吸水管、正确安装吸水管路、采用无底阀排水等。

（1）适当增大吸水管径。吸水管径一般要大于排水管径。采用较大直径的吸水管，不仅可以降低流速，减小吸水管路阻力损失，节约电耗，而且还可以增大吸水高度，防止发生汽蚀。

（2）正确安装吸水管路。在安装吸水管时，应尽量减少吸水管路附件，以减小吸水阻力。为使水流以均匀的速度进入水泵，在吸水管和水泵入口处应安装一段长度不小于吸水管直径 3 倍的直管，如需安装异径管，应安装长度等于或大于大小头直径差 7 倍且为偏心的异径管；另外，吸水管任何部位都不能高于水泵入口。

（3）采用无底阀排水。无底阀排水就是去掉底阀，保留滤网或更换为无底阀滤网。据测定，吸水管路中的阻力约有70%来自底阀，底阀产生的阻力不仅增大了电耗，降低了吸水高度，而且底阀常产生故障。无底阀排水可采用射流泵、真空泵或设置前置泵等充灌引水装置。采用射流泵无底阀排水应注意以下几个问题：

1）用射流泵实现无底阀排水时，如果没有其他水源管，泵房内应留一台有底阀的水泵，以解决第一次启动或管路漏水等造成射流泵没有水源的问题。

2）水源管上的高压阀门最好采用板式闸阀，充灌引水时注意把阀门开大。

3）滤网最好更换为无底阀排水滤网。

4）防止射流泵喷嘴的锈蚀。

5）各处的密封要良好，以免射流泵工作时漏气，影响水泵吸水。

6）要加强矿水的清洁沉淀，避免矿水中的杂物堵塞吸水管。

5.6.4.4 实行科学管理

（1）简化排水系统。将几个排水系统尽量合并，将分段排水改为单段排水。在现有水泵扬程满足排水要求的情况下，最好采用单段直接排水系统。

（2）定期清理水仓与吸水井。定期清理水仓与吸水井中的污物，防止水中的杂物进入吸水管和水泵造成堵塞或泄漏，减少矿水中的泥沙、煤尘对水泵的磨损。

（3）合理确定水泵启、停时间。应根据矿井的涌水情况和负荷变化情况，合理确定水泵的工作时间段，尽量避免在用电高峰期开泵，使水泵在用电低谷时进行工作。

参 考 文 献

[1] 李世华．矿井排水设备使用维修［M］．北京：机械工业出版社，1990.

[2] 陈乃祥，吴玉林．离心泵［M］．北京：机械工业出版社，2003.

[3] 毛君．煤矿固定机械及运输设备［M］．北京：煤炭工业出版社，2006.

[4] 张书征．矿山流体机械［M］．北京：煤炭工业出版社，2011.

[5] 王振平．矿井通风排水及压风设备［M］．徐州：中国矿业大学出版社，2008.

[6] 张步勤，刘永生，刘志民，等. Q/FFJT 001—2018 井工矿山串并联交叉耦合高效排水系统［S］．邯郸：冀中能源峰峰集团有限公司，2018.

[7] 赵喜敬，张伟杰，刘志民．矿用排水泵轴功率分析［J］．煤矿机械，2010，31（3）：109~110.

[8] 袁寿其，施卫东，刘厚林．泵理论与技术［M］．北京：机械工业出版社，2014.

6 离心式水泵的选型设计

离心式水泵选型设计的任务是在现有产品中选择能够在特定矿井条件下安全、可靠又经济运行的排水设备，且该设备便于操作和维修。设计时必须遵守《煤矿安全规程》（以下简称《规程》）和《煤矿工业设计规范》（以下简称《规范》）的有关规定。

6.1 选型设计的任务和步骤

（1）具体任务。离心式水泵选型设计的任务包括：

1）确定排水系统；

2）选定排水设备。

（2）必备资料。设计时必须具备的主要原始资料有：

1）矿井开拓方式（水平数）及服务年限；

2）各开采水平和井口的标高；

3）同时开采水平数及各水平正常涌水量和最大涌水量；

4）矿水容重及其物理化学性质（如 pH 值等）；

5）准备敷设管路的井筒布置及水泵房附近车场的布置图；

6）矿井供电电压及井下运输轨距等辅助资料；

7）瓦斯等级及矿井年产量。

（3）选型设计参考步骤：

1）拟定排水系统；

2）初步选择水泵；

3）拟定泵房水泵及管路组合方案；

4）选择管路；

5）计算管路特性；

6）确定排水装置的排水工况；

7）验算排水时间；

8）计算允许的吸水高度；

9）计算必需的电动机容量并选择电动机。

6.2 选择排水系统

有两种可供选择的排水系统：一种是直接排水，另一种是分段排水。在相同条件下，前者的水平低、泵房数量少、系统简单可靠、基建投资和运行费用少、维护工作量少、需用的人员也少，因此，国内外均趋向于采用直接排水系统。为此，应努力发展适应深井排水的水泵。

对于条件比较复杂的多水平开采矿井，应根据各水平深度、涌水量以及现有水泵的性能等因素，从基本投资要少，于施工、操作简单和维修方便等方面加以综合考虑，经过技术和经济比较后，确定采用直接排水还是分段排水。

6.3 预选水泵的形式和台数

《规程》第二百七十八条对主排水设备的水泵的要求是：矿井井下排水设备应当满足矿井排水的要求。除正在检修的水泵外，应当有工作水泵和备用水泵。工作水泵的能力，应能在20h内排出矿井24h的正常涌水量（包括充填水及其他用水）。备用水泵的能力，应当不小于工作水泵能力的70%。检修水泵的能力，应当不小于工作水泵能力的25%。工作和备用水泵的总能力，应当能在20h内排出矿井24h的最大涌水量。

《规范》还对小涌水量矿井的水泵做了规定：对于正常涌水量为$50m^3/h$及以下，且最大涌水量为$100m^3/h$及以下的矿井，可选用2台水泵，其中1台工作，另1台备用。

6.3.1 工作水泵必需的排水能力

根据规定，要求投入工作的水泵的排水能力为能在20h内排完24h的正常涌水量，即：

$$Q_B = \frac{24}{20}q_z \tag{6-1}$$

工作水泵与备用水泵的总能力为能在20h内排完24h的最大涌水量，即：

$$Q_{Bmax} \geqslant \frac{24}{20}q_{max} \tag{6-2}$$

式中 q_z——正常涌水量；

q_{max}——最大涌水量；

Q_B——工作水泵必需的排水能力；

Q_{Bmax}——工作与备用水泵必需的排水总能力。

6.3.2 水泵必需的扬程

作为估算，可认为水泵必须产生的扬程为：

$$H_B \geqslant H_C\left(1+\frac{0.1 \sim 0.12}{\sin\alpha}\right) \tag{6-3}$$

式中　α——管路倾斜敷设时的倾角。

亦可利用管路效率概念，用式（6-4）计算：

$$H_B = \frac{H_C}{\eta_g} \tag{6-4}$$

式中　η_g——管路效率。对于竖直敷设的管路 $\eta_g = 0.9 \sim 0.89$；对于倾斜敷设的管路，当倾角 $\alpha > 30°$ 时取 $\eta_g = 0.83 \sim 0.8$；当 $\alpha = 30° \sim 20°$ 时，取 $\eta_g = 0.8 \sim 0.77$；当 $\alpha < 20°$ 时，取 $\eta_g = 0.77 \sim 0.74$。

6.3.3　水泵预选型

自泵产品样本中选择能满足 H_B 和 H_C 的水泵，最好是一台泵即能达到所要求的排水能力。在满足要求的各型水泵中，优先选择工作可靠、性能良好、体积小、质量轻而且价格便宜的产品。当矿井水的 pH 值小于 5 时，应采用防酸水泵。

若采用分段式水泵，当流量能满足要求时，必需的级数为：

$$i = \frac{H_B}{H_j} \tag{6-5}$$

式中　H_j——泵流量 Q_B 时的平均单级扬程，m。

该值可由泵的平均单级特性曲线查出。若求出的级数介于两整数之间，取较大整数当然可以满足要求，但取较小整数有时也能达到要求。这时究竟级数较多还是较少合理，往往需要经过技术和经济比较后才能确定。

6.3.4　水泵稳定性校验

为保证泵工作稳定性，应满足：

$$0.9H_0 > H_C \tag{6-6}$$

式中　H_0——泵零流量时的扬程。对于分段式水泵 $H_0 = iH_{01}$，其中 H_{01} 为平均单级特性上零流量的扬程。

通过稳定性校验，可以淘汰不能满足稳定要求的水泵，从而减少可选择的方案数。

6.3.5　确定泵台数

当 $q_z < 50\text{m}^3/\text{h}$ 和 $q_{max} < 100\text{m}^3/\text{h}$ 时，若必需的工作水泵台数为 n_1，则必需的水泵总台数 $n = 2n_1$。

当 $q_z > 50\text{m}^3/\text{h}$ 时，若工作水泵必需的台数为 n_1，则备用水泵的台数 n_2 应取

$n \geqslant 0.75n_1$（偏上整数）和 $n_2 = 1.2q_{max}/Q - n_1$（偏上整数）中的较大者。其中 Q 为泵的工况流量，在未知工况的情况下，可取 $Q = q_z/n_1$。检修水泵的台数 $n \geqslant 0.25n_1$（偏上整数)。必需的水泵总台数 $n=n_1+n_2+n_3$。

对于水文地质条件复杂的矿井，可根据情况增设水泵或在泵房内预留安装水泵的位置。

6.4 确定管路趟数和泵房内管路布置

6.4.1 确定管路趟数

《规程》第二百七十八条对排水管路做了规定：排水管路应当有工作和备用水管。工作排水管路的能力，应当能配合工作水泵在 20h 内排出矿井 24h 的正常涌水量。工作和备用排水管路的总能力，应能配合工作和备用水泵在 20h 内排出矿井 24h 的最大涌水量。《规范》还对敷设在斜井中排出小涌水量的管路做了规定：正常涌水量在 $50m^3/h$ 及以下，且最大涌水量为 $100m^3/h$ 及以下的斜井，一般敷设一条管路，其能力应在 20h 内排出矿井 24h 的最大涌水量。

6.4.2 泵房内管路布置

按泵台数和管路趟数可以组合成多种布置方式，如图 6-1 所示是常见的几种。其中，图 6-1（a）为两台泵一趟管路的布量方式，适合于 $q_z \leqslant 50m^3/h$ 且 $q_{max} \leqslant 100m^3/h$ 条件下的斜井排水设备。图 6-1（b）为两台泵两趟管路的布置，正常涌水期一台泵工作，可用其中任一趟管路排水，另一趟作为备用；最大涌水期两台泵同时工作，可以共用其中一趟或分别用一趟管路排水。图 6-1（c）为三台泵两趟管路的布置，一台泵工作时可用任一趟管路排水；两台泵同时工作时，可共用一趟或分别用一趟管路排水。三台泵中有一台轮换作为检修。图 6-1（d）为四台泵三趟管路的布置，若正常涌水期两台泵同时工作，它们可以各用一趟管路排水，另一趟备用；最大涌水期内三台泵同时工作，可各用一趟管路排水。

上述各方案的共同缺点是，用于分配管路的闸阀均位于泵房内上部，不利于维修和操作。除此之外，所需的闸阀数量也较多。图 6-1（f）所示的管路克服了上述缺点，其特点是将各泵分支管路与干管路分开在各分支管路上不装控制闸阀和分配闸阀，而是在两者之间设置集中的闸阀系统，进行水泵控制和管路分配。若是三台水泵两趟管路（与图 6-1（c））比较，闸阀数量少了两只。若是四台水泵三趟管路，将少用三只闸阀。除此之外，由于闸阀集中并坐落在水泵房地板上，大大方便了操作和维修。

该方案的另一特点是各水泵共用一口大直径的吸水井，从而可减少吸水井的开拓量。同时，井口直径加大，便于开拓和施工。但由于吸水管加长，增加了吸水阻力损失。《规范》中规定每台水泵排水量小于 100m³/h 时，两台泵才可共用一口吸水井，其滤水器边缘间的距离不得小于吸水管直径的 2 倍。对于 100m³/h 以上的水泵应有独立的吸水井。

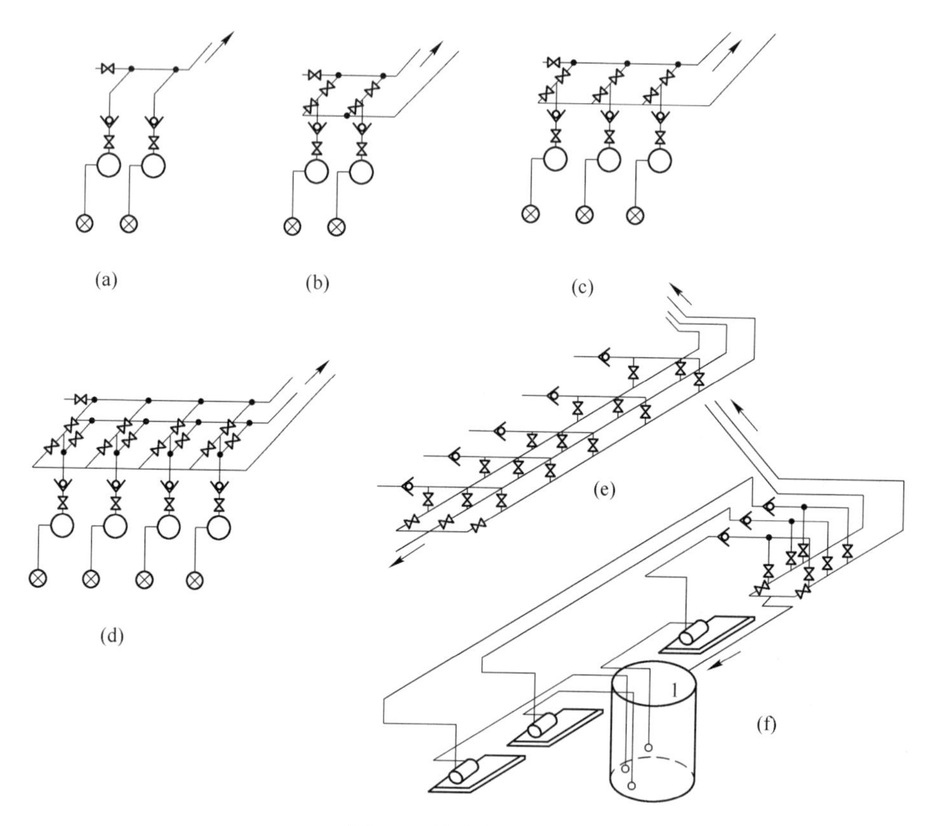

图 6-1　管路布置方案

（a）两台水泵一趟管路；（b）两台水泵两趟管路；（c）三台水泵两趟管路；（d）四台水泵三趟管路；（e）五台水泵三趟管路；（f）改进的管路布置

6.5　确定管径和管材

6.5.1　必需的管内径

利用流量表达式可以推出管内径与流量、流速的关系式。对于排水管，其内径为：

$$d'_{p} = \sqrt{\frac{4Q}{\pi 3600 v_{p}}} = 0.0188\sqrt{\frac{Q}{v_{p}}} \tag{6-7}$$

式中　d'_{p} ——排水管内径，m；

Q ——通过管子的流量，m^3/h；

v_p ——流速，m/s。

若已知通过该管的流量，选定某一流速，即可求得相应的管内径。然而选择流速不是随意的，因为流速确定后，就确定了管径。管径大小直接涉及排水所需电耗和装备管道的基本投资。若管径偏小，则水头损失大、电耗高，但所需的基本投资少；若管径偏大，则水头损失小、电耗低，所需基本投资多。应综合两方面找到最经济的管径。通常计算时，取 $v_p = 1.5 \sim 2.2$ m/s 作为经济流速。

对于吸水管内径，通常应比排水管内径大 25mm，以降低流速，减少损失，取得较大的吸水高度。此时，必需的吸水管内径为：

$$d'_x = d'_p + 0.025 \tag{6-8}$$

根据计算的 d'_x 和 d'_p。可以预选标准管。

6.5.2 选择管材

选择管材的主要依据是管子将要承受的水压大小。通常情况下，对于敷设在深度不超过 200m 立井内的排水管多采用焊接钢管，深度超过 200m 时多采用无缝钢管；对于敷设在斜井内的排水管路，可按承压的变化，由下向上分段采用无缝钢管、焊接钢管和铸铁管。铸铁管最大承压为 1MPa。

必需的管壁厚度 δ 包括两部分，一部分为承压厚度，另一部分为考虑到运输和其他原因形成的表面损伤面必须事先增加的厚度。因此，必需的壁厚为：

$$\delta = 0.5d_p\left(\sqrt{\frac{\sigma_z + 0.4p}{\sigma_z - 1.3p}} - 1\right) + c \tag{6-9}$$

式中 d_p ——标准管内径，cm；

σ_z ——许用应力，取管材抗拉强度 σ_h 的 40%，即 $\sigma_z = 0.4\sigma_h$；当钢号不明时，可取铸铁管 $\sigma_z = 20$MPa，焊接钢管 $\sigma_z = 60$MPa，无缝钢管 $\sigma_z = 80$MPa；

p ——管内液体压强，作为估算 $p = 0.011H_p$，MPa；

H_p ——排水高度，m；

c ——附加厚度，铸铁管取 $c = 0.7 \sim 0.9$cm，焊接钢管取 $c = 0.2$cm，无缝钢管取 $c = 0.1 \sim 0.2$cm。

利用该式可以校验所选管壁厚度是否合适。若计算值 δ 大于所选标准厚度，则应更新选择后再验算。

6.6 计算管路特性

管路特性方程式为：

$$H = H_C + KR_TQ^2 \tag{6-10}$$

式中 H_C ——测地高度，m；

Q——通过管路的流量，m^3/s；

R_T——管路阻力损失系数；

K——管内径变化而引起阻力损失变化的系数。对于新管，$K=1$；对于管内挂污管径缩小10%的旧管 $K=1.7$。

若已知 H_C 和 R_T，利用式（6-10）就可以给出管路特性曲线。对于具体的排水装置，其 H_C 为定值，当控制闸阀开启程度一定时，R_T 也为定值，因此其管路特性是确定的。设计人员的任务是在设备安装以前，事先求得 R_T，以便预计管路特性。为此，本节介绍两种估计方法。

6.6.1 利用阻力损失系数公式计算

计算阻力损失系数的公式为：

$$R_T = \frac{8}{\pi^2 g}\left[\lambda_x \frac{l_x}{d_x^5} + \lambda_p \frac{l_p}{d_p^5} + \sum\xi_x \frac{1}{d_x^4} + \left(\sum\xi_p + 1\right)\frac{1}{d_p^4}\right] \tag{6-11}$$

式中 λ_x，λ_p——吸水管和排水管中沿程阻力损失系数，m；

l_x，l_p——吸水管和排水管的沿程管路长度，m；

d_x，d_p——吸水管和排水管的内径，m；

$\sum\xi_x$，$\sum\xi_p$——吸水管和排水管上局部阻力损失系数之和；

g——重力加速度，取 $9.81m/s^2$。

利用当量长度的概念，可以将局部损失转移为数值相等的沿程损失。其当量管长 $l_d=\dfrac{d\sum\xi}{\lambda}$。利用此关系可将式（6-11）改写成：

$$R_T = \frac{8}{\pi^2 g}\left(\lambda_x \frac{l_x + l_{dx}}{d_x^5} + \lambda_p \frac{l_p + l_{dp}}{d_p^5}\right) \tag{6-12}$$

式中，$l_{dx}=\dfrac{d_x\sum\xi_x}{\lambda_x}$，$l_{dp}=\dfrac{d_p\left(\sum\xi+1\right)}{\lambda_p}$。

利用式（6-12）计算 R_T 必须知道沿程阻力损失系数，计算该值可用下面的尼古拉兹紊流水力粗糙管公式：

$$\lambda = \frac{1}{\left(2\lg\dfrac{d}{2\Delta} + 1.74\right)^2} \tag{6-13}$$

或

$$\lambda = \frac{1}{\left(2\lg\dfrac{3.7d}{\Delta}\right)^2} \tag{6-14}$$

式中 d——管内径，mm；

Δ ——当量粗糙度，mm。对于不同的管子该值可由表 6-1 查出。

表 6-1 不同类型管子的粗糙度

管子类别	Δ/mm
新无缝钢管	0.01~0.08
带锈的钢管和无缝钢管	0.19~0.30
新铸铁管	0.20~0.80
旧钢管、锈蚀显著的无缝钢管	0.50~1.00
旧铸铁管	0.50~1.60

6.6.2 利用管路损失图解求 $R_T Q^2$ 之值

取 $\lambda = 0.0018(vd)^{-5/3}$ 并借助 $R_{T100}Q^2 = \lambda \dfrac{100}{\alpha} \cdot \dfrac{v^2}{2g}$，作出通过管子的流量 Q(m³/h)、流速 v (m/s)、管内径 d (mm) 和百米管长中的阻力损失 $R_{T100}Q^2$ 的关系图解。如图 6-2 所示，其中与纵坐标轴平行的线为等流速线（例如，纵坐标轴线为流速恒等于 0.5m/s 的线），平行于横坐标轴的线为等管径线，从右上方向左下方倾斜的诸线为等流量线（各线流量值标在自左上方向右下方倾斜的流量坐标轴线上），与流量坐标轴平行的路线为等损失线（标志各线损失值的坐标轴分成三段，分别落在 $Q = 10\text{m}^3/\text{h}$ 和 $Q = 900\text{m}^3/\text{h}$ 的等流量线上）。

若已知四项参数中的两项，利用该图解可以求得其余两项。例如，已知 $d = 75$mm，$Q = 25\text{m}^3/\text{h}$，分别作相应的等直径线和等流量线，两线交于 Q 点。由 Q 点作等损失线交于损失坐标轴线上，查得交点值 $R_{T100}Q^2 = 4.8$m。再由 Q 点作等流速线交于流速坐标轴线上，查得交点值 1.62m/s。

根据求得的 $R_{T100}Q^2$ 之值，利用下式可求得全管路阻力损失或损失系数：

$$R_T Q^2 = \frac{l}{100}(R_{T100}Q^2) \tag{6-15}$$

或

$$R_T = l(R_{T100}Q^2)/100Q^2 \tag{6-16}$$

式中 $R_T Q^2$——全管路阻力损失，m；

l——计算管长，它等于实际管长与当量管长之和，m；

Q——查解 $R_{T100}Q^2$ 时所用的流量，m³/h。

将求出的 R_T 代入式（6-10），即得管路特性方程式，并可绘成曲线。

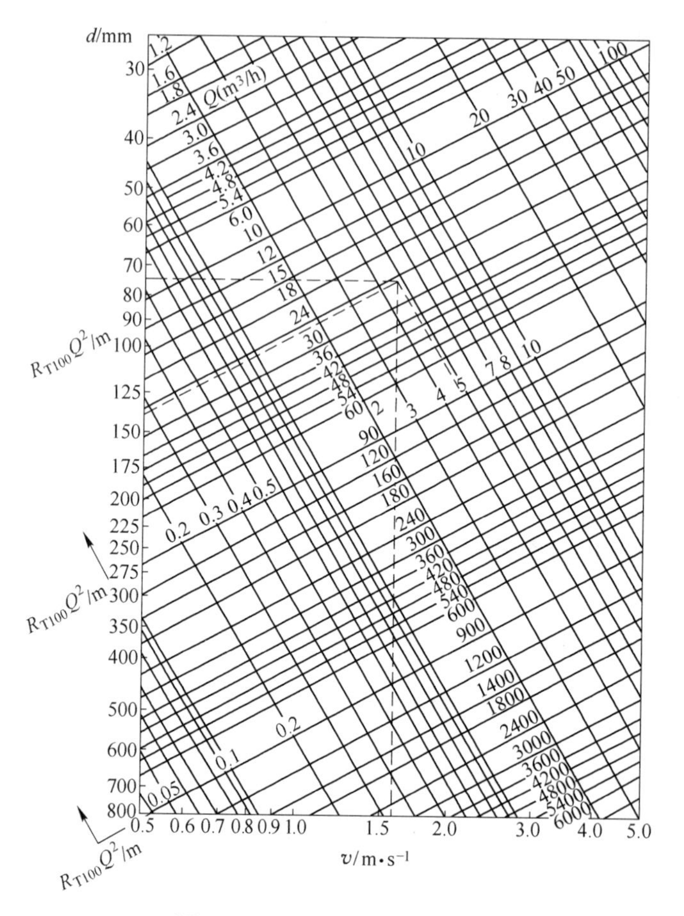

图 6-2　图解计算管路损失用图

6.7　确定工况点及排水时间

6.7.1　确定工况点

将管路特性曲线绘在水泵特性曲线图上，它与水泵扬程特性曲线的交点为工况点。工况点所标各参数值即为水泵预计的工况参数值。以 Q 、H 、N 、η 和 H_s 分别表示其流量、扬程、功率、效率和允许吸上真空度。

6.7.2　验算排水时间

求得工况流量 Q 后，应验算各涌水时期的排水时间。在正常涌水时期，n_1 台工作水泵分别由各自排水管同时排水；在最大涌水时期，n_1 台工作水泵和 n_2 台备用水泵同时投入工作并由各自的水管排水，则它们每昼夜的排水时间分别为：

$$T_z = \frac{24q_z}{n_1 Q} \tag{6-17}$$

$$T_{max} = \frac{24q_{max}}{(n_1 + n_2)Q_{max}} \tag{6-18}$$

根据《规程》和《规范》规定 T_z 应不超过 20h，否则必须加大管径或增加水泵台数以增加排水量，必要时要另选水泵。若 T_{max} 越过 20h，则应在最大涌水时期增加投入工作水泵的台数。

6.8 计算允许吸上真空高度

由水泵特性曲线上查出工况时的允许吸上真空度后，可求出实际条件下预计的允许吸水高度：

$$H'_S = H_S - \left(10 - \frac{p_a}{9.8 \times 10^3}\right) + \left(0.24 - \frac{p'_n}{9.8 \times 10^3}\right) - \frac{8}{\pi^2 g}\left[\lambda_x \frac{l_x}{d_x^5} + \left(\sum \xi_x + 1\right)\frac{1}{d_x^4}\right]Q^2 \tag{6-19}$$

式中 H'_S ——实际条件下预计的允许吸水高度，m；

H_S ——预计工况时的允许吸水真空度，m；

p_a ——水泵房大气压，Pa；

p'_n ——矿水湿度下的饱和蒸汽压，Pa；

λ_x ——吸水管沿程阻力损失系数；

d_x，l_x ——吸水管内径和长度，m；

$\sum \xi_x$ ——吸水管线上局部阻力损失系数之和；

Q ——工况流量，m^3/s。

在设计水仓和吸水井时，应使实际的 H'_S 小于 H_S，以免发生汽蚀。

6.9 电动机选择及耗电量

在已知工况参数情况下，可用式（6-20）计算：

$$N_d = k\frac{\rho g Q H}{1000 \times 3600 \eta \eta_c} \tag{6-20}$$

或

$$N_d = k\frac{N}{\eta_c} \tag{6-21}$$

式中 N_d ——电动机必需的容量，kW；

ρ ——矿水密度，kg/m^3；

Q ——工况流量，m^3/h；

H ——工况扬程，m；

N——工况功率，kW；

η——水泵工况效率；

η_c——传动效率，可取 $\eta_c = 0.98 \sim 0.99$，直联取 $\eta_c = 1$；

k——富裕系数，当 $Q \leqslant 20\text{m}^3/\text{h}$ 时，$k = 1.5$；当 $Q = 20 \sim 80\text{m}^3/\text{h}$ 时，$k = 1.3 \sim 1.2$；当 $Q = 80 \sim 300\text{m}^3/\text{h}$ 时，$k = 1.2 \sim 1.1$；当 $Q \geqslant 300\text{m}^3/\text{h}$ 时，$k = 1.1$。

根据计算结果选用标准电机，通常井下配防滴式电动机，但有瓦斯煤尘爆炸危险的辅助排水设备必须配防爆式电动机。

在已知电机参数及工况参数情况下，电动机耗电量可用式（6-22）计算：

$$E = 365 \times N_0 \times T \tag{6-22}$$

式中　E——水泵电动机每年耗电量，kW·h；

N_0——电动机实际功率，kW；

T——每日水泵工作时间，h。

参 考 文 献

[1] 张永健，齐秀丽．矿井通风、压风与排水设备 [M]．徐州：中国矿业大学出版社，2014.

7 矿井排水设备电气装置

7.1 供电装置

7.1.1 矿用高压开关柜

矿用高压开关柜因为不是防爆型电气设备，故只能用于无瓦斯和煤尘突出、通风良好且无爆炸危险的煤矿井下井底车场、大巷、中央变电所等场所。

7.1.1.1 矿用高压开关柜工作条件

（1）煤矿井下环境温度不超过35℃。

（2）相对湿度不超过（95±3）%。

（3）无导电尘埃及腐蚀金属和破坏绝缘的气体。

（4）无剧烈振动及垂直倾斜度不超过5°的场所。

7.1.1.2 开关柜的结构

现以GKW-1型高压开关柜为例进行介绍，其额定电压为3kV、6kV，额定电流为5~400A。GKW-1型高压开关柜用等边角钢制成骨架，用2mm厚的钢板焊成封闭式，具有防滴防水的作用。前门上装有二次仪表和信号灯，打开前门是操作室，装有脚踏按钮，操作屏上装有操作手柄、操作机构、辅助开关和端子板。后门上装有观察窗，以便观察油断路器的油面情况。母线均涂颜色：A相涂黄色，B相涂绿色，C相涂红色。

后门和隔离开关之间有机械闭锁装置，只有隔离开关断开时才能打开后门，反之，只有关上后门才能合上隔离开关。隔离开关的操作机构与油开关的操作机构之间也有机械闭锁装置，当隔离开关断开时油开关就不能合上，油开关合上时隔离开关就不能打开。保护板下面的小门打开就可以检查电压互感器和高压熔断器。小门与隔离开关之间也有机械闭锁装置，只有隔离开关断开才能打开小门，小门打开隔离开关就不能闭合，以防止发生触电事故。

矿井水泵通常是一组运行，一组备用，一组检修，因此需装高压开关柜5台，其中2台受电，3台操作水泵。受电开关柜与水泵操作开关柜的内部装备稍有不同，受电柜装有电压互感器、电压表、欠压继电器等设备，水泵的操作柜可以不装上述设备。

7.1.2　矿用隔爆高压真空配电装置

矿山井下高压水泵电动机的启动开关多采用矿用隔爆高压真空配电装置。它采用了先进的真空断路器和电子继电保护单元，具有失压保护、反时限过流保护、短路速断保护、绝缘监视保护、高压漏电保护、操作过电压保护等一系列完善的保护装置，以及用电计量、长期记忆等功能，运行安全可靠性高、维修量小。它解决了 PB 系列高压隔爆开关无法满足的安全要求，已在矿山井下高压配电系统中得到广泛应用。

目前，矿用隔爆高压真空配电装置有 PB3－6GA、BGP8－6、BGP9L－6A、BGP9L－6G 等型号，适用于有瓦斯、煤尘爆炸危险的环境中。

7. 1. 2. 1　PB3-6GA 型隔爆高压配电箱

PB3-6GA 型隔爆高压配电箱由断路器、互感器室、机构室、母线室、铁架及油箱升降机构等组成。母线室及铁架装配在一起组成固定部分；断路器、互感器室装配在一起组成可动部分。固定部分与可动部分通过隔离插销连接。断路器系多油式，油箱通过升降机构可以升降。

为保证安全运行，各部分之间装设连锁装置，保证如下连锁作用：

(1) 隔离插销在断路器合闸时不能闭合及分断；隔离插销在分合过程中不能操作断路器。

(2) 可动部分完全拉出后油箱方能落下；未装油箱时可动部分不能推入。

(3) 为了完全熄灭隔离插销拉出时产生的电弧，隔离插销为两次拉出，由装在轨板上的锁板实现。

配电箱的操作方式为手动分、合闸，并具有失压和过流保护装置。PB3-6GA 型高压隔爆配电箱电路如图 7-1 所示。断路器 DL 是一个设有特殊熄弧装置的油断路器。DL 的两侧经过两组隔离插销 GLK 分别与母线室中的母线和输出端相接。在互感器室内装有两个具有塑料外壳的电流互感器 LH 和一个具有塑料外壳的电压互感器 YH。

7. 1. 2. 2　BGP9L-6G 矿用隔爆高压真空配电装置

A　结构

BGP9L-6G 矿用隔爆高压真空配电装置由隔爆箱和机心小车两部分组成。一次元件均装在机心小车上，并通过隔离插销与外引接线端连接。当进行停电操作将小车拉出后，可实现双断点隔离作用。隔离插销、箱门和真空断路器之间有如下连锁：

1) 隔离开关分闸到位后箱门方能打开；

2) 箱门打开后隔离插销不能合闸；

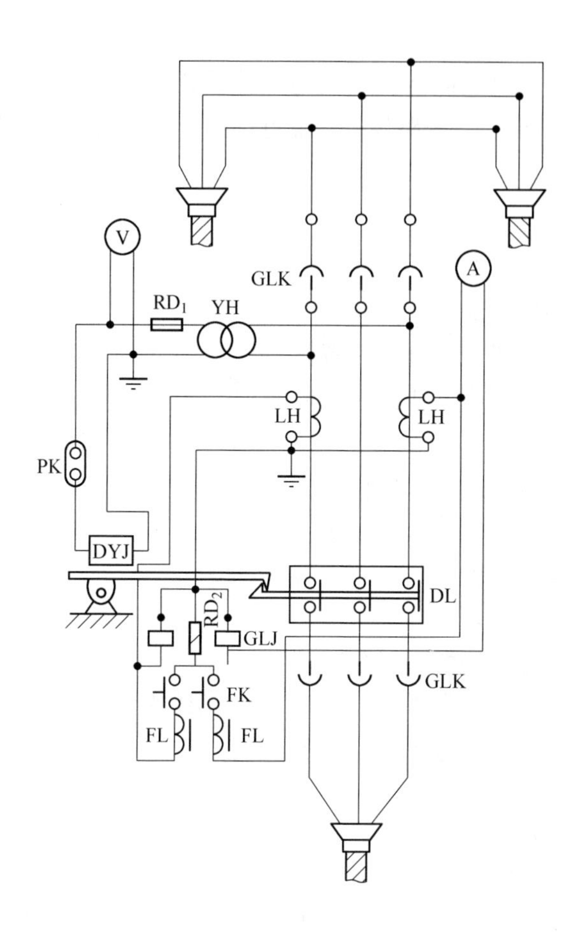

图 7-1 PB3-6GA 型高压隔爆配电箱电气原理图

3）隔离插销合闸到位后，真空断路器才能合闸。

B 接线方式

主回路有四种接线方案：

方案一：配电装置电源侧有两个接线位置，负荷侧有一个接线位置，该配电装置能单台使用，也能联合使用。

方案二：配电装置电源侧为单回路馈入，负荷侧单回路馈出，该配电装置能单台使用，也能联合使用。

方案三：电源侧无电缆头，三相电源从相邻开关的硬母线直接与本开关的硬母线相连，负荷侧有一个馈出的电缆头，此方案适用于多台装置联合使用。

方案四：配电装置的电源侧和负荷侧均无电缆头，此方案不能单台使用，只能多台联合使用，作母线联络开关。

C　高压综合保护装置

BGP9L-6G 矿用隔爆型高压真空配电装置采用 DCZB-X3 型高压综合保护装置，这种装置有过载保护、短路保护、漏电保护、电缆绝缘监视保护和长期记忆等功能。

D　操作方法

(1) 送电程序：

1) 将隔离插销插合到位；

2) 将隔离连锁柄置于“合”位置；

3) 真空断路器手动或电动合闸，完成送电。

(2) 停电程序：

1) 真空断路器手动或电动分闸；

2) 将隔离连锁柄置于“分”位置；

3) 将隔离插销分闸到位，完成停电。

(3) 打开门盖程序：

1) 将隔离插销连锁柄置于“分”位置；

2) 安装好隔离插销操作手柄，向后扳到极限位置；

3) 松动全部门盖螺栓，将活节螺栓压板拨开，用手拉开门盖。

7.1.3　矿用变压器

水泵采用低压电动机时，需经过变压器把 6kV 或 3kV 的电压变成适应低压电动机的额定电压，一般为 380V 或 660V。如果水泵安装在没有煤（岩）与瓦斯突出的矿井，可采用矿用一般型 KSJ 型或 KSJL 型矿用变压器。在煤与瓦斯突出矿井必须使用 KSGB 型防爆变压器。

KSJ 型动力变压器是矿用一般型电气设备，在油箱的两侧设有高、低压电缆接线盒。为避免油枕和油箱间连接管堵塞发生爆炸事故，油面上部留有供油膨胀的空间，上盖注油塞子上设有通气孔。变压器油由于高温分解出的气体从塞子的小孔中放出，取下塞子向油箱内补充绝缘油。

变压器高压绕组设有调节二次电压±5%的抽头，如图 7-2 所示。当电源电压长期低于 95%的额定电压时，把抽头调节在-5%的端子上；反之，当电源电压长期高于 105%的额定电压时，把抽头调节在+5%的端子上，以保证低压侧电压正常。

为适应两种电压，二次绕组有两种接线（Y/△），660V 为 Y 接线，380V 为△接线。水泵用变压器要保证有一台运行、一台备用。两台变压器既可并列运行，又可单独运行。两台变压器并列运行要符合下列条件：

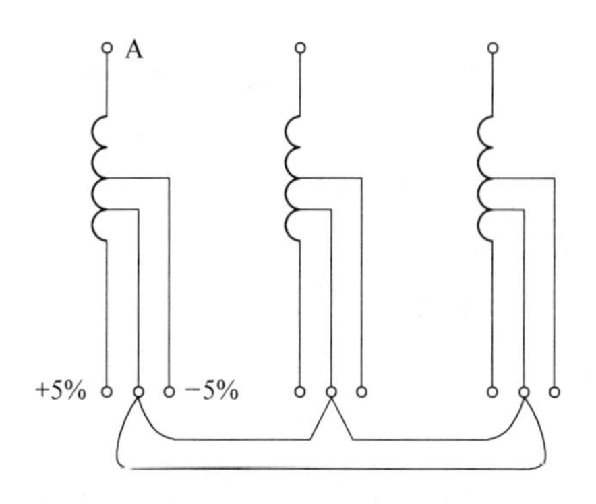

图 7-2 变压器高压绕组

（1）接线组别相同；

（2）变比差值不得超过±0.5%；

（3）短路电压值相差不得超过±10%；

（4）两台变压器的容量比不得超过 3∶1。

引起变压器绝缘老化的主要原因是温升，一般油浸变压器采用 A 级绝缘，A 级绝缘的最高允许温度为 105℃。线圈的允许温升为 65℃。变压器油的温度一般比绕组低 10℃，故变压器油的允许温升为 55℃。为防止油劣化，下层油面温升不超过 45℃，下层油面油温不超过 85℃。

KSGB 型变压器为隔爆型变压器，内部不充油。外壳具有较大的强度。高低压线圈均采用多层圆筒形结构，变压器为 H 级绝缘，可在 165℃工作温度下长期运行。

7.1.4 供电电缆

7.1.4.1 矿用电缆的分类

（1）按电缆的用途分类：

1）动力电缆。主要用于动力配电系统，包括高压动力电统和低压动力电缆。高压指额定工作电压在 1000V 以上；低压指额定工作电压在 1000V 以下。

2）控制（信号）电缆。主要用于交流 500V 或直流 1000V 以下的控制（信号）电路，亦可作为配电装置中连接电气设备和仪表的线路之用。控制（信号）电缆一般为铜芯。

3）通信电缆。用于通信线路。矿山常用通信电缆有铅包（HQ）及塑料绝缘两种。矿山井下常用的是塑料铠装通信电缆，如 HUVV20 系列。

（2）按电缆结构分类：

1）铠装电缆。指有钢带或钢丝作保护层的电缆，一般用于需要保护且无特殊要求的固定敷设场所。铠装电缆有油浸纸绝缘、干绝缘、塑料绝缘等几种。芯线有铜芯和铝芯。

2）橡套电缆。指电缆的绝缘及护套均采用橡胶材料制作，有普通橡套和不延燃橡套两种材料。煤矿井下低压动力电缆必须采用不延燃橡套电缆。芯线为铜芯。

3）屏蔽电缆。实际上它属于橡套电缆的一种，但在结构上采用加装屏蔽层的方式，提高了供电的安全程度。主要用于井下较重要的且经常移动的电气设备，如井下移动变电站及采煤机组等。

7.1.4.2　矿用电缆的结构

A　铠装动力电缆

矿用油浸纸绝缘高压铠装电缆的结构由里至外依次为：

（1）导电主芯线。用于传输电能，是电缆的核心。材料有铜、铝两种。应当指出，若是四芯低压铠装动力电缆，则除了三根导电芯线外，还有一根较小截面的接地芯线。

（2）相间浸渍纸绝缘。用于三相导电主芯线之间的相间绝缘。其材料一般为电缆纸浸渍电缆油，根据电线的额定电压等级高低而确定电缆纸的层数。

（3）填料。用来填充芯线绞合成电缆后的空隙，从而使电缆得到圆形截面。其材料一般为浸渍的麻绳。

（4）统包浸渍纸绝缘。其主要作用是增加三相导电主芯线对地之间的绝缘，并对主芯线的绝缘层起保护作用。其材料与相间浸渍纸绝缘层相同。

（5）铅包层。其主要作用是防止水汽浸入绝缘层，防止浸渍剂外流和保护绝缘层免受机械损伤，同时用它和金属铠装层一起作为系统的接地芯线。铅包层的材料为纯铅，也有采用铝包层的。

（6）防腐带。用来保护铅包层不受空气和水分的化学腐蚀。其工艺为两层浸渍电缆纸密合绕包，并涂以沥青。

（7）黄麻保护层。黄麻保护层的主要作用是保护铅包层免受金属铝装层的扎伤，其材料为浸渍过的麻绳。

（8）金属铠装。金属铝装用来承受敷设电缆时所受到的拉力和压力，并保护铅包层等内层免受机械损伤。金属铠装层的材料为钢带或钢丝，因此铠装电缆有钢带铠装和钢丝铠装两类。钢带铠装电缆只能用在轴向拉力不大的场所；如果轴向拉力很大，必须选用钢丝铠装电缆。钢丝铠装分为粗钢丝和细钢丝两种。

为了防腐，有的金属铠装层外面又加一防腐层。防腐层采用塑料或麻绳浸沥青的方式。

上述动力电缆的相间绝缘、统包绝缘若采用塑料，则称为塑料铠装电缆。塑料铠装电缆不需要浸渍剂、金属统包层和防腐带，造价大大低于油浸纸绝缘电缆，故日益得到广泛应用。

矿用铠装电缆的最大优点是绝缘强度高，所以井下 6kV 以上干线电缆和不需经常移动的电缆一般都采用它。它的成本比同截面的橡套电缆要便宜得多，它的机械强度、耐热性和安全性能都很好。固定使用的铠装电缆，正常工作寿命可达30年以上。但它存在弯曲半径大、移动困难、敷设麻烦和油浸纸绝缘电缆接头与封端可能会发生漏油等缺点。

B 矿用橡套电缆

矿用橡套电缆有四芯、六芯、七芯等多种芯线。在四芯以上的电缆中，除了三根主芯线和一根接地芯线外，其余均为控制芯线。

按照护套的材料不同，矿用橡套电缆又分为普通型、非燃型和加强型三种。

矿用普通型橡套电缆的护套是用天然橡胶制成的。天然橡胶容易燃烧，并且燃烧时分解出的气体有助燃性，不能在有瓦斯、煤尘爆炸危险的矿井中使用。

矿用非燃型橡套电缆的护套采用氯丁橡胶制成。氯丁橡胶在燃烧时能分解出氯化氢气体，隔绝空气，从而阻止燃烧的发展。矿用非燃型橡套电缆并不是不能燃烧，只是不延燃。因此，又称不延燃橡套电缆。

矿用加强型橡套电缆在护套的中间夹有加强层，借以提高护套的机械强度。加强层的材料有帆布、纤维绳或镀锌软钢丝。这种电缆特别适用于电缆受力较大、移动频繁的机械设备。

矿用橡套电缆的优点是柔软可弯曲，便于安装敷设，适用于矿山井下的移动设备；其缺点是成本高，质量大。

C 矿用屏蔽橡套电缆

矿用屏蔽橡套电缆简称屏蔽电缆。与非屏蔽矿用电缆相比，其构造特点为：在主芯线的每相橡胶绝缘外层，加包一层半导体屏蔽层（以下简称屏蔽层），中间的防震橡胶芯子也改用屏蔽材料制成，从而使三相主芯线的屏蔽层与接地芯线的屏蔽层连接成一体。四芯以上的电缆，接地芯线在中心，接地芯线外面的屏蔽层与三相主芯线的屏蔽层连成一体。

屏蔽层由导电橡套制成，或用半导体橡胶布带进行绕包。各相主芯线的屏蔽层通过接地芯线屏蔽层直接与接地芯线接通，并且整个屏蔽层的对地过渡电阻不大于3000Ω，因此当任意一相主芯橡胶绝缘层的绝缘性能破坏时，首先通过屏蔽层直接接地，从而使检漏继电器立即动作，切断故障电源。这样便可防止故障扩大成相间短路或损坏护套，大大提高供电系统运行的安全性。

由于屏蔽层与检漏继电器配合具有超前切断故障电源的保护作用，防止了漏电火花或短路电弧的产生，因此屏蔽电缆特别适用于有瓦斯煤尘爆炸危险的场所和频繁移动的重要电气设备。

7.1.4.3 动力电缆的型号及用途

A 铠装电缆

铠装电缆的型号按照表7-1所列的次序用汉语拼音字母构成，外护层用数字表示。

表 7-1　铠装电缆型号

类别		导体			内护套			电缆特征			保护层			铠装层						
																			30	29
YJ	Z	V	L	T	Q	L	V	P	D	F	1	2		1	2	20	3	5	(50) 59	39
关联聚乙烯	油浸纸绝缘	聚氯乙烯绝缘	铝芯	铜芯（不注）	铅包	铝包	聚氯乙烯护套	干绝缘	不滴流	分相铅包	一级防腐	二级防腐	普通型无标注	麻被	钢带	裸钢丝	细钢丝	粗钢丝	裸细（粗）钢丝	护套内铠装

常用铠装电缆的型号和一般的使用场所见表 7-2。

表 7-2　矿井常用铠装电缆的型号及用途

型号	电缆名称	芯线截面/mm^2			使用场所
		电压/kV			
		0.5	1	6	
ZQ_{20}	铜芯、油浸纸绝缘、铅包、裸钢带铠装电缆	—	25~95 25~240	10~95 10~240	敷设在倾角在 45°以内的巷道中和水平巷道中具有可燃性支架的场所及井下硐室内
ZLQ_{20}	铝芯、油浸纸绝缘、铅包、裸钢带铠装电缆	—	6~95 25~240	10~95 10~240	同 ZQ_{20}，但需符合铝芯电缆在井下的适用范围
ZQP_{20}	铜芯、干绝缘、铅包、裸钢带铠装电缆	—	25~95 4~150	16~150	敷设在高差不大于允许高差的井巷（包括垂直巷道），但需用中间支撑点
ZQP_{30}	铜芯、干绝缘、铅包、裸细钢丝铠装电缆	—	25~95 4~150	25~95 16~240	敷设在垂直或 45°以上的巷道中，能承受拉力，垂直高度不大于 100m，有中间支撑

续表 7-2

型号	电缆名称	芯线截面/mm^2			使用场所
		电压/kV			
		0.5	1	6	
ZQP_{50}	铜芯、干绝缘、铅包、粗钢丝铠装电缆	—	25~95 25~150	25~95 16~120	敷设在井筒中，高差在100m以上
$ZLQP_{20}$	铝芯、干绝缘、铅包、裸钢带铠装电缆	—	25~95 4~150	25~95 16~150	同$ZLQP_{20}$的使用场所，但需符合铝芯电缆在井下的使用范围
$ZLQP_{30}$	铝芯、干绝缘、铅包、细钢丝铠装电缆	—	25~95 4~150	25~95 16~120	同ZQP_{30}的使用场所，但需符合铝芯电缆在井下的使用范围
$ZLQP_{50}$	铝芯、干绝缘、铅包、粗钢丝铠装电缆	—	25~95 25~150	25~95 16~120	同ZQP_{50}的使用场所，但需符合铝芯电缆在井下的使用范围
ZQD_{30}	铜芯、不滴流、铅包、细钢丝铠装电缆	—	25~95	25~95	敷设在垂直或45°以上的巷道中，垂高不限
ZQD_{50}	铜芯、不滴流、铅包、粗钢丝铠装电缆	—	25~95	25~95	敷设在井筒中
$ZLQD_{30}$	铝芯、铅包、不滴流、细钢丝铠装电缆	—	25~95	25~95	敷设在垂直或45°以上的巷道中，但需符合铝芯电缆在井下的使用范围
$ZLQD_{50}$	铝芯、铅包、不滴流、粗钢丝铠装电缆	—	25~95	25~95	敷设在井筒中，但需符合铝芯电缆在井下的使用范围
VV_{20}	铜芯、聚氯乙烯绝缘、聚氯乙烯护套、裸钢带铠装电缆	10~185	25~95 25~185	25~95 10~240	敷设在倾角45°以内的巷道中和水平巷道中具有可燃性支架的场所及井下硐室内

续表 7-2

型号	电缆名称	芯线截面/mm²			使用场所
		电压/kV			
		0.5	1	6	
VLV_{20}	铝芯、聚氯乙烯绝缘、聚氯乙烯护套、裸钢带铠装电缆	25～95 16～185	25～95 25～185	25～95 10～240	同 VV_{20}，但需符合铝芯电缆在井下的使用范围
VV_{30}	铜芯、聚氯乙烯绝缘、聚氯乙烯护套、细钢丝铠装电缆	25～95 16～185	25～95 16～185	25～95 16～240	同 ZQD_{30}
VLV_{30}	铝芯、聚氯乙烯绝缘、聚氯乙烯护套、细钢丝铠装电缆	25～95 4～185	25～95 16～185	25～95 16～240	同 VV_{30}，但需符合铝芯电缆在井下的使用范围

B　矿用橡套电缆

矿用橡套电缆的型号均用字母表示。各种矿用橡套电缆型号及用途见表 7-3。

表 7-3　矿用橡套电缆的型号及用途

型号	名称	芯线截面/mm²				使用场所
		电压/kV				
		0.5	1	2	6	
UZ	电钻电缆	2.5，4				井下电站
U	矿用移动橡套软电缆	4～70				井下各种移动电气设备
UP	矿用移动屏蔽橡套软电缆	4～70				井下各种移动电气设备
UC	采掘机用橡套软电缆	10～50				井下各种采煤机及掘进机
UCP	采掘机用屏蔽橡套软电缆	10～50				井下各种采煤机及掘进机

续表 7-3

型号	名称	芯线截面/mm² 电压/kV 0.5	芯线截面/mm² 电压/kV 1	芯线截面/mm² 电压/kV 2	芯线截面/mm² 电压/kV 6	使用场所
UG	矿用高压橡套电缆				6~35	采区变电所至采取移动变电所
UGF	矿用高压氯丁橡套电缆				6~35	采区变电所至采取移动变电所
UGSP	矿用监视型双屏蔽高压橡套电缆				6~35	采区变电所至采取移动变电所
UCPQ	千伏级采掘机用屏蔽橡套软电缆				35~95	用于 1140V 采煤机
UCPJQ	千伏级采掘机用屏蔽加强型橡套软电缆				35~95	用于 1140V 采煤机
UPQ	千伏级矿用移动屏蔽橡套软电缆				35~95	1140V 各种电气设备
UM（UMV）	矿工帽线	0.75，1.2				用于矿灯

注：表中符号含义：U—矿用；C—采掘机用；G—高压；S—双；P—屏蔽；Q—千伏级；Z—电钻用；V—聚氯乙烯护套；M—帽用；J—加强。

7.1.4.4　井下排水系统供电电缆选用规定

（1）电缆敷设地点的水平差应与规定的电线允许敷设水平差相适应。

（2）电缆应带有供保护接地用的足够截面的导体。

（3）严禁采用铝包电缆。

（4）橡套电缆必须选用取得煤矿矿用产品安全标志的阻燃电缆。

（5）电缆主线芯的截面应满足供电线路负荷的要求。

（6）对固定敷设的高压电缆：

1）在立井井筒或倾角为45°及其以上的井巷内，应采用聚氯乙烯绝缘粗钢丝铠装聚氯乙烯护套电力电缆、交联聚乙烯绝缘粗钢丝铠装聚氯乙烯护套电力电缆；

2）在水平巷道或倾角在45°以下的井巷内，应采用聚氯乙烯绝缘钢带或细钢丝铠装聚氯乙烯护套电力电缆、交联聚乙烯钢带或细钢丝铠装聚氯乙烯护套电力电缆；

3）在进风斜井、井底车场及其附近、中央变电所至采区变电站之间，可以采用铝芯电缆，其他地点必须采用铜芯电缆。

（7）固定敷设的低压电缆，应采用MVV铠装或非铠装电缆或对应电压等级的移动橡套软电缆。

（8）非固定敷设的高低压电缆，必须采用符合MT818标准的橡套软电缆。移动式和手持式电气设备应使用专用橡套电缆。

（9）照明、通信、信号和控制用的电缆，应采用铠装或非铠装通信电缆、橡套电缆或MVV型塑力缆。

（10）低压电缆不应采用铝芯，采区低压电缆严禁采用铝芯。

7.2　水泵电动机

电动机是各种机械的动力源，可分为交流电动机和直流电动机两大类。其中交流电动机可分为同步电动机和异步电动机，异步电动机又可分为鼠笼型和绕线型两种。异步电动机结构简单，制造、使用和维护方便、运转可靠、重量较轻、成本较低。在电力拖动机械中，有90%左右采用异步电动机驱动，井下水泵最常用的是三相鼠笼型异步电动机。

7.2.1　三相鼠笼型异步电动机的结构

三相鼠笼型异步电动机主要由定子、转子和其他零部件组成，定子和转子之间有一个很小的气隙。

7.2.1.1　定子

定子是电动机的固定不动部分，由机座、定子铁心和定子绕组等构成。

（1）机座。机座是电动机的支架，由铸铁制成。封闭式电动机的机座表面上装有散热片，以增加散热面积。机座上还装有接线盒，用以连接绕组引线和接入电源。

（2）定子铁心。定子铁心一般用0.35～0.5mm厚的圆环形硅钢片叠压而成，其表面涂有绝缘漆，以减少交变磁通引起的涡流损耗。定子硅钢片的内圆上冲压有均匀分布的槽口，用以安装定子绕组。

（3）定子绕组。定子上有对称的三相绕组，每个绕组由若干线圈组成，每个绕圈又由多匝构成。绕组一般由高强度聚酯漆包圆铜线绕制而成。三个绕组的6个出线头，固定在机座外壳的接线盒内。各绕组的始末端符号标在线头或接线柱旁，U_1、V_1、W_1为始端，U_2、V_2、W_2为相对应的末端。三相绕组有星形（Y）和三角形（△）两种联结方式，分别如图7-3和图7-4所示，它们可以适应不同的电压。

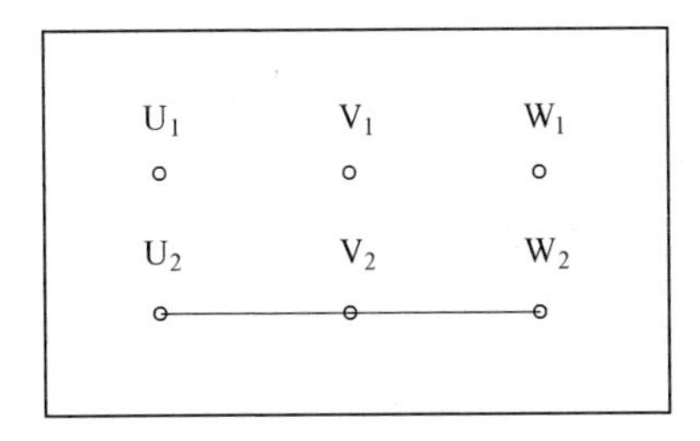

图7-3 三相鼠笼型电动机星形联结

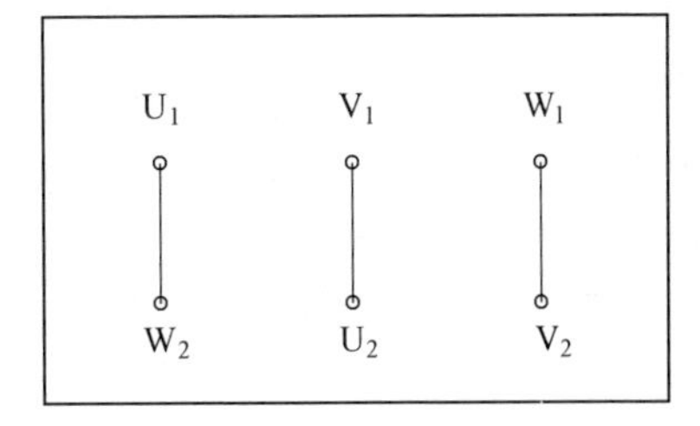

图7-4 三相鼠笼型电动机三角形联结

7.2.1.2 转子

转子是电动机的旋转部分，包括转子铁心、转子绕组和转轴三部分。

（1）转子铁心。由硅钢片叠成，并压装在转轴上，其外圆上冲有均匀分布的槽口，用以绕制绕组。

（2）转子绕组。由转子槽内的铜条或铜条和转子铁心两端的短路环组成。

（3）转轴。用来传递电动机的输出转矩，并保证定子和转子间有均匀气隙，以保证电动机的励磁电流和功率因数。

7.2.1.3 其他附件

（1）端盖。由铸铁制成的，其中心孔内装有轴承，以支撑转子部分。

（2）轴承。用来支撑转子，其两边有轴承盖，以保持轴承上有足够的润滑脂。

（3）风扇。由风扇叶和风扇罩组成，是电动机的风冷装置。

7.2.2 鼠笼型异步电动机工作原理

当电动机的定子绕组接通三相电源后，在定子和转子间的气隙中便产生了旋转磁场，转子导体与旋转磁场间就产生了相对运动，转子导体中将产生感应电动势，因而转子中就产生感应电流。由于旋转磁场和转子感应电流的相互作用，产生电磁力，电磁力对转轴形成一个转矩，故称为电磁转矩。电磁转矩的作用方向与旋转磁场的方向一致，因此，转子就顺着旋转磁场的方向转动起来。

由于鼠笼型电动机转子的转速 n 总是低于同步转速 n_1，而同步转速是由电源频率 f 和定子绕组极对数 P 决定的，故：

$$n_1 = 60f/P \tag{7-1}$$

式（7-1）表明，电源频率不变时，电动机的极对数愈多，它的磁场旋转速度愈低，即电动机的同步转速与极对数成反比。

7.2.3　绕线型异步电动机工作原理

绕线型异步电动机的转子有与定子相似的三相绕组，其特点是启动转矩大而启动电流小，适用于要求启动转矩大而鼠笼型电动机难以启动的恒速、恒定负载设备，以及要求在小范围内变速的重负载启动设备。绕线型异步电动机与鼠笼型异步电动机的主要区别在转子上，其三相绕组按一定的规律对称的放在转子槽中，3 个绕组的末端一般并联在一起，3 个绕组的首端分别接到固定在转子轴上的 3 个铜滑环上（三相绕组接成星形），再经过与滑环摩擦接触的 3 个电刷与三相变阻器相连接。滑环之间及滑环与转子轴之间都互相绝缘。

当向三相定子绕组中通入对称的三相交流电时，就产生了一个以同步转速 N_1 沿定子和转子内圆空间作顺时针方向旋转的旋转磁场。由于旋转磁场以 N_1 转速旋转，转子导体开始时是静止的，故转子导体将切割定子旋转磁场而产生感应电动势（感应电动势的方向用右手定则判定）。由于转子导体两端被短路环短接，故在感应电动势的作用下，转子导体中将产生与感应电动势方向基本一致的感生电流。转子的载流导体在定子磁场中受到电磁力的作用（力的方向用左手定则判定）。电磁力对转子轴产生电磁转矩，驱动转子沿着旋转磁场方向旋转。

通过上述分析可以总结出电动机工作原理为：当电动机的三相定子绕组（各相差 120°电角度）通入三相对称交流电后，将产生一个旋转磁场，该旋转磁场切割转子绕组，从而在转子绕组中产生感应电流（转子绕组是闭合通路），载流的转子导体在定子旋转磁场作用下将产生电磁力，从而在电机转轴上形成电磁转矩，驱动电动机旋转，并且电机旋转方向与旋转磁场方向相同。

7.2.4　三相异步电动机的型号及含义

三相异步电动机的型号组成形式为 ABC-DEFG-H，其中 ABC 表示产品代号，DEF 表示规格代号，G 表示电动机极数，H 表示特殊环境代号。

其中　A——型号代号（用字母表示，异步电动机的代号为 Y）；

B——电动机特点代号（用字母表示，见表7-4）；

C——设计序号（用数字表示）；

D——电动机的中心高，mm；

E——机座长度（字母代号：用L、M、S分别表示长、中、短机座）；

F——铁心长度（数字代号：用1、2分别表示短、长铁心）；

G——电动机极数（用数字表示）；

H——电动机特殊环境代号，如表7-5所示。

注：大型异步电动机的规格代号由功率（kW）、极数、定子铁心的外径（mm）三个参数组成。

表7-4 常用异步电动机的特点代号

特点代号	汉字意义	产 品 名 称	新产品代号	老产品代号
—	—	笼型异步电动机	Y	J、JO、JS
R	绕	绕线转子异步电动机	YR	JR、JRZ
K	快	高速异步电动机	YK	JK
RK	绕快	绕线转子高速异步电动机	YRK	JRK
Q	启	高启动转矩异步电动机	YQ	JQ
H	滑	高转差率（滑差）异步电动机	YH	JH、JHO
D	多	多速异步电动机	YD	JD、JDO
L	立	立式笼型异步电动机	YL	JLL
RL	绕立	立式绕线转子异步电动机	YRL	—
J	精	精密机床异步电动机	YJ	JJO
Z	重	起重冶金用笼型异步电动机	YZ	JZ
ZR	重绕	起重冶金用绕线转子异步电动机	YZR	JZR
M	木	木工用异步电动机	YM	JMO
QS	潜水	井用潜水异步电动机	YQS	JQS

表7-5 电动机特殊环境代号

特殊环境条件	代号	特殊环境条件	代号
高原用	G	热带用	T
海船用	H	湿热带用	TH
户外用	W	干热带用	TA
化工防腐用	F		

Y 系列电动机型号示例：

Y-100L2-4 表示三相异步电动机，中心高为 100mm、长机座、2 号铁心长、4 极。

Y-132S-6 表示三相异步电动机，中心高为 132mm、短机座、6 极。

7.3　启动与控制设备

7.3.1　低压防爆开关

矿山井下常用的低压隔爆型开关设备有隔爆型自动馈电开关、隔爆型手动启动器、隔爆型磁力启动器、隔爆兼本质安全型磁力启动器和隔爆型真空磁力启动器。

7.3.1.1　磁力启动器

水泵低压电动机容量较小的可以用自动馈电开关作电源开关，用磁力启动器直接启动水泵。矿用隔爆磁力启动器型号很多，其电磁接触器主要是 QC83 系列。QC83 系列磁力启动器的结构和使用方法大同小异。

QC83-120 型磁力启动器电气原理如图 7-5 所示。它的主电路由三相电源线端子 X_1、X_2、X_3，换相隔离开关 QS，接触器主触点 KM，熔断器 KR，引出线端子 D_1、D_2、D_3 等元件组成。控制电路由控制变压器 TC、中间继电器 KA、停止按钮 SB_1、启动按钮 SB_2、自保接点 KM_1 和外控接点 KM_2 及主交流接触器 KM 等组成。

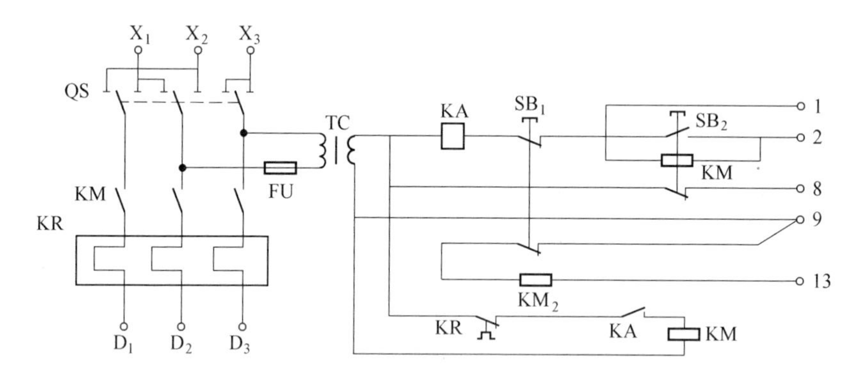

图 7-5　QC83-120 电气原理图

双金属熔断器 KR 是由两层不同温度膨胀系数的金属片构成的，温度膨胀系数大的金属片叫主动层，膨胀系数小的金属片叫被动层。当负载电流超过双金属片的额定电流时，双金属片就发热膨胀向上翘起，作用于传动机构，使触点分开，接触器断电。用热继电器保护电动机时，应将热继电器的动作时间调节在电动机允许过热的时间以内，才能满足保护的要求；同时也要保证鼠笼型电动机启动时热继电器不动作。

热继电器的整定值一般调节到与电动机的额定电流相等。对于启动频繁、周期性工作的电动机，热继电器的整定值等于电动机额定工作电流的 1.2 倍。

隔离换相开关 QS 没有消弧装置，所以只能在电源与负荷断开的情况下进行操作。因此，外壳转盖与手把、手把与停止按钮之间没有机械闭锁装置，只有按下停止按钮才能转动隔离开关，也只有开关完全断开，拧入闭锁杆后才能打开转盖，以避免带电开盖。

QC83-120 隔爆型磁力启动器可作为井下 40kW 以下的低压水泵的启动开关。

7.3.1.2 真空磁力启动器

水泵低压电动机功率大于 40W 时，必须采用真空磁力启动器启动。

矿用隔爆型真空磁力启动器，是一种新型矿用低压电器设备。真空接触器把电弧封闭在真空开关管内，具有分断能力高、燃弧时间短、触头磨损小等优点，因而使用寿命长。介质绝缘强度恢复速度快，适用于频繁操作、开距小、耗散功率小而且又没有喷弧距离的设备。它体积小、质量轻、不飞弧、保护齐全，在矿山中已广泛使用。

现以 BQD4-80 矿用隔爆型真空电磁启动器为例简介如下：

（1）型号意义。BQD——防爆电磁启动器；4——设计序号；80——额定电流为 80A。

（2）用途。BQD4-80 隔爆型真空电磁启动器作为就地或远距离控制交流电流 50Hz，电压 380/660V 的矿用隔爆型三相电动机的启动或停止，在允许变压器一端接地时可实现程序控制，启动器可在所控制电动机停止时换向。

（3）使用范围。BQD4-80 隔爆型真空电磁启动器具有寿命长、分断能力强、动作可靠、保护齐全、维修量小等特点，特别适用于操作频繁的重载负荷的矿山机械设备中。

（4）工作环境条件：

1）BQD4-80 隔爆型真空电磁启动器适用于周围环境温度为-5～+40℃；

2）空气相对湿度不大于 95%（+25℃时）；

3）海拔不超过 2000m；

4）在有爆炸性混合物的矿井中；

5）与垂直面的安装倾斜度不得超过 150°；

6）在无显著摇动和冲击振动的地方；

7）在无破坏绝缘的气体或蒸汽的环境中；

8）无滴水的地方。

（5）主要规格及技术参数。BQD4-80 隔爆型真空电磁启动器的主要规格及技术参数见表 7-6 和表 7-7。

表 7-6　BQD4-80 隔爆型真空电磁启动器规格

型号	额定工作电压/V		额定电流/A	控制电路电压/V	$n \times \cos\varphi = 0.75$ 控制电动机最大功率			
					AC_3		AC_4	
					380	660	380	660
BQD4-80	380	660	80	36	40	65	35	60

表 7-7　BQD4-80 隔爆型真空电磁启动器技术参数

型号	极限分断能力/A	换相隔离开关分断能力/A	吸合电压/V	释放电压/V	电寿命/万次		机械寿命/万次
					AC_3	AC_4	
BQD4-80	2500，3 次	80，正反各 3 次	75%～100%Ue	不低于 10%Ue	20	6	30

（6）结构组成。BQD4-80 隔爆型真空电磁启动器由隔爆外壳和内部元件组成。外壳制成隔爆型，其结构如图 7-6 所示。主腔 4 为圆筒形，大盖为转动开启结构。接线箱 1 位于主腔上方，上面有供主、控制电路电缆引入的进线装置 2、3。主腔右侧装有隔离开关手柄 6、大盖连锁杆 7、启动按钮 5 和停止按钮 8。整个外壳装在托架 10 上，在外壳下部还装有外接地螺钉 9，换向隔离开关用于无负载下换向。停止按钮和隔离开关手柄上有电气连锁和机械连锁，只有按下停止按钮后隔离开关手柄才能转动。隔离开关处于分闸位置时，转动连锁杆，保证开关手柄处于断电位置时才能打开外壳转盖。

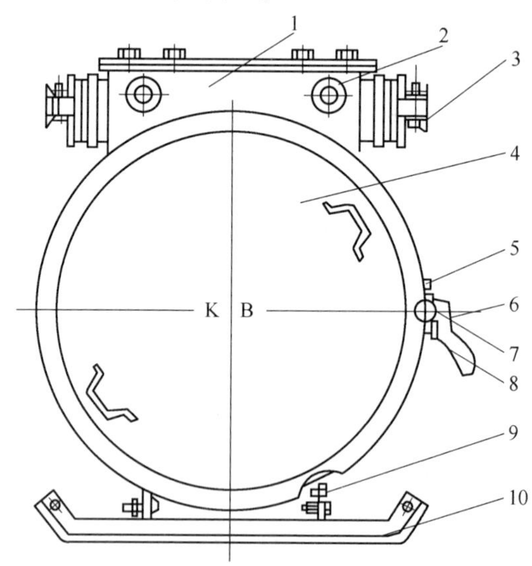

图 7-6　BQD4-80 隔爆型真空电磁启动器隔爆外壳

1—接线箱；2—控制电路进线装置；3—主电路进线装置；4—主腔；5—启动按钮；6—隔离开关手柄；7—连锁杆；8—停止按钮；9—外接地螺钉；10—托架

（7）内部元件布局。所有元件都装在铁底板上，底板固定在隔爆外壳内，其正面有低压真空接触器，用来闭合和分断电力线路，并附有二常分二常闭辅助触头用于控制线路，其线圈吸合电压为36V。JDB-120D电机综合保护器用于电动机的过载、断相及短路保护，并对电动机电缆实现漏电闭锁。变压器采用KL型变压器，变压器变比为380V、660/36V，容量为200V·A。熔断器用于降压变压器短路保护。过电压保护器组件由电阻、电容、钮子开关、熔断器和接线座组成。钮子开关用于实现远控或近控的转换。BLX小型熔断器用于对控制电路的短路保护。接线座用于连接导线，其底板背面有换向隔离开关，供隔离电源用，在检查及维修时切断电源，并可在电动机停止运转时变换电动机的旋转方向。该换向隔离开关具有一定的分断能力，一旦按下停止按钮后接触器仍然吸合，可用隔离开关手柄切断电源，使电动机停止工作。控制按钮用于就地控制电动机的启动或停止。

7.3.2 鼠笼式电动机的启动控制线路

7.3.2.1 直接启动控制路线

鼠笼型电动机直接启动是最为简便的启动方式，其缺点是具有较大的启动电流和启动电压降，会使供电设备产生短时的过负荷，所产生的电压波动对其他电气设备也有所影响。因此鼠笼型电动机直接启动时，若电网电压为额定电压，其启动电压降不得超过如下规定：

经常启动的电动机不大于额定电压的10%；不经常启动的电动机不大于额定电压的15%；在保证水泵所要求的启动转矩又不影响其他用电设备的正常运行时，电压降可允许为额定电压的20%或稍大。

应按电源容量确定鼠笼型电动机直接启动的电动机的功率。由变电所供电的鼠笼型电动机直接启动时电动机的最大功率按以下规定执行：

经常启动的电动机最大功率之和不大于变压器容量的20%，不经常启动的电动机最大功率之和不大于变压器容量的30%。

高压鼠笼型电动机直接启动的控制设备可采用控制屏或鼠笼型电动机控制箱。不经常启动的高压鼠笼型电动机可采用高压开关柜的油断路器直接启动。

煤（岩）与瓦斯突出矿井高压鼠笼型电动机应采用隔爆型高压真空配电装置直接启动。

因为鼠笼型电动机启动电流为额定电流的4~7倍，所以过流保护装置的整定值应既能保证电动机的启动，又能保证过流保护装置的灵敏度符合规定。

7.3.2.2 降压启动控制路线

降压启动就是将额定电压降为较低的电压启动，然后再接入额定电压，这种启动方式可以减小启动电流，适合于电网容量较小、电动机功率较大的设备。但因为电动机的转矩和电压的平方成正比，因此，其缺点是启动转矩较小。

常用的降压启动方式有电抗器降压启动、自耦变压器降压启动、Y-△减压启动。

A　电抗器降压启动

电抗器降压启动主要是利用启动电流经过电抗器降低电压启动电动机。

GKF-H1 高压鼠笼型电动机电抗启动柜和 QKSJ 型电抗器配合，适用于 1500kW以下鼠笼型电动机降压启动。GKF-H1 电抗启动柜的电气原理如图 7-7 所示。

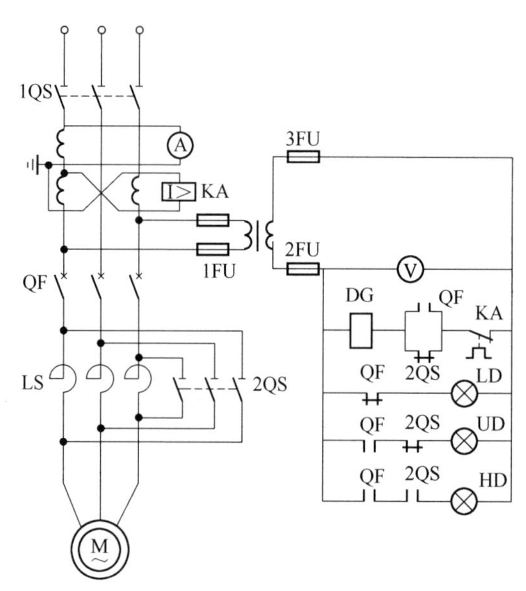

图 7-7　GKF-H1 电抗启动柜电气原理图

水泵启动时，先合上电源隔离开关 1QS，电压表 V 即指示电源电压，同时电源指示灯绿灯 LD 亮。当水泵灌引水后，合上油断路器 QF，高压电源经过电抗器 LS 后通入电动机 M，电动机在降压后启动，此时 QF 辅助常闭接点断开，绿灯 LD 灭；QF 辅助常开接点闭合，黄灯 UD 亮。当电动机加速到一定值时，电流表由大到小，指示稳定，此时合上开关 2QS，电抗器 LS 被短接，电动机达到全压正常运行。电动机完全正常运行时，2QS 常闭触点断开，指示灯 UD 灭，红色指示灯 HD 亮，水泵启动结束。可开启闸阀排水，同时电流表指示上升，当闸阀全开时，达到正常工作电流。

当电动机过流时，继电器 KA 吸合，断开 KA 常闭接点，失压脱扣线圈 DG 释放，QF 断电。

停机时，关闭水泵闸阀后先拉开油断电器 QF，然后分别拉开隔离开关 1QS 和 2QS。

B 自耦减压启动器

自耦减压启动器又名启动补偿器。在电动机功率较大、不能采用 Y-△形启动或其他启动方式时，才用这种启动方式。

常用的自耦减压启动器有 QJ2A 型、QJ3 型和 XJO1 型等自耦减压启动箱。

自耦减压启动器（箱）中的自耦变压器为短时工作制，只适宜作长时间歇启动用，不适于频繁操作。自耦变压器有抽头以供选择，QJ2A 型和 QJ3 型的抽头分别为电源电压的 80%和 65%。

XJO1 型自耦减压启动器电气原理如图 7-8 所示。

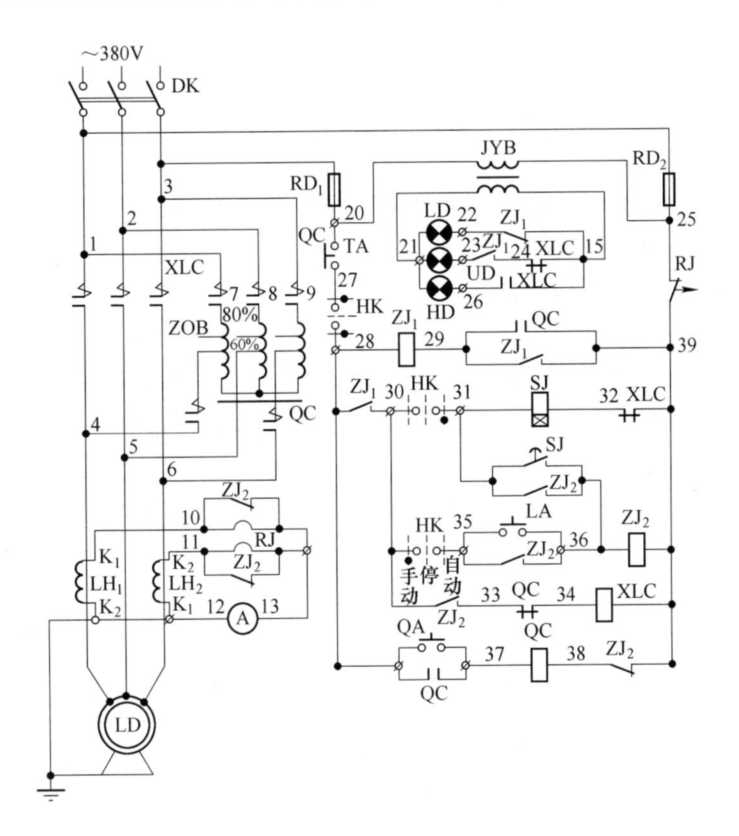

图 7-8 XJO1 型自耦减压启动器电气原理图

XJO1 型自耦降压启动器操作过程如下：

（1）手动启动。合上 DK 隔离开关，将工作方式转换开关 HK 置于手动位置。按启动按钮 QA，QC 吸合，其主触点将自耦变压器与电机接通，电机降压启动；再按 LA 按钮，ZJ_2吸合自保，其常闭接点断开 QC 回路，常开接点接通 XLC 接触器，主回路将额定电压供给电动机运行。

（2）自动启动。将转换开关 HK 转到自动位置，（30、31）接通。按 QA 按钮，QC 吸合，其主触点在主电路中将自耦变压器与电动机接通，电动机降压启动。QC 常闭接点（33、34）断开 XLC 回路，与其连锁。QC 常开接点（29、39）闭合 ZJ_1 吸合自保，ZJ_1 常开接点（28、30）闭合，接通时间继电器 SJ 回路，同时常闭接点（15、22）断开信号灯 LD，常开接点（23、24）闭合信号灯 UD。当时间继电器达到整定时间，SJ 常开接点（31、36）闭合，接通中间继电器 ZJ_2 回路，ZJ_2 吸合，其常闭接点（38、39）断开 QC 回路，常开接点（30、33）闭合 XLC 接触器，主回路接通，电动机全压运行。XLC 常闭接点（32、39）断开时间继电器 SJ 回路。接通信号灯 HD，断开信号灯 UD，启动结束，电动机保持全压运行。

（3）停车。按停止按钮 TA，断开操作回路电源，XLC 接触器释放，电动机停止运转。如需长时间停电时，拉开 DK 隔离开关。

C　Y-△启动器

在正常运行时定子绕组接成三角形的鼠笼型异步电动机，均可采用 Y-△减压启动方式。采用 Y-△减压启动时，定子绕组首先接成 Y 形接线，待转速上升到一定程度时将定子绕组的接线由 Y 形改成△形接线，电动机便进入全电压正常运行。

电动机的定子绕组接成 Y 形启动时，绕组电压低于线电压，启动力矩和启动电流均为全电压启动的 1/3；随后将三相绕组转换成△形接线。这种启动方式的力矩较小，一般只适用于轻载启动。

图 7-9 所示为 TPL14 型继电器、接触器式 Y-△形控制屏原理图。

启动前合上隔离开关 ZK、ZK_1，延时释放继电器 SJ 吸合。按下启动按钮 QA，2XC 吸合并自保，2XC 主触点把星点接通；2XC（7、21）闭合，使 XC 吸合并自保，电动机以星形接线启动。XC（1、23）断开，延时继电器 SJ 断电，接点 SJ（9、11）延时断开，2XC 断电，主触点断开电动机星形，LSJ 通电，LSJ（15、17）闭合，1XC 吸合并自保。电动机转入三角形，全电压正常运转。

连锁继电器 LSJ 的作用是保证 2XC 可靠断开后，1XC 才通电吸合，避免发生短路事故。

7.3.3　绕线式电动机的启动控制线路

三相绕线式异步电动机是通过滑环在转子绕组中串接外加电阻来达到减小启动电流、提高转子电路时功率因数和增加启动转矩的目的。对于不需要调速的绕线型电动机一般采用频敏变阻器或油浸启动变阻器作为启动设备。

7.3.3.1　BU_1 型油浸启动变阻器

BU_1 型油浸启动变阻器由电阻元件和转换装置组成。电阻元件和转换装置均

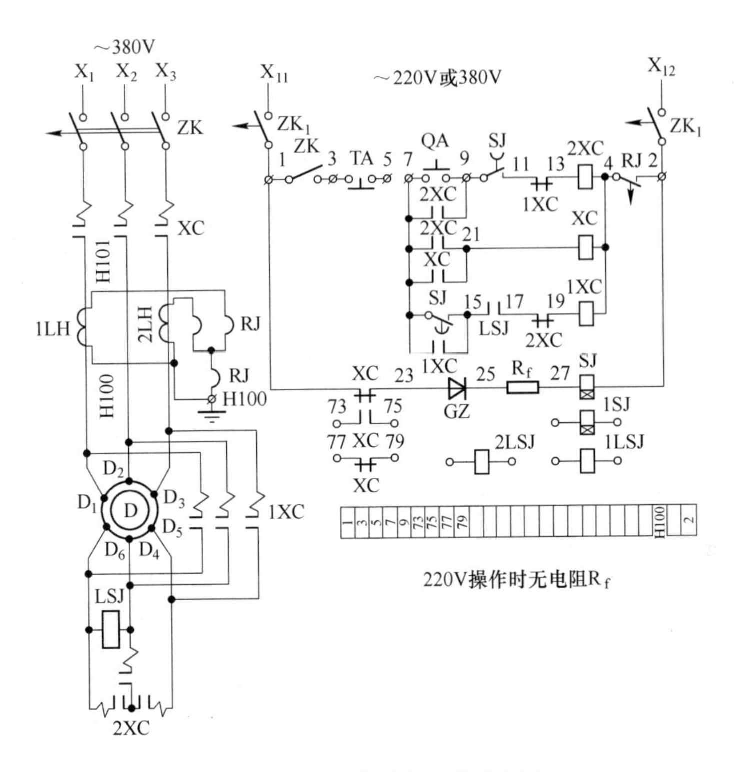

图 7-9 Y-△形启动器接线原理图

放在油箱内，油箱下部有放油塞，上部有接线端子供导线或电缆引入。转换装置为鼓形，变阻器带电部位浸在变压器油内。

BU_1 型油浸启动变阻器主要用于长期工作、不经常启动、不可逆运转的机械。全负荷启动时用于 500kW 以下的电动机；半负荷启动时，用于 1000kW 以下的电动机。油浸启动变阻器有较大的热容量，发热和冷却均较慢。因此，变阻器在安全冷却的情况下，可连续启动三次，但每两次之间至少需间隔两倍启动时间，以后启动需等变阻器完全冷却后才能进行。

变阻器油箱中必须有足够的合格的变压器油。在启动完毕之后，应用举刷装置将电刷举起，同时将滑环直接短路。当电动机停止时，应把电刷重新放下，且把油浸变阻器的手柄转至起始位置，以便第二次启动。如果没有举刷装置，可用接触器短路，决不可让变阻器的动触头长期通过运转电流。

$BU_{1\text{-}3}$、$BU_{1\text{-}5}$、$BU_{1\text{-}7}$型系列油浸启动变阻器其接线原理完全相同，仅电阻的段数不同，均采用不平衡短接法，即非同时改变每相电阻，而是轮流的将每相的电阻分别短接，这样可以减少触头数目，但启动效果仍然很好。

$BU_{1\text{-}7}$型系列油浸启动变阻器接线原理如图 7-10 所示。变阻器三相电阻接成星形，其中心点及各级的连接点都用导线接到静触头上。在启动时，动触头与静

触头 P_0 接触，同时电源连锁触头将接触器 C 接通吸合，此时全部电阻接入转子电路中。电动机启动时，动触头每转过一段，变阻器的电阻就被短接一级。最后将电阻全部短接，电动机进入稳态运行。

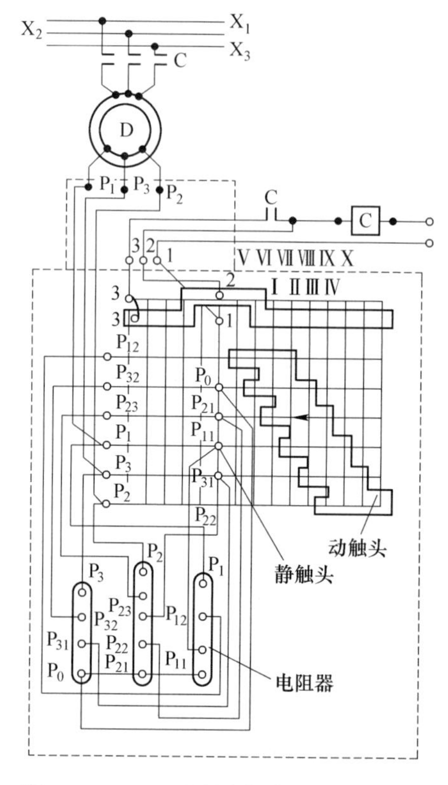

图 7-10　BU_{1-7} 型油浸启动变阻器接线图

7.3.3.2　频敏变阻器启动

频敏变阻器由线圈与铁心组成，在结构上与铁心电抗器相似，频敏变阻器的铁心通常是由厚 10mm 以上的钢板叠成。当线圈两端加上交流电压后，交变磁通便在铁心的厚钢板中产生很大的涡流，使频敏变阻器具有电抗器与电阻器的作用，相当于一个电阻器与电抗线圈并联的组合体。

异步电动机在启动过程中，转子电流的频率 f_2 与电源频率 f_1 的关系为：$f_2 = sf_1$，s 为转差率。在启动时电动机转速为零，转差率 s 为1，即 $f_2 = f_1$；随着电动机转速上升，转差率 s 减小，f_2 逐渐下降。随着转子电流频率的下降，一方面使频敏变阻器的电抗逐渐减小，另一方面也使铁心中涡流集肤效应逐渐减弱，等效电阻自动减少。频敏变阻器的等效电阻与电抗都随着转差率 s 的减小而减小，从而使电动机逐渐加速，直至达到正常运转的速度。

图 7-11 为 KRG-6A 型高压综合启动器电气原理图，该启动器供 6kV、1000kW 以下绕线型电动机，适用于水泵、空压机等轻载启动负荷。在频敏变阻器完全冷却的情况下，可连续启动两次或三次。

启动前先合上高压开关 GK 及低压电源开关 HK_1、HK_2，此时电压表有指示，LD 绿色信号灯亮，表示接通控制回路电源。

启动时操作 DL 开关手柄，其辅助触点 KL（502、504）比油断路器 DL 先闭合，失压脱扣线圈 Ydk 有电，油断路器触点闭合，转子串入频敏变阻器，电动机开始启动。油断路器辅助常开触点 DL_f（704、706）比油断路器触点 DL 稍后接通，电动机启动时过流继电器 LJ_1 动作其常闭触点（708、705）断开，接触器 C 不能吸合。当电流下降到 1.2 倍电动机额定电流时，LJ_1 释放，其常闭触点闭合，

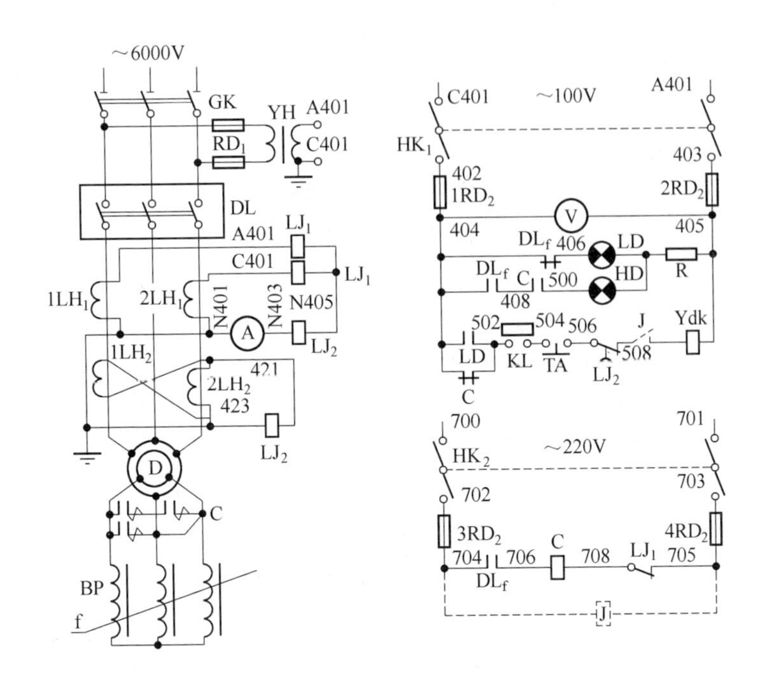

图 7-11 KRG-6A 型高压综合启动器原理图

接触器 C 通电吸合，频敏变阻器被短接，红色信号灯 HD 亮，表示启动过程结束。

停电时按下停止按钮 TA，使无压脱扣线圈 Ydk 释放，油断路器 DL 断开，电动机停止运转。

如停电时间较长，必须断开隔离开关 GK、控制电源开关 HK_1 和 HK_2。

继电器 J 是防止交流 220V 电源突然断电交流接触器 C 释放，将频敏电阻接入转子回路烧坏频敏变阻器而设置的。220V 电源断电，J 释放，其常开接点断开，无压脱扣线圈 Ydk 释放，油断路器 DL 断电。

LJ_2 为过流保护，当电动机过流时，LJ_2 延时断开，无压脱扣线圈断电，油断路器 DL 断电。

7.4 附属设备电控装置

7.4.1 水位控制器

水位控制器常用的有浮球式水位控制器、舌簧管式水位控制器和电极式水位控制器。

浮球式水位控制器是利用浮球的升降通过机械传动装置使电气开关动作。产品有 UQK-12 型浮球水位控制器，也可自行制作。自制时，电气开关可以选用 PB

系列浇注安全型水银开关或 KSK 系列矿用隔爆型水银开关，以适应井下防潮防爆的要求。

舌簧管式水位控制器是由浮球、永久磁钢、导管、湿簧管等组成。永久磁钢固定在浮球上，随着水位的升降上下移动，当磁钢靠近湿簧管时，其触点动作发出水位信号。舌簧管水位控制器的接线如图 7-12 所示。

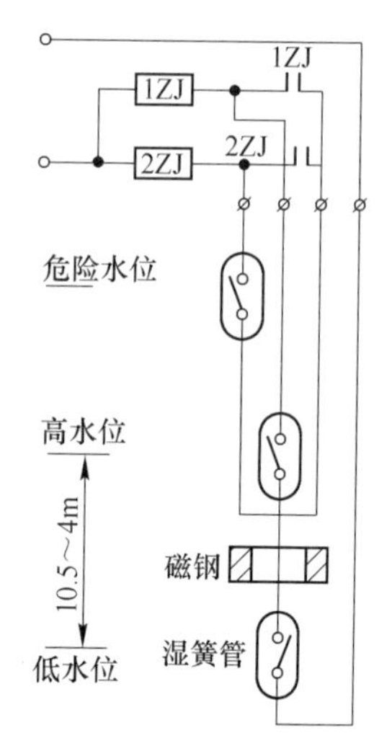

图 7-12　舌簧管式水位控制器接线图

电极式水位控制器是利用矿水的导电性能，由水位电极配合半导体开关电路来实现水位控制的。图 7-13所示为常用的一种电路。该电路是一个射极耦合双稳态触发器。当水面升至高水位时，三极管 BG_1 的基极通过电阻 R_1、电极 A、水电阻与电源负极相接，使 BG_1 饱和导通，BG_2 截止，继电器 J_1 吸合并通过自身的常开接点 J_1 自保。当水位降至低水位以下时，BG_1 基极电路断开，BG_1 截止，BG_2 饱和导通，继电器 J_1 释放使水泵停止。继电器 J_2 的动作原理与 J_1 相同，作为 J_1 的后备保护。

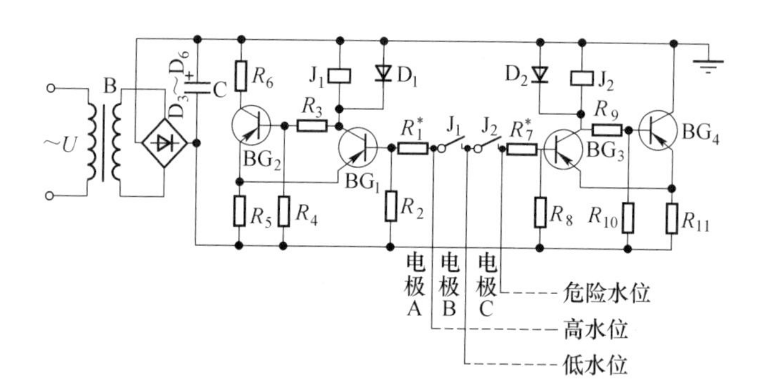

图 7-13　电极式水位控制器原理图

7.4.2　闸阀电控系统

7.4.2.1　自动闸阀

ZD 系列阀门电动装置由电动机减速器、行程控制机构、转矩限制机构、手动电动转换机构、开度指示机构以及电气控制器等六部分组成。ZD 系列阀门电动装置控制原理如图 7-14 所示。

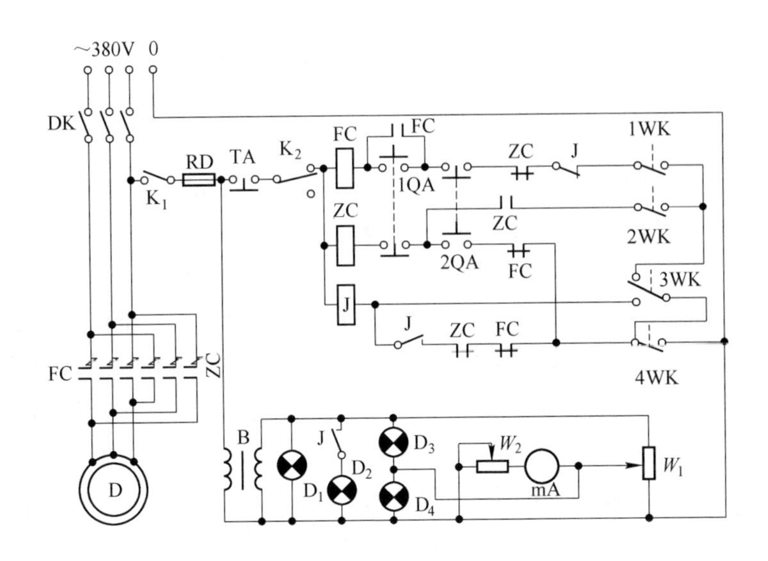

图 7-14　ZD 系列阀门电动装置原理图

按下按钮 1QA，接触器 FC 通电，电动机反转阀门开始关闭。当到达全闭位置时，凸轮触动行程开关 1WK 断开，FC 释放，电动机停止转动；此时绕线电位器 W_1的动触头移到下方，指示灯 D_3亮，开度表（mA 表）指在全闭位置。

按下按钮 2QA，接触器 ZC 通电，电动机正转，阀门开始打开，当到达全开位置时，凸轮触动行程开关 2WK 断开，ZC 释放，电动机停止转动。此时绕线电位器 W_1的动触头移动上方，指示灯 D_3不亮，D_4亮，开度表指在全开位置。

在开启或关闭阀门时，如果输出轴转动超过限制机构，行程开关 3WK 动作，切断 ZC 或 FC 电路，电动机停止运转；同时继电器 J 通电，红灯 D_2亮。微动开关 4WK 用作电动、手动工作状态的转换。

7.4.2.2　智能电动调节法兰闸阀

智能电动调节法兰闸阀是通过闸阀阀体配用多回转式电动执行器，使阀板作上下直线运动，实现远程控制阀位开关控制，使用方便快捷。其主要特点有：

1）全中文显示。一体化多回转电动执行器视窗采用高清晰 LCD 数字、全中文及标识符液晶显示屏。

2）相序自动纠正。执行机构旋向可自由设定，也可自由校正电源相序。

3）缺项保护。具有电源缺项保护功能。

4）控制模式。远程控制信号采用 4~20mA 模拟信号控制或者开关量信号控制，提供 4~20mA 信号反馈（也可提供特殊量控制），远程控制信号、反馈信号均与内部实现电气隔离。

5）禁动延时保护。避免或减少机械部分由于惯性承受的反作用力，此保护功能同时适用于现场控制和远程控制方式。

6）电子互锁保护。在一个指令正在执行且保持有效，再施加另一个反向控制指令时（即两个指令同时存在并有效），此时电动执行器将执行完一个指令后再执行下一个指令。

7）瞬间过力矩保护。当开或关力矩瞬间被顶开，阀门将停下不动作，即使力矩开关瞬间顶开后闭合，阀门仍不会动作，只有向反向动作一下，即可解除过力矩保护。

8）现场远程切换。现场远程可自由切换，使用户调试、维护方便快捷。

智能电动闸阀的工作原理如图 7-15 所示。系统的硬件电路主要由阀门的位置反馈信号检测、远端控制信号的转换和现场参数整定与灵敏度调整电路构成的模拟量输入通道、A/D 转换、伺服电机驱动及减速运行的输出电路、D/A 转换和外围键盘显示等电路以及上位机远程通信等组成，控制中心信号、现场实际开度的反馈信号、现场参数整定和灵敏度信号调整通过 TL2543 进行 A/D 转换后送到 AT89C2051 微控制器，微控制器根据这些信号进行运算处理，控制电动阀门执行机构的正反运转，使得阀门快速达到设定开度。采用 LCD 实时显示阀门实际开度值，通过 RS-485 通信直接将阀门现场反馈信号传输到监控中心的上位机，在上位机的组态界面上进行显示，以记录阀门开度的调节情况。同时中控中心的工作人员可以通过组态监控，对现场阀门实际开度进行设定，信号通过 RS-485 直接送回给控制器进行操作。在电动阀门出现故障时，现场可以及时地做出报警，同时控制中心组态监控也会发出报警，以采取相应的保护措施。通过 D/A 将阀的开度转换为 4～20mA 的电流信号，传输给远程控制中心的模拟量采集模块，以进行远程操作与显示。

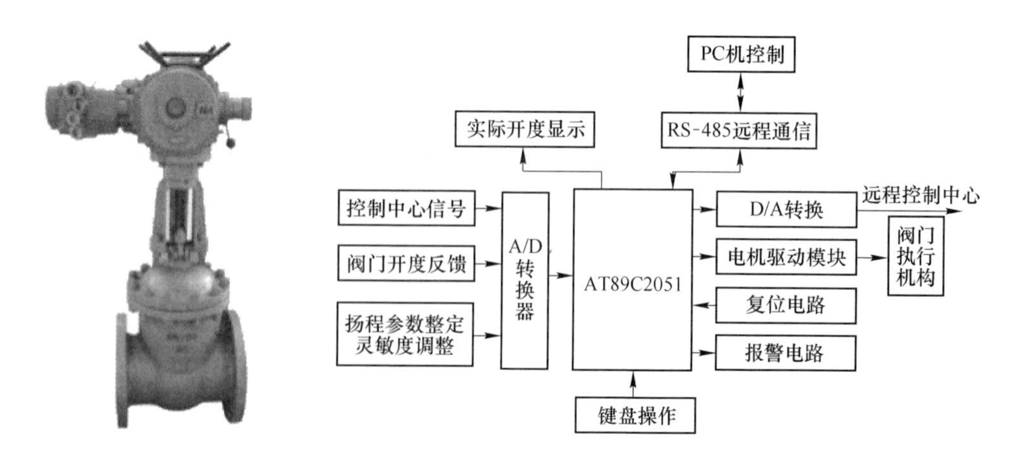

图 7-15　智能电动闸阀的工作原理

参 考 文 献

[1] 彭伯平，李总根．矿井水泵工［M］．徐州：中国矿业大学出版社，2008：195~207.
[2] 陆田．矿井水泵工［M］．徐州：中国矿业大学出版社，2007.
[3] 祖国建．矿山电气设备使用与维护［M］．北京：化学工业出版社，2011：196.
[4] 梁南丁．矿山机械设备电气控制［M］．北京：煤炭工业出版社，2007：268.
[5] 国家安全生产监督管理总局宣传教育中心编．水泵工［M］．徐州：中国矿业大学出版社，2009：92.

8　矿井排水设备的操作、维护、拆装与故障处理

8.1　水泵的操作运行

8.1.1　水泵启动前的检查

（1）启动前，检查全部螺栓、管路连接是否紧固；

（2）检查全部仪表、阀门及仪器是否正常；

（3）检查润滑油（脂）是否正常；

（4）检查电动机的接线、转向是否正确；

（5）检查填料压盖的松紧程度，并盘车 2~3 转，检查水泵机组转动部分是否灵活、是否有卡阻现象。

8.1.2　水泵的启动

通过检查完全正常后，向水泵充灌引水；引水灌满后，关闭放气栓，启动电动机，电动机转速达到正常后，打开调节闸阀。

对于无底阀排水水泵的启动，用射流泵或真空泵向水泵充灌引水，引水是否灌满，应观察真空表，当达到要求的真空度时，启动电动机，电动机转速达到正常后，打开调节闸阀。

8.1.3　水泵的运行

（1）水泵只能允许在规定的参数范围内运行，特别是流量不能超出工业利用区右侧，否则会使电机过载，也易发生汽蚀。

（2）经常注意观察电压、电流是否正常。当电流、电压的变化超出±5%时，应停车检查原因，并进行处理。

（3）检查轴承温度是否正常（轴承温度不超过 75℃），润滑是否良好。

（4）经常观察压力表、真空表的指示是否正常，以确定水泵的扬程是否满足要求，水泵是否有汽蚀现象。

（5）注意声音及震动情况，检查螺栓及连接部分是否有松动，是否有汽蚀噪声。

（6）检查水泵的填料密封情况，检查填料箱的温度是否正常，填料压紧程度是否合适。

(7) 检查回水管是否畅通、水量是否正常，检查吸水井水位变化情况，底阀或滤水器应在水面以下 0.5m。

(8) 填写运行记录。准确填写运行记录，定期总结，一般几个月就可以得到水泵是否需要维修的可靠资料。

8.1.4 停泵

停泵时，将排水管上的调节闸阀（吐出阀）关闭，关闭电机，泵停止后，关闭真空表和压力表。如有吸入阀的水泵，当泵停稳后关闭吸入阀。

停泵后应注意：如果水泵短期内不工作，应将泵内的水放空，以免锈蚀和冬季冻裂；如果长期停泵，应对水泵进行油封，同时，分开联轴器，每隔一定时期让电机空转一次，以免电机受潮。

当紧急停泵时，直接按下停止按钮。

8.2 排水设备的维护

为保持水泵高效稳定的工作状况，泵必须经常维护、维修，维修的项目和每次维修的间隔时间取决于水泵的工作条件和水泵的运行状况。

定期检查泵的性能（如流量、扬程、振动等），并做好记录，按记录数据分析泵是否正常工作、是否需要维修，或确定要维修的部位。在一般情况下，工人坚持精确地测试、记录，并定期分析总结记录，每隔几个月就可以得到是否要维护的可靠资料。

对主排水水泵的中修一般为 6 个月，大修 12 个月。一般来讲，雨季煤矿井下的涌水量最大，水泵的中修、大修最好在雨季前检修，包括备用水泵。

除中修、大修外，以下维护需经常进行：检查水泵底座、泵、电机是否紧固；检查仪表、引线的状况；检查管路是否泄漏、松动或有无其他形式的损坏，如需维修应立即进行检修；检查填料及压紧情况，压盖太紧会影响填料寿命；轴承润滑油每工作 1000h 应更换一次，或按厂家规定进行更换。

水泵的维修最好根据矿井的具体情况，总结经验，得到更换零部件、中修、大修的可靠间隔时间。如有些矿井，泥沙含量较大，叶轮、平衡盘等零部件磨损量较大，更换叶轮和平衡盘的时间就会短，清理回水管的时间也会短。所以，要根据矿井的实际情况，制定出维修制度，并按维修制度严格维护，确保水泵高效稳定工作，保证生产安全可靠运行。

8.3 矿井排水设备的拆装

8.3.1 D 型离心式水泵的维护检修制度

D 型离心式水泵的维护检修分为小修、中修、大修等。

8.3.1.1　小修

小修的目的是消除水泵在使用过程中，由于零件磨损和维修不良造成的局部损伤。

小修内容如下：(1) 检查或更换密封装置各零件；(2) 清洗、检查轴承，并更换润滑油；(3) 调整联轴器的间隙；(4) 检查各部螺栓的紧固情况；(5) 调整水泵的轴向窜动量；(6) 检查修理冷却水管及油管；(7) 调整平衡盘尾部垫片；(8) 更换平衡盘环和填料（盘根）；(9) 检查处理漏水漏气部分；(10) 调整各种仪表。

8.3.1.2　中修

中修需要较周密详细地拆卸设备，检查其重要零件的状况，更换和修复使用寿命较长的零件，解决在小修中不可能消除的缺陷。中修内容如下：(1) 小修的全部内容；(2) 更换联轴器；(3) 检查水泵各零件的磨损、腐蚀和气蚀情况，必要时进行修理或更换；(4) 检查、修理轴承，必要时进行更换；(5) 检查、调整水泵与电动机的水平度与平行度；(6) 更换叶轮口环、中段轴承；(7) 更换平衡盘、串水套；(8) 检查轴和机座；(9) 更换其他不能保持到下一次大修的零件。

8.3.1.3　大修

大修主要是拆卸机器的全部零部件，仔细检查、清洗、修理或更换全部磨损零部件，并修理或更换部分使用期限等于修理循环的大零件。大修的主要内容包括：(1) 中修的全部内容；(2) 校正、修理或更换泵轴；(3) 修理或更换泵体；(4) 修补或重新浇灌基础，必要时更换机座；(5) 泵体除锈喷漆；(6) 进行水压试验和技术测定。

8.3.2　D型离心式水泵的拆卸及注意事项

水泵的拆卸是检修的一个重要工序。水泵的类型不同，其结构也不同，因此在拆卸前，应对水泵的结构及连接方式有所了解，以利于拆卸工作的顺利进行。

8.3.2.1　水泵的拆卸程序

(1) 用管钳取下水封管、平衡水管和灌水漏斗。

(2) 用退卸器取下联轴器。

(3) 用扳手拧下出水侧轴承压盖上的螺母，取下螺栓，卸下外侧轴承压盖。

(4) 拧下出水段、填料函体、轴承体之间的连接螺母，用顶丝将填料函体和轴承体分离，卸下轴承体。

(5) 拧下轴上圆螺母，依次卸下轴承、轴承内侧压盖、挡水圈等。

(6) 卸下填料压盖，用钩子钩出填料函中的填料及水封环，用顶丝将填料函体与出水段分离，卸下填料函体。

（7）依次拆下轴上的轴套、键；用螺钉通过螺孔将平衡盘顶出，取下轴键。

（8）拧下前端轴承压盖上的螺母，取下螺栓，卸下外侧压盖和轴套；拧下进水段和轴承体的连接螺栓，卸下前轴承部件；依次卸下轴承、轴承内压盖、挡水圈和轴套。

（9）卸下填料压盖，取出填料及水封环。

（10）用大扳手拧下连接进水段、中段和排水段拉紧螺栓的螺母，并取下螺栓。

（11）用扁铲或特制的钢楔插入排水段与中段连接缝内，对称撬松，取下排水段部件。

（12）用小撬棍撬出排水段水轮，注意用力要对称并尽量靠近水轮，以防撬坏水轮，并取下轴键。

（13）用扁铲插在中段与中段之间的连接缝内，挤松并取下中段。

（14）依次拆下中段、水轮、键。

（15）将轴从排水段方向抽出。

8.3.2.2 拆卸注意事项

（1）在拆卸泵体、进水段、中段和排水段前，要对各段原装配位置进行编号，以便于检修后按顺序位置装配。

（2）对拆卸的零件和螺栓要分类保管，以防丢失。

（3）拆卸时要注意泵轴螺纹旋向。

（4）中段不带支架的水泵，在几个中段拆下后，其两侧要用木楔楔住，防止泵轴因处于悬臂状态而产生弯曲现象。拆下的泵轴应竖直吊挂起来或放置在平整的钢板上，以防弯曲。

（5）对磨损严重的零件或拆卸中损坏的零件，不得任意丢掉，以备购置或测绘时参考使用。

（6）对一些锈蚀严重且不易拆开的连接件，应当先刮掉水垢和锈蚀等物，然后用煤油适当润滑接触部位，再用木槌、铅锤或铜锤轻轻地敲击取下，必要时可用拆卸器拆开。

（7）水泵拆卸后应及时进行清洗。如果不立即进行装配，则清洗过的零件应在其结合面上涂抹防护油或润滑脂。

8.3.3 D型离心式水泵主要零件的检修

8.3.3.1 泵体的修理

泵体损伤往往是因机械应力或热应力作用造成的，有时因搬运碰撞、安装不当、低温冻裂、超压及高温影响而发生裂纹，也可能会受气蚀作用损坏。如果泵体损坏严重，应予更换新泵体；如果损坏程度较轻，可进行修补使用。

检查泵体裂纹时，首先用手锤轻轻敲击泵体，如有破哑声，说明已有裂纹，应仔细寻找。经验检查的方法是：对怀疑有裂纹的部位用油擦净后，再用粉笔涂抹表面，有裂纹处，就会出现一条明显的浸线。

在不受压或不起密封作用的地方，为防止裂纹扩展，可在裂纹两端各钻一直径 3mm 的圆孔，以消除局部应力集中。对焊缝要求不很严密、受压不大的位置，可采用冷焊修补；对受力较大或需要密封的地方，可采用热焊修补。泵体内若发现有深槽或大面积孔洞，可采用环氧树脂砂浆修补，也可进行焊补。

修理后的泵体要做水压试验，试验压力为工作压力的 1.5 倍，持续时间为 5min，不得有渗漏。

8.3.3.2　泵轴的修理

（1）水泵轴产生裂纹，表面有严重腐蚀和损伤，轴颈磨损出现沟痕，轴表面被冲刷出沟槽，圆度和圆柱度超过规定，且足以影响机械强度时，应更换新轴。

（2）轴的直线度超过密封环内径与水轮入水口外规定间隙的 1/3 时，应进行调直或更换。

（3）轴颈处或填料部分若磨损较轻，可采用车轴法进行修复，其车削量不得超过设计直径的 5%。也可采用电镀、金属喷镀或镶套法进行修复。

8.3.3.3　键槽的修理

键槽损坏严重时，应更换新轴；若损坏不大时，可用加宽原键槽的方法处理，允许加宽厚度为原槽宽度的 5%，并配新键。对于传动功率较小的轴可另开新槽，且键槽中心线与轴心线的平行度不大于 0.3‰，偏移量不大于 0.6mm。

8.3.3.4　轴承的修理

水泵轴承的修理可参阅相关书籍介绍的方法进行。

8.3.3.5　水轮的修理

水轮常用的修理方法有补焊、环氧树脂砂浆修补等。水轮补焊前应处理干净，然后将整个水轮均匀加热。根据水轮的材料，可采用不同的焊补方法，对高压水泵的不锈钢水轮，采用不锈钢气焊；对中低压铸铁水轮，则用铜焊或铸造铁补焊；对泥沙较多而使叶片磨损严重的水轮，可采用环氧树脂砂浆修补。

水轮如遇下列情况之一时，应更换新水轮：

（1）表面出现严重裂纹。

（2）表面形成较多砂眼、气蚀麻坑或穿孔。

（3）因冲刷而使水轮变薄，以致影响机械强度。

（4）水轮叶片被异物击断。

(5) 水轮入口处出现较严重的偏磨现象。

新换水轮应符合下列要求：

(1) 水轮轴孔轴心线与水轮进水口处外圆轴心线的同轴度、水轮端面圆跳动及水轮轮毂两端平行度均不大于表8-1的规定。

表8-1 水轮三项形位公差

水轮轴孔直径/mm	<18	18~30	30~50	50~120	120~240
三项形位公差值/mm	0.020	0.025	0.030	0.040	0.050

(2) 水轮前后侧板外的表面粗糙度不大于0.8μm，轴孔及安装口环处的表面粗糙度不大于0.6μm。

(3) 水轮流道应光洁圆滑，不留毛刺。

(4) 新配制水轮必须做静平衡试验，以消除其不平衡量。静平衡允差见表8-2。如用切削侧板方式找平衡时，切削深度不得超过侧板厚度的1/3，切削部分应与原表面圆滑相接。

表8-2 水轮静平衡允差

水轮轴孔直径/mm	<200	200~300	300~400	400~500	500~700	700~900
静平衡允差/g	3	5	8	10	15	20

8.3.3.6 平衡盘及平衡环的修理

平衡盘及平衡环的损坏主要是两者接触面间的磨损。如磨损出现凹凸不平及沟纹时，可用车削或研平的方法修复；磨损严重时，应更换平衡盘或平衡环。新换的平衡盘密封面应与轴线垂直，垂直度不大于0.3‰，表面粗糙度不大于1.6μm。平衡盘与摩擦圈、平衡环与排水段均应贴合严密，接触面积达到70%以上。

8.3.3.7 导向器的修理

导向器不得有裂纹，冲蚀深度不得超过4mm，导向器叶尖长度被冲蚀磨损不得大于6mm。若磨损尺寸在规定范围之内，可作一段新叶尖用黄铜补焊或粘接上，否则应更换导向器。

8.3.3.8 一般不修理只需要更换的零件

检修时一般不修理只更换的零件有密封环（大口环）、导向器套（小口环）、水轮挡套（间隔套）、护轴套、平衡套（串水套）、密封件等。密封环内径与水轮进水口外径的半径间隙和挡套与导向器套的半径间隙不得超过表8-3的规定。

表8-3 密封环、导向器套配合间隙

密封环、导向器套内径/mm	半径间隙/mm	最大磨损半径间隙/mm
80~120	0.15~0.22	0.44

续表 8-3

密封环、导向器套内径/mm	半径间隙/mm	最大磨损半径间隙/mm
120~150	0. 175~0. 255	0. 51
150~180	0. 20~0. 28	0. 56
180~220	0. 225~0. 315	0. 63
220~260	0. 25~0. 34	0. 68
260~290	0. 25~0. 35	0. 70
290~320	0. 275~0. 375	0. 75
320~360	0. 30~0. 40	0. 80

8.3.4 D 型离心式水泵的装配与调整

8. 3. 4. 1 转子部分预装配

依照图 8-1 将轴承、轴套、水轮、水轮挡套及平衡盘等装于轴上，最后拧紧锁紧螺母。

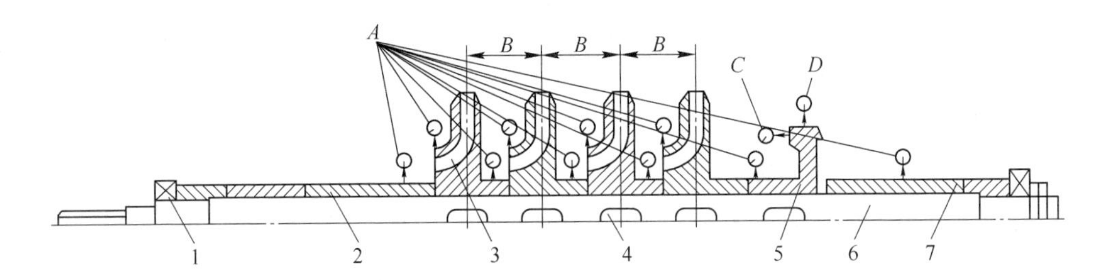

图 8-1 转子预组装及检查部件示意图

1—轴承；2—轴套甲；3—水轮；4—键；5—平衡盘；6—泵轴；7—轴套乙

A—对两支撑点轴线的径向圆跳动量；*B*—两水轮中心距；

C—平衡盘端面圆跳动量；*D*—平衡盘外圆径向圆跳动量

转子预装配的目的是：使转动件与静止件相对固定；调整水轮中心距；测量调整转动件与静止件的配合间隙，测量转动件的偏心度、垂直度及圆跳动量；处理轴与轴套、水轮、挡套等孔径的配合及键与键槽的配合。

对转子预装配的零件，检查调整好后，对预装配零件进行编号，便于拆卸后将其装配到相应的位置上。

（1）水轮中心距的测量与调整。水轮中心距可用游标卡尺或钢板尺进行测量，其中心距等于中段泵片厚度（水轮轮毂厚度加上水轮挡套长度）。

水轮中心距的调整方法是加长或缩短水轮挡套长度（即中心距大时，切短挡套长度；中心距小时加垫）。

（2）径向间隙的测量与调整。间隙值是通过测量内外径的实际尺寸计算出来的。其测量方法是：用千分尺或游标卡尺，测量每一个水轮进水口外径、水轮挡套外径、平衡盘尾套外径，对应测量进水段密封环内径、每个中段密封环内径、导向器套内径和排水段平衡套内径。每个零件要对称测量两次，取其平均值，然后计算出实际间隙，与表8-4中数值进行比较。若密封环内径与水轮进口处外径配合间隙小，应车削水轮挡套外径；若间隙大，则应重新配置密封环。若导向器套与水轮套配合间隙小，应车削水轮挡套外径；若间隙大，则应重新配置水轮挡套。平衡盘尾套与平衡套配合间隙为0.2~0.6mm，若间隙小，应车削平衡盘尾套外径；若间隙大，则应重新配置平衡套。

表8-4 径向圆跳动

公称直径/mm	<50	50~120	120~260	260~500
水轮入口处外圆/mm	0.06	0.08	0.09	0.10
轴套、挡套、平衡盘外圆/mm	0.03	0.04	0.05	0.06

（3）检查径向圆跳动。水轮进水口处外圆、各挡套外圆、平衡盘外圆对两端支撑点轴线的径向圆跳动量的检查方法如图8-1所示。在调整好水轮间距及各个间隙后，将装配好的转子固定在车床上或将轴承装于转子轴上，再放在V形铁上，用千分表触头接触各被测件，将轴旋转一周，千分表最大读数与最小读数差之半，即为半径方向圆跳动量。

（4）检查端面圆跳动量。平衡盘端面圆跳动的检查，是将千分表触头移置于平衡盘的端面上，将轴旋转一周，千分表最大值与最小值之差即为平衡盘端面圆跳动量。

水轮进水口处外圆、各挡套外圆、平衡盘外圆对两支点轴线的径向圆跳动应不大于表8-4的规定，平衡盘端面圆跳动应不大于表8-5的规定。

表8-5 平衡盘端面圆跳动量

公称直径/mm	50~120	120~260	260~500
端面圆跳动/mm	0.04	0.05	0.06

将实测圆跳动量与表8-4和表8-5中的数值进行比较，若径向圆跳动量太大，会使水泵转子在运转中产生震动，使泵轴弯曲或水轮进水口外径及水轮挡套磨偏；若端面圆跳动量太大，会使平衡盘磨偏，因此，对不合格的零件要及时进行更换。

8.3.4.2 水泵的装配

（1）准备好起重工具、装配工具、量具及消耗材料，并准备好装配地点。

（2）在进水段装上密封环，在中段装上密封环、导向器和导向器套，在排水段装上排水段导向器、平衡套、平衡环等。

（3）按拆卸时的编号顺序，将各段排列好的，准备组装。

（4）在装平衡盘之前，应先量取轴的总窜动量并使平衡盘与平衡环之间的间隙为0.5~1mm（此间隙为平衡盘正常运转时的工作位置）。

（5）组装顺序与拆卸顺序相反。

8.3.4.3　D型离心式水泵装配注意事项

（1）各个结合面之间要加垫（橡胶、青壳纸）。用青壳纸时，在纸垫两面分别涂润滑脂（或用密封胶涂于结合面上），以防漏水。各紧固件、配合件上均涂润滑脂，以防生锈并便于下次拆卸。

（2）对带油圈的滑动轴承，装配时将油圈放在轴承体内，按轴承装配位置倒180°套在轴上，然后再旋转过来，固定轴承体。

（3）填料函中的填料用棉纱线编制而成，棉纱用润滑油浸泡，填料接口要错开（不得小于120°）。水封环一定要对准进水孔，在拧紧填料压盖时需注意其泄水孔要安装在轴下方。

（4）轴承内注入的润滑脂不得超过轴承容量的2/3。

（5）装配好的水泵，其上准备安装仪表、放气栓、灌水漏斗、放水孔的螺孔，均用丝堵堵住，进水口、排水口用盖板封住，防止杂物进入泵体。

8.3.5　D型离心式水泵安装工艺

排水设备的安装程序，以D型离心式水泵安装于井下中央水泵房为例进行介绍。

（1）水泵基础硐室工程。由施工队承担，按设计要求完成下列基础工程：

1）水泵房硐室的砌碹、喷浆；2）水泵基础工程；3）水仓及吸水井工程；4）排水管路、斜巷工程。

（2）水泵基础检查验收。

1）埋设标高点和固定中心挂线架，按水泵房巷道腰线测出中心线和标高点。

2）挂上中心线，按中心线标高点检查验收基础标高、基础孔位置。

（3）垫板位置。

1）按实测基础标高，对比设计标高，计算出应垫的垫板厚度，按质量标准规定放置好垫板组。

2）用普通水平尺对垫板进行找平找正，并铲好基础的麻面。

（4）设备的开箱检查。

1）按装箱清单和设备使用说明书清查设备及零件的完好情况和数量。

2）清洗机械及零部件表面的防腐剂。

（5）零部件加工。按施工设计图纸及实际需用量安排零部件加工。

（6）水泵预安装。

1）在井上机修车间，对水泵及电动机进行一次全面细致的检查和预安装工作。

2）在预安装过程中发现的问题要在井上全部处理。

（7）水泵整体吊装。

1）按水泵位置和顺序，采用合适的起吊工具，将水泵（包括电动机和机座）整体放在基础垫板平面上。

2）穿好地脚螺栓并戴好螺母。

（8）水泵整体安装。

1）挂上纵、横中心线，下垂线坠进行找正。

2）按基准点、标高点用水准仪进行找平。

3）找平找正后即可进行基础二次浇注。

（9）吸水管安装。

1）按施工图纸将各台水泵吸水管、底阀与水泵的吸水口进行连接。

2）安装吸水井的平台、操作架和阀门。

（10）排水管安装。

1）安装各台水泵的排水短管、闸板阀、逆止阀、三道管、旁路管。

2）安装排水主干管及托架（包括斜巷排水管）。

（11）水仓零部件的安装。

1）安装水仓箅子、水仓闸门。

2）安装闸门关闭操纵架及平台。

（12）水泵附属零部件的安装。

1）安装真空表，压力表。

2）安装水封管、回水管、放气阀、灌水漏斗（以上零部件防止搬运及吊装时损坏，在机修车间预安装时应将泵体上的丝孔用丝堵堵住）。

（13）水泵试运转。

1）检查各阀门动作是否灵活。

2）按规定时间对水泵进行负荷试运转。

（14）设备粉刷。

1）对设备进行粉刷，喷涂油漆。

2）对管路涂油漆。

（15）移交生产使用。

1）将水泵房进行清扫。

2）理好各种技术资料。

3）办理移交手续。

8.3.6　水泵检修作业工序标准

水泵检修作业工序标准见表 8-6。

表 8-6　水泵检修作业工序标准

工序	检修方法及注意事项	质量标准	执行情况（√）
1. 给水泵解体	（1）拆除给水泵附件，放净泵及管道内积水，压力表指示为 0。然后拆除冷却水管、对轮罩，分解对轮。 （2）检查对轮中心变化，做好记录。 （3）拆轴承。测量两侧瓦口间隙，做好记录。 （4）拆卸平衡室盖： 1）松开盘根法兰螺丝及油挡顶丝，取出盘根松开平衡室盖法兰螺丝，抬起平衡室盖，顺轴向外移出； 2）测量工作串轴并做好记录，拆除平衡盘； （5）拆卸出口端盖： 1）松开出口管法兰，吊起出口管，做好安全支撑； 2）用契木块将隔板垫好，防止下落，松开打好记号的拉紧和支撑点螺丝将出口端盖顺着轴向外移出，放到指定地点； （6）拆卸末级叶轮及隔板： 1）取出末级叶轮和键； 2）将隔板装上吊环，把结合面止口分开，顺着轴移出，并依此类推，编号排列放置； （7）拆轴（有必要时拆卸）		
2. 轴瓦的检查及测量	（1）煤油清洗油环，检查油环有无变形； （2）清洗乌金瓦，检查磨损情况，及乌金有无脱胎现象； （3）清洗油室及冷却室	油环椭圆度≤0.03mm	
3. 转动部分 ①轴套； ②叶轮； ③泵轴	（1）检查轴套磨损及与轴配合情况； （2）将轴套装在轴上，检查轴套的晃度： 1）检查叶道有无堵塞及有无裂纹、腐蚀、汽蚀现象； 2）检查叶轮与轴、键配合情况； 3）检查叶轮晃度； （3）检查泵轴表面及磨损情况： 1）检查轴表面，轴丝扣应完整； 2）检查轴磨损及腐蚀情况		

续表 8-6

工序	检修方法及注意事项	质量标准	执行情况（√）
4. 平衡盘	（1）检查平衡盘固定键与轴配合情况； （2）检查平衡盘工作表面是否光滑； （3）检查平衡盘磨损情况； （4）测量平衡盘瓢偏	（1）平衡盘工作面表面光滑完整； （2）平衡盘与轴配合间隙≤0.05mm； （3）平衡盘瓢偏度≤0.03mm； （4）平衡盘晃度≤0.05mm； （5）平衡盘与平衡套筒的径向间隙为 0.25 ~ 0.30mm，最大允许值为 0.4mm	
5. 油挡检查	（1）检查油挡磨损情况； （2）检查油挡与轴的配合状态； （3）测量油挡间隙	（1）油挡与轴配合间隙 0.08mm； （2）顶丝应完整牢固； （3）动静油挡轴向间隙为 0.5~1mm，径向间隙为 1.0mm	
6. 叶轮的检查	（1）更换对轮胶圈； （2）检查对轮的晃度； （3）检查轴键顶部与对轮的配合情况	（1）对轮与轴过度配合紧力为-0.027~0.023mm； （2）对轮的晃度≤0.05mm； （3）键顶部与对轮间隙为 0.30~0.50mm，两侧间隙和为 0.30~0.50mm	
7. 静止部分检查 （1）平衡套筒盘； （2）固定导叶； （3）出口端盖； （4）中壳； （5）导叶衬套； （6）密封环	（1）检查平衡盘套筒工作面的光滑度，固定螺丝无松动； （2）检查导叶有无裂纹、腐蚀情况，衬套有无磨损； （3）测量导叶衬套间隙； （4）检查密封环有无裂纹、腐蚀； （5）测量密封环间隙		
8. 组装			

续表 8-6

工序	检修方法及注意事项	质量标准	执行情况（√）
8.1 泵轴的安装及第一级叶轮定位	（1）将轴从工作轮水平伸入并预先将盘根压盖、油环放在正确位置； （2）装上对轮； （3）依据第一级叶轮定位数值，做好工作串轴测量，其他各级叶轮均依据第一级叶轮依次定位。保证叶轮出口与导叶入口中心对正，此时效率最大	第一级叶轮出水口对中定位应处于总窜动的 1/2 处	
8.2 叶轮及中壳的安装	（1）在轴上涂一层透平油，装上第一级叶轮键，将叶轮对准装入，然后放入导叶； （2）将中壳密封面涂上一层密封胶，对准装入，并用铜棒对称击打；下部用契木垫好防止下落，依此类推装好其他各级叶轮、导叶、中壳	（1）止口之间配合为0.04~0.08mm； （2）若大于 0.1~0.12mm 应进行修复	
8.3 出口端盖的安装	将出口端盖抬起顺着轴向膨胀销放在泵座后脚上，对准中壳止口推入，用铜棒轻轻击打，使接合面止口完全接触为止		
8.4 坚固拉紧螺栓	对称上紧拉紧螺栓，并且受力均匀；在出入口端盖两侧（接近水平中心线选择三点测距离偏差）边紧边测量，防止紧偏	（1）螺栓受力均匀； （2）端盖间距偏差为≤0.03mm； （3）上下左右紧固穿缸螺栓偏差≤0.05mm； （4）盘车轻快无卡涩	
8.5 测量串轴	装好动平衡盘和轴套，将轴套销紧螺母紧固到正确位置，前后拨动转子，两次测量的对轮端面距离之差	（1）未安装平衡套时转子轴向窜动量为（8±1）mm； （2）安装平衡套后，检查平衡套 T 面轴向跳动≤0.05mm； （3）紧固转子后，平衡盘紧贴平衡套后，窜动量为(4±0.5）mm，如达不到，修正平衡盘 S 面来达到	
8.6 装平衡盘及平衡室端盖	（1）将平衡盘键放入轴上，把平衡盘装上； （2）装上轴套，轴套与平衡盘结合面处的填料必须压实		
8.7 调整密封间隙	（1）测段侧密封间隙，必须在对轮侧轴承装上下瓦； （2）在端侧轴颈上装百分表； （3）端侧在未装下瓦时，转子处于最低位置（记录百分表指示），转子抬起后，记录百分表读数值； （4）装上端侧下瓦，将转子调到中间位置，测量密封间隙	$\delta=\Delta d/2$	

续表 8-6

工序	检修方法及注意事项	质量标准	执行情况（√）
8.8 装配轴承	（1）下瓦与轴接触良好，否则应进行修刮； （2）用塞尺测量瓦口间隙； （3）用压铅丝法测上瓦顶部间隙； （4）用压铅丝法测瓦盖紧力	（1）轴与轴瓦接触角为60°±5°； （2）上瓦顶部间隙为轴颈的2/1000（0.12~0.2）； （3）两侧间隙各为顶部间隙的一半（0.08~0.10）； （4）轴瓦紧力为0.02~0.03	
8.9 油挡定位及附件组装	（1）平衡盘靠紧平衡套筒时，出入口油挡轴向间隙调整为0.51~1.0mm； （2）装上各连接水管及表计		
8.10 找中心	（1）利用刀形尺和塞尺测量联轴器的不同心和利用楔形间隙轨或塞尺测量联轴器端面的不平行度； （2）利用百分表及表架或专用找正工具测量两联轴器的不同心及不平行情况	（1）对轮端面间距4~6mm； （2）中心偏差允许值	
9. 试运验收			

8.4　水泵常见故障处理

8.4.1　常见故障

水泵在运行中会出现故障，了解离心式水泵常见的故障，分析查找出故障产生的原因，并及时地排除故障，对保证水泵的正常工作具有重要意义。离心式水泵常见故障、产生故障的原因及处理方法见表 8-7。

表 8-7　离心式水泵常见故障原因与排除方法

故障现象	产生原因	排除方法
水泵不出水	（1）未灌满引水或底阀泄漏； （2）填料箱或真空表连接处漏气； （3）水泵转速不够； （4）底阀未开或滤水器堵塞； （5）水泵转向不对； （6）吸水高度过大	（1）重新灌满水，消除泄漏； （2）处理漏气处，重新安装真空表； （3）检查电源电压； （4）检查底阀，清理滤水器； （5）重新接线； （6）将吸水高度降到允许值

续表 8-7

故障现象	产生原因	排除方法
水泵启动后，只出一股水就不上水了	（1）吸水管中存有空气； （2）吸入的水中有过多的气泡； （3）吸水管或吸水侧填料不严密； （4）底阀有杂物堵塞	（1）排除空气； （2）检查滤水器是否浸入水下 0.5m； （3）处理漏气，拧紧连接螺栓或填料压盖； （4）清除杂物
启动负荷过大	（1）填料压得太紧； （2）叶轮、平衡盘安装不正确，转动部分与固定部分有摩擦或卡碰现象； （3）排水闸门未关闭； （4）平衡盘回水管堵塞	（1）适度放松填料压盖； （2）检查并重新调整； （3）关闭闸门； （4）疏通回水管
运转中的功率消耗过大	（1）轴承磨损或损坏； （2）填料压得过紧或填料箱内不进水； （3）泵轴弯曲或轴心没对正； （4）叶轮与泵壳或叶轮密封环发生摩擦； （5）排水管路破裂，排水量增加	（1）更换轴承； （2）放松填料压盖或疏通水封管； （3）校直或调正泵轴； （4）调整、修理或更换叶轮泵壳叶轮密封环； （5）检修排水管路
泵壳局部发热	（1）水泵在闸门关闭的情况下，开动时间较长； （2）平衡盘回水管堵塞	（1）水泵启动后及时打开闸门； （2）清理回水管
水泵排水量不足，排水压力降低	（1）转速不足； （2）吸水管漏气或滤水器堵塞； （3）填料箱漏气或水封管堵塞； （4）叶轮堵塞或损伤； （5）叶轮与导叶中心未对正； （6）密封环磨损太大，泵内水泄漏过多	（1）调整电压； （2）清除漏气，清洗滤水器； （3）更换填料，疏通水封管； （4）清洗更换叶轮； （5）重新调整叶轮与导叶； （6）更换密封环
填料箱发热	（1）填料失水； （2）填料压得太紧； （3）填料压得偏斜	（1）检查填料是否装正，水封管有无堵塞； （2）适当放松填料； （3）调正填料
水泵震动	（1）基础螺钉松动； （2）电动机与水泵中心不正； （3）泵轴弯曲； （4）轴承磨损过大； （5）转动部分有擦碰现象； （6）水泵转子与电动机转子不平衡	（1）拧紧螺钉； （2）重新找正电动机和水泵中心； （3）校直或更换泵轴； （4）修理或更换轴承； （5）查出原因，消除擦碰； （6）检查、修理水泵及电动机转子

续表 8-7

故障现象	产生原因	排除方法
水泵有噪声，流量、扬程猛增或排水中断	（1）流量过大； （2）吸水管阻力太大； （3）吸水高度太大	（1）适当关闭闸门； （2）检查吸水管、底阀是否正常； （3）适当降低吸水高度
轴承过热	（1）用润滑脂时，油量过多； （2）油质不良或油量不足； （3）轴承过度磨损，轴瓦装得过紧； （4）泵轴弯曲或联轴器不正； （5）平衡盘失去作用	（1）重新装配； （2）换油或加油； （3）修理或调整轴承和轴瓦； （4）校直泵轴，调正联轴器； （5）检查回水管是否堵塞，平衡盘与平衡环是否磨损，并进行疏通或更换

8.4.2 常用简易故障诊断方法

8.4.2.1 听诊法

设备正常运转时，伴随发生的声响总是具有一定的音律和节奏。只要熟悉和掌握这些正常的音律和节奏，通过人的听觉功能就能对比出设备是否出现了重、杂、怪、乱的异常噪声，并判断设备内部出现的松动、撞击、不平衡等隐患。例如用手锤敲打零件，听其是否发生破裂杂声，可判断有无裂纹产生。

听诊可以用螺丝刀尖（或金属棒）对准所要诊断的部位，用手握螺丝刀把，贴耳细听。这样可以滤掉一些杂音。

现在使用的电子听诊器是一种振动加速度传感器。它将设备振动状况转换成电信号并进行放大，工人用耳机监听运行设备的振动声响，可以实现对声音的定性测量。通过测量同一测点、不同时期、相同转速、相同工况下的信号，并进行对比，可判断设备是否存在故障。当耳机出现清脆尖细的噪声时，说明振动频率较高，一般是尺寸相对较小的、强度相对较高的零件发生局部缺陷或微小裂纹；当耳机传出混浊低沉的噪声时，说明振动频率较低，一般是尺寸相对较大的、强度相对较低的零件发生较大的裂纹或缺陷。当耳机传出的噪声比平时增强时，说明故障正在发展，声音越大，故障越严重。当耳机传出的噪声是杂乱无规律间歇出现时，说明有零件或部件发生了松动。

8.4.2.2 触测法

用人手的触觉可以监测设备的温度、振动及间隙的变化情况。人手上的神经纤维对温度比较敏感，可以比较准确地分辨出80℃以内的温度。当机件温度在0℃左右时，手感冰凉，若触摸时间较长会产生刺骨痛感；10℃左右时，手感较凉，但一般能忍受；20℃左右时，手感稍凉，随着接触时间延长，手感渐温；30℃左右时，手感微温，有舒适感；40℃左右时，手感较热，有微烫感觉；50℃

左右时，手感较烫，若用掌心按的时间较长，会有汗感；60℃左右时，手感很烫，但一般可忍受10s长的时间；70℃左右时，手感烫得灼痛，一般只能忍受3s长的时间，并且手的触摸处会很快变红。触摸时，应试触后再细触，以估计机件的温升情况。用手晃动机件可以感觉出0.1~0.3mm的间隙大小。用手触摸机件可以感觉振动的强弱变化和是否产生冲击。

用配有表面热电偶探头的温度计测量滚动轴承、滑动轴承、主轴箱、电动机等机件的表面温度，具有判断热异常位置迅速、数据推确、触测过程方便的特点。

8.4.2.3　观察法

人的视觉可以观察设备上的机件有无松动、裂纹及其他损伤等；可以检查润滑是否正常，有无干摩擦和跑、冒、滴、漏现象；可以查看油箱沉积物中金属磨粒的多少、大小及特点，以判断相关零件的磨损情况；可以监测设备运动是否正常，有无异常现象发生；可以观看设备上安装的各种反映设备工作状态的仪表，了解工况的变化情况，可以通过测量工具和直接观察表面状况，判断设备工作状况。把观察的各种信息进行综合分析，就能对设备是否存在故障、故障部位、故障的程度及故障的原因作出判断。通过仪器，观察从设备润滑油中收集到的磨损颗粒，实现磨损状态监测的简易方法是磁塞法。它的原理是将带有磁性的塞头插入润滑油中，收集磨损产生出来的铁质磨粒，借助读数显微镜或者直接用人眼观察密粒的大小、数量和形状特点，判断机械零件表面的磨损程度。用磁塞法可以观察出机械零件磨损后期出现的磨粒尺寸较大的情况。观察时，若发现小颗磨粒且数量较少，说明设备运转正常；若发现大颗磨粒，就要引起重视，严密注意设备运转状态；若多次连续发现大颗磨粒，便是即将出现故障的前兆，应立即停机检查，查找故障，进行排除。

参考文献

[1] 张永建，齐秀丽．矿井通风压风与排水设备 [M]．徐州：中国矿业大学出版社，2015.
[2] 王昌田．流体力学与流体机械 [M]．徐州：中国矿业大学出版社，2009.
[3] 张书征．矿山流体机械 [M]．北京：煤炭工业出版社，2011：87~90.
[4] 黄文建．矿山流体机械的操作与维护 [M]．重庆：重庆大学出版社，2010.
[5] 王茂贵．矿用离心水泵常见故障的分析与处理 [J]．矿山机械，2001 (3)：75~76.
[6] 雪增红，白小榜，罗绍华，等．多级离心泵振动故障诊断分析及处理 [J]．噪声与振动控制，2018，38 (1)：225~228.

9　矿井排水系统先进技术

9.1　矿井排水系统自动控制技术

9.1.1　前置泵正压给水自动排水系统原理

前置泵正压给水系统的主要组成部分包括主排水泵（双吸自平衡多级离心泵）、前置泵（混流泵）、电动机、闸阀（出水闸阀、逆止阀等）、启动设备（软启动器）、检测仪表（液位传感器、流量传感器、温度传感器等），以及管路等。正压给水系统的工作原理如图 9-1 所示，采用主排水泵与前置泵串联方式，前置泵选用低扬程等流量的混流泵，为主排水泵吸水口处提供正压给水。主排水泵启动前，首先启动前置泵，由前置泵向主排水泵吸水管给水，等压力表指针稳定后再启动主排水泵。该排水系统的主要特点有：

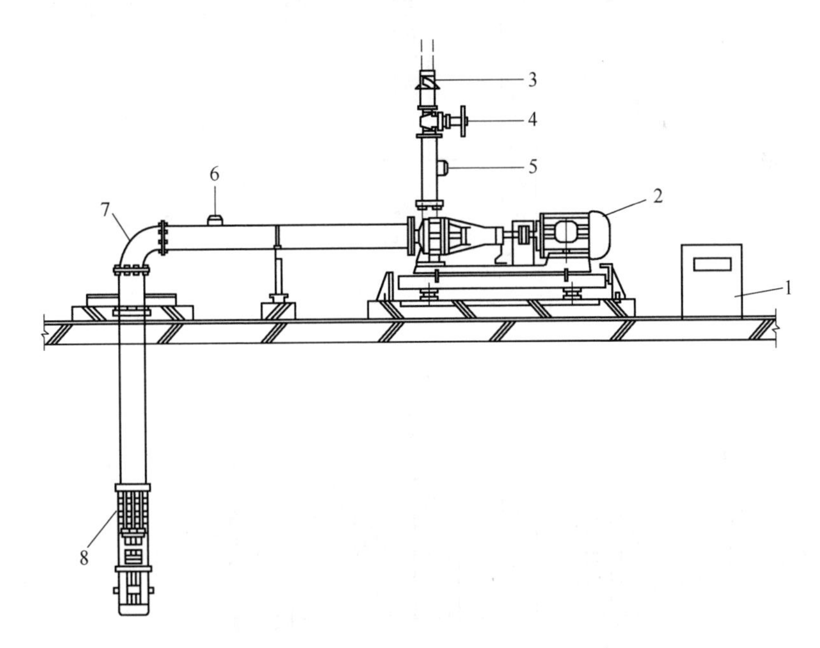

图 9-1　正压给水系统工作原理示意图

1—PLC 控制柜；2—主排水泵；3—逆止阀；4—电动闸阀；
5—流量传感器；6—压力传感器；7—弯头；8—前置泵

（1）采用正压给水技术，消除了主排水泵汽蚀现象，延长了主排水泵的使用寿命，保证了排水系统安全稳定运行。

（2）减少了启动泵的时间，实现快速启泵，增加了排水能力的储备，有效提高了应急排水响应速度和处置能力。

（3）实现了排水系统的启停、调节全自动控制，降低了工作人员劳动强度。

（4）通过前置泵变频调速，使其自动适应主排水泵压力及流量变化，始终使排水系统保持在高效工况区运行。

9.1.2　控制系统硬件结构组成

控制系统硬件结构组成如图 9-2 所示，主要包括 PLC 控制器、模拟量输入模块、数字量输入模块、数字量输出模块、通信模块和上位机监控中心等。

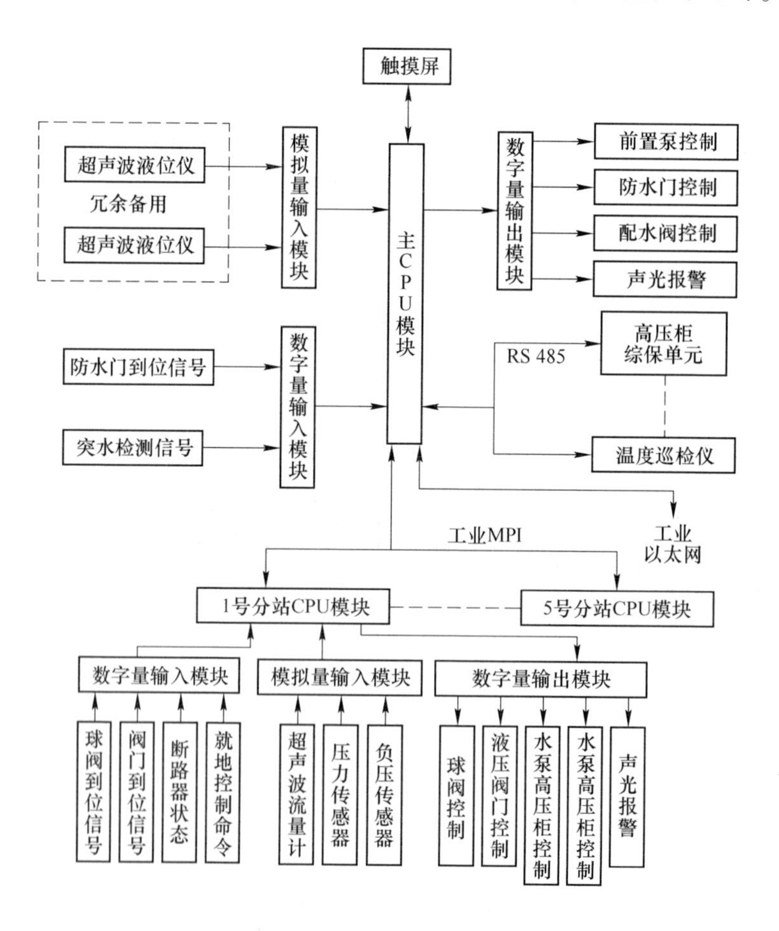

图 9-2　控制系统硬件结构

（1）PLC 控制器。PLC 控制器选用西门子公司生产的 S7-1200PLC 控制器。

（2）模拟量输入模块。此模块需要采集水位、入水口真空度、出水口压力、排水管流量等参量。

（3）数字量输入模块。数字量输入模块需要向中央处理单元输入电动闸阀和电动球阀的开关状态及各阀的到位信号、控制方式的选取信号，以及水泵启停信号等。

（4）数字量输出模块。数字量输出信号包括各水泵的启停信号以及电机过温保护信号，电磁阀开关信号，故障报警信号等。

9.1.3　控制系统主要功能

矿井排水自动控制系统应具备以下主要功能。

9.1.3.1　系统工作方式

系统控制方式分为就地、禁启、远程三种控制方式。就地是指井下操作台控制，地面上位机操作无响应，井下操作台可分为自动、手动、检修等操作方式；禁启是指自动化设备禁止操作，井下操作台以及地面上位机操作无响应；远程控制是指地面上位机操作，井下操作台操作无响应。系统控制方式可根据不同的实际工作需求，进行多种控制和模式的变换。

9.1.3.2　控制策略

根据矿井涌水网络和水泵运行情况，系统采用了基于模糊控制和动态规划算法的两种排水优化控制策略。这两种控制策略在前置泵正压给水系统运行后表明，可充分利用泵房水仓容积，实现“高水位排水，低水位停泵”，最大限度地达到“避峰填谷”的目的，其节能降耗显著。

9.1.3.3　一键启停

系统设计了“一键启停”功能。当按下一键启动按钮，水泵自动切换到全自动工作模式，泵组将按照设定好的工艺流程执行相应的程序。一键快速启泵，减少了主泵启动时间，有效提高了应急排水响应速度和处置能力。

9.1.3.4　数据采集处理与显示

排水系统安装了流量、液位、压力等传感器，通过采集流量、水位、压力等参量信号，通过 RS485 总线接口与工控机连接，进行实时双向数据传输，从而控制水泵机组、电动阀等设备。工作人员可以通过上位机组态监控界面实时了解排水系统的工作运行状态。

9.1.3.5　泵房协同排水控制

设计了矿井主排和强排双泵房联合布置方案和智能切换系统。在水情异常时发出预警信号，超过临界值时自动智能切换，确保主排水系统安全退出以及抗灾系统及时投入。

9. 1. 3. 6　安全保护功能

系统设有电机故障保护、超温保护、漏水保护、流量保护和压力保护等保护和故障提醒功能。采用声光报警相结合的方式，一般的故障采用灯光报警，只有在发生重大故障时，才启动警铃报警。

9.1.4 PLC 控制系统程序的实现

根据排水系统的总体结构设计方案和要求，进行系统软件编程和调试。首先在博图软件中设计 Main［OB1］主程序块，通过在主程序中设计判断条件和调用功能块或中断子程序来完成排水程序循环执行。在博图软件中添加 FC、FB 函数块编写不同功能的子程序块，其子程序模块主要包括系统工作方式选择、水泵一键启停、避峰填谷控制策略、自动轮换、泵房智能切换等功能。

9. 1. 4. 1　系统工作方式选择

在排水系统运行之前，需要先诊断 PLC 控制柜和相关设备是否存在故障。若系统设备有故障，系统自动切换到就地箱检修控制模式并通过报警指示灯发出报警信号；设备无故障时，系统才能进入远程自动控制模式。在设备故障检修或系统维护时，可切换到就地检修模式。另外，设置控制系统优先级，操作箱的控制级别高于上位机的控制等级，手动模式高于自动模式，禁起控制的优先级最高，系统工作方式选择流程如图 9-3 所示。当系统控制处于就地检修操作模式时，此时设备处于检修状态，主要是对 PLC 控制柜和矿井设备进行故障检修，解除互锁关系并对每个水泵进行调试，以保证设备的安全运行。

9. 1. 4. 2　水泵一键启停

在远程上位机监控界面上点击“一键启动”按钮，水泵机组将按照设定的工艺流程执行启泵过程，启泵流程如图 9-4 所示。停止水泵时，点击“一键停止”按钮，系统将先关闭电动闸阀，并依次停止主排水泵和前置泵运行。若采用操作台手动控制，其具体操作过程如下：

（1）准备工作。

1）检查电动阀门，分别测试电动阀门处于“现场”与“集控”位置时，其运行是否正常。

2）进行气密试验测试。关闭放气阀阀门，充压 0. 2MPa，保压 2min，压力下降不超过 0. 05MPa。

3）进行放气阀排气测试。打开放气阀阀门，充压<0. 1MPa，放气阀排气。

4）检查自动控制系统是否运行正常。

（2）启动水泵。

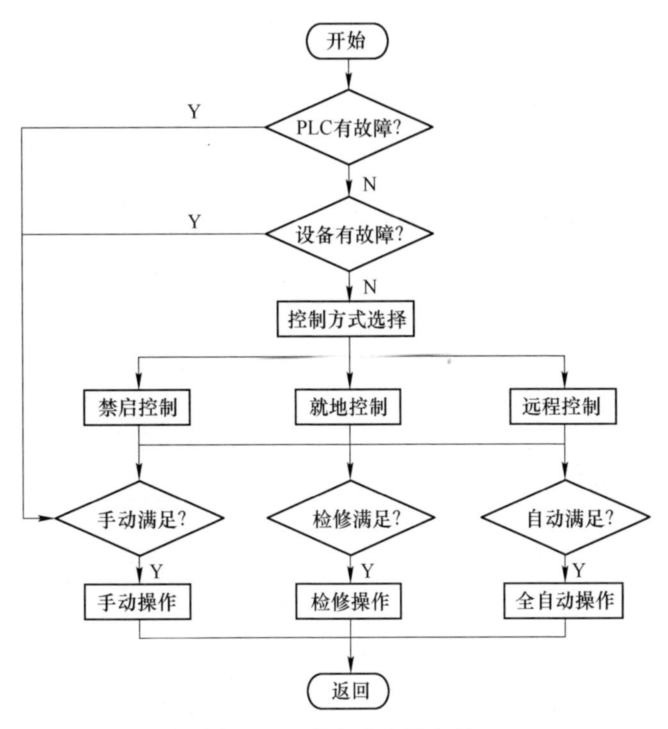

图 9-3 工作方式选择流程

1）按下前置泵“启动”按钮，前置泵启动，放气阀自动开启。

2）软启动“启动”。按下软启动开关“启动”按钮，主排水水泵开始启动，放气阀自动关闭。

3）电动闸阀开启。软启动开关投入结束时，将电动闸阀开始缓慢匀速打开，开启速度按电机电流值不超过其额定值上限。

4）主排水水泵启动后，观察水泵进出水口压力值变化，出口压力等于水泵额定压力值为正常，进口压力值大于“零”为正常。

（3）停止水泵。

1）旋转电动闸阀至开度 2%位置。

2）按下软启动开关“停止”按钮，停止主排水泵运行，3s 内将闸阀全部关闭。

3）关闭闸门同时，按下前置泵“停止”按钮，停止前置泵运行。

9.1.4.3 避峰填谷控制策略

井下水仓可划分为最低水位、低水位、中水位、高水位、极限水位五个水位线。当处于最低水位时，水泵机组不工作，水仓蓄水；当水仓水位处于安全水位时，采用模糊控制策略进行避峰填谷，自动调节水仓水位高度；当处于极限水位

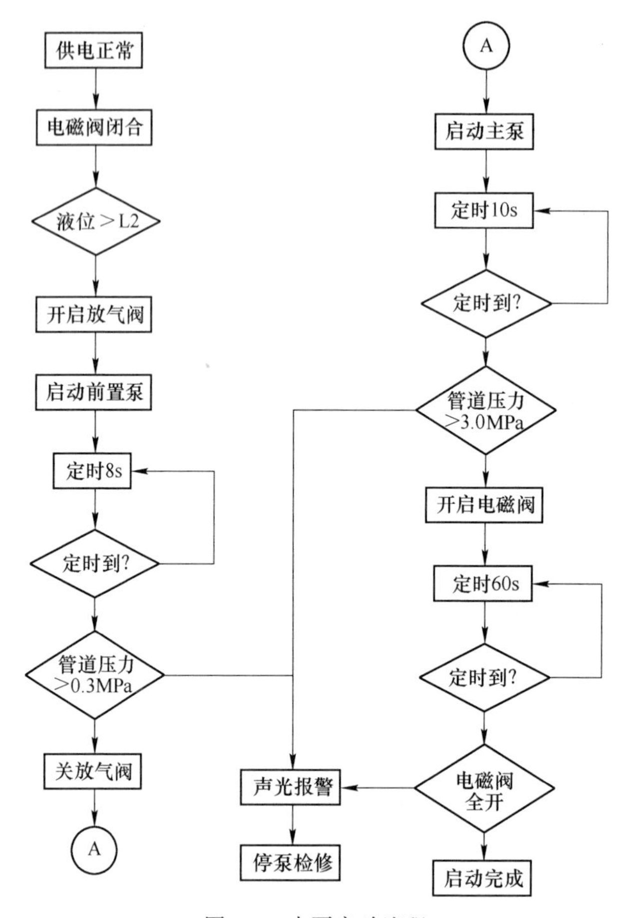

图 9-4　水泵启动流程

时，启动全部泵组；当同时出现极限水位和高涌水速率时，系统自动切换到抢险泵房共同排水。系统控制策略流程如图 9-5 所示。

在正常涌水工况下，水泵运行台数与水仓水位高度、水位变化率（上升速率和下降速率）和工业电价（将 24h 分成谷段、平段、峰段和尖段）的变化有关系，PLC 控制柜通过数据采集，将各参量数据传给上位机进行处理，依据模糊控制规则算法，计算水泵组实际工作台数。

9.1.4.4　自动轮换原则

水泵组系统根据运行时间采用自动轮换原则，可以有效减少水泵、管路及电器设备因长期不用而造成的腐蚀损耗以及存在的可能故障，延长了设备使用寿命，提高了矿井排水系统的安全性和可靠性。系统设计采用两用一备原则，为每一个水泵分配两个数据寄存器，一个寄存器设定水泵轮换时间，另一个存放水泵累计运行时间。每启动一次水泵，都自动对运行累计时间与设定轮换时间进行比

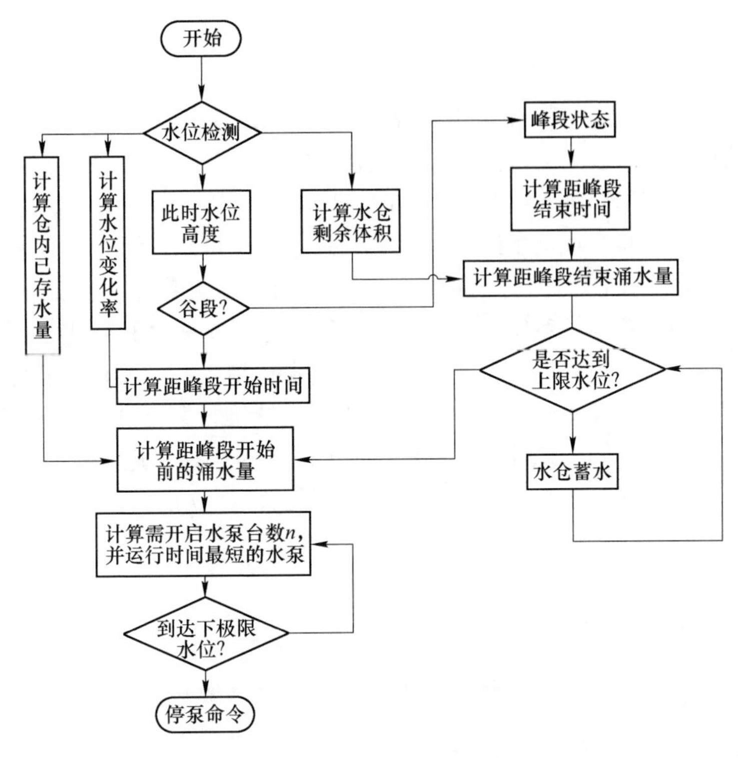

图 9-5 控制策略流程图

较，以便启动无故障或者运行时间最少的水泵。排水系统自动轮换流程如图 9-6 所示。

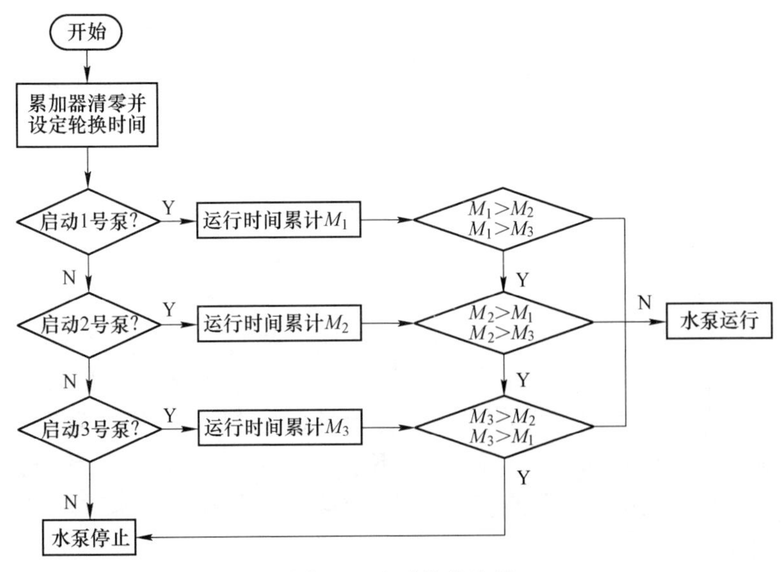

图 9-6 自动轮换流程

9.1.4.5　泵房智能切换

A　双泵房联合布置排水方案

《煤矿防治水规范》第 11.1.1 条规定，“水文地质条件复杂、极复杂或有突水危险性的矿井，未设置防水闸门时，应在正常排水系统的基础上增设抗灾排水系统”。强排系统的作用有两种：一种是对于有限突水（即突水量经过一段时间集中排放能够显著减少或彻底疏干）矿井，强排系统可以在短时间内提供较大的排水能力，并在一定时间内协助正常排水系统排除矿井突水，保证矿井免于淹没。这种情况是设置强排系统最有价值的一种。另一种是对于无限突水（即突水量大到难以估计，不提供静水环境难以封堵突水通道，直至无法避免淹井事故）矿井，强排系统可以在短时间内协助正常排水系统维持井下巷道中的安全水位，赢得井下人员撤离时间。这种情况只可挽救井下人员生命，避免不了淹井，其价值稍低于第一种情况。双泵房联合布置排水方案如图 9-7 所示。

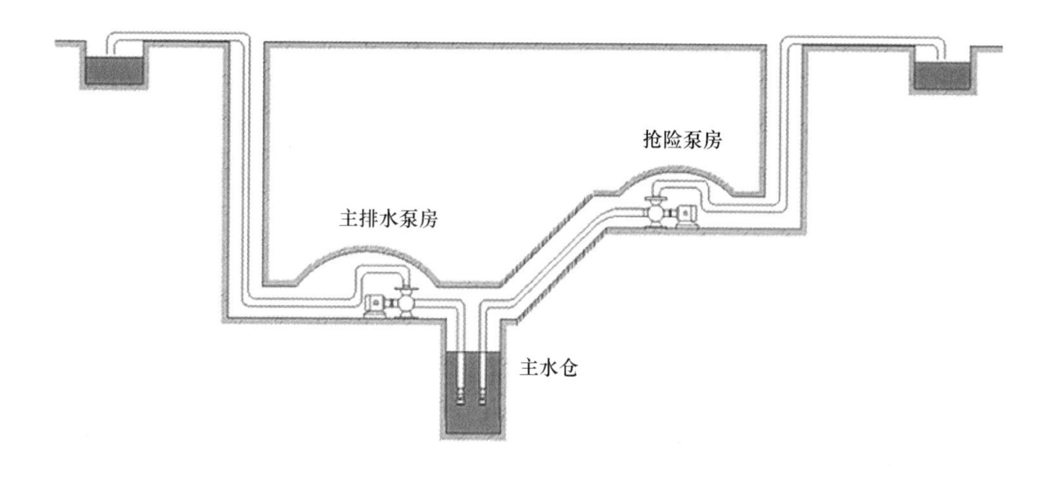

图 9-7　双泵房联合布置排水方案

B　双泵房智能切换

当井下水位未达到主排水泵房警戒线时，主要通过主排水泵房实现排水功能；当井下主水仓达到最高液位或者涌水速率过高时，可以选择抢险泵房运行或者抢险泵房和主排水泵房联合运行；当井下水位开始淹没主排水泵房，超过临界值时，系统自动智能切换，主排水泵房停止运转，抢险泵房开始运转。双泵房切换流程如图 9-8 所示。

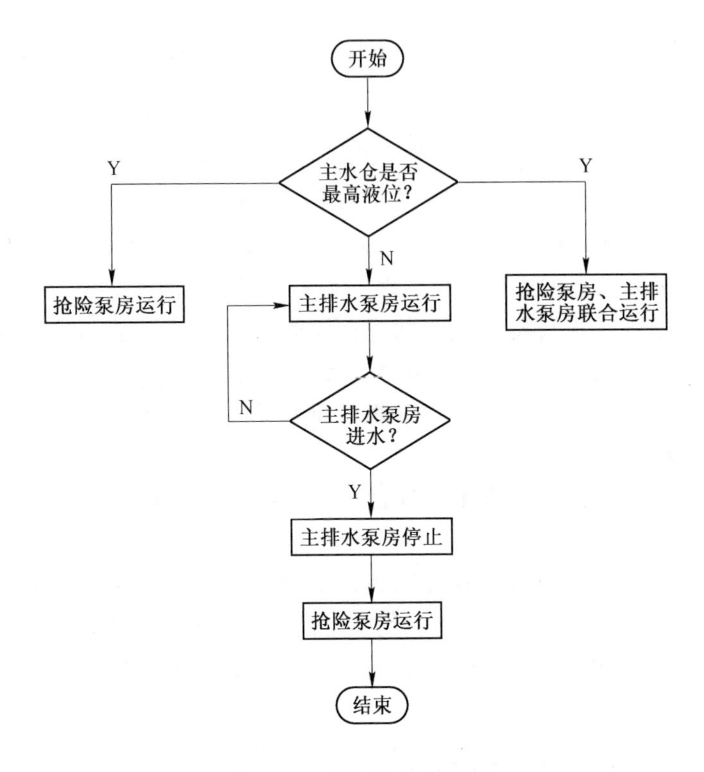

图 9-8 双泵房切换流程

9.2 矿井排水系统三维可视化在线监控技术

9.2.1 煤矿井下排水系统可视化监控技术概述

可视化（visualization）是利用计算机图形学和图像处理技术，将数据转换成图形或图像在屏幕上显示出来，并进行交互处理的理论、方法和技术。它涉及计算机图形学、图像处理、计算机视觉、计算机辅助设计等多个领域，是研究数据表示、数据处理、决策分析等一系列问题的综合技术。可视化技术利用计算机模拟生成虚拟环境，通过听觉、视觉、触觉等作用使用户产生身临其境的感觉，同时根据用户的输入改变虚拟场景，使用户仿佛置身其中。

将煤矿排水在线监测系统与虚拟现实技术相结合，通过组建在线监测系统的硬件系统（现场数据采集、数据传输）和进行三维显示场景的软件开发，构建具有交互功能的虚拟排水系统场景，实时逼真地模拟显示排水系统的工作状态、矿井涌水量、涌水速率、管道流量等参量信息，并对系统进行多视点、多角度的状态浏览，丰富了用户的视觉信息，大大提高了监测的灵活性。

9.2.2　煤矿井下排水三维可视化在线监控系统的建设目标

煤矿排水三维可视化在线监测系统，结合桌面式虚拟现实技术，围绕人机交互与现场数据响应处理，以排水系统泵房主设备为监测对象，构建具有沉浸感和交互功能的三维可视化在线监测系统。利用 WPF 和 3Ds MAX 三维软件构建三维可视化场景，通过多总线网络数据采集系统，将排水设备的状态信息传输到计算机，计算机对采集的数据进行分析处理，实现对监控画面实时驱动，能够在三维环境中全方位监测排水设备的运行状况；同时具有系统漫游和设备远程控制功能，从而实现泵房无人值守。其具体建设目标如下：

(1) 通过三维建模技术真实再现煤矿排水系统三维场景，构建具有沉浸感的三维虚拟环境。

(2) 实现系统在线监测功能，通过数据驱动实时呈现设备运行姿态与系统运行参数。

(3) 系统能够实现设备远程控制和系统漫游，用户能够全方位多角度对设备运行状态进行观察并对设备进行远程操控，实现泵房无人值守。

(4) 界面设计和操作简单化，监测结果表示直观化，能够适用于不同层次用户的使用。

9.2.3　煤矿井下排水系统井下可视化监测

煤矿井下排水系统井下可视化监测技术，对三维可视化建模要求较高，利用 3Ds MAX 软件对煤矿井下排水系统及其结构布局进行三维可视化建模时，可只针对排水设备外观及需要观察的部分进行分开建模，其他部分则直接对外观按照 1∶1 的比例进行建模即可。该三维可视化运行画面采用 CPU 及高端显卡进行控制显示，避免在运行时出现卡阻。根据计算机图形学原理及实际的建模工作经验，在对该排水系统进行三维可视化建模时应遵循以下原则：模型画面尽量简化，只针对需要观察的地方进行细致建模，避免运行画面太多而造成 CPU 速度低，运行画面卡阻现象；三维建模时尽量减少锯齿及纹理模糊，避免影响模型的渲染；尽量降低模型数量，避免影响系统运行速度；对模型密度进行合理排布，避免分布不均造成系统运行卡阻。泵房三维仿真图形界面如图 9-9 所示。

在线监测数据的显示有实时数值、实时曲线两种显示方式，数值显示通过定义在三维模型上的事件来与下位机实时通信，单击模型对象，触发事件显示实时数据。曲线用于实时显示一定周期内监测量的变化情况，如离心泵、电机、流量、压力模型对象事件触发后的曲线显示。触发离心泵模型可实时显示泵的轴承温度、流量、出口压力、入口压力等数据参量；触发电机模型可实时显示电机电压、电流、转速等主要参数，模型对象与监测参数的对应关系如图 9-10 所示。

图 9-9 泵房三维仿真图

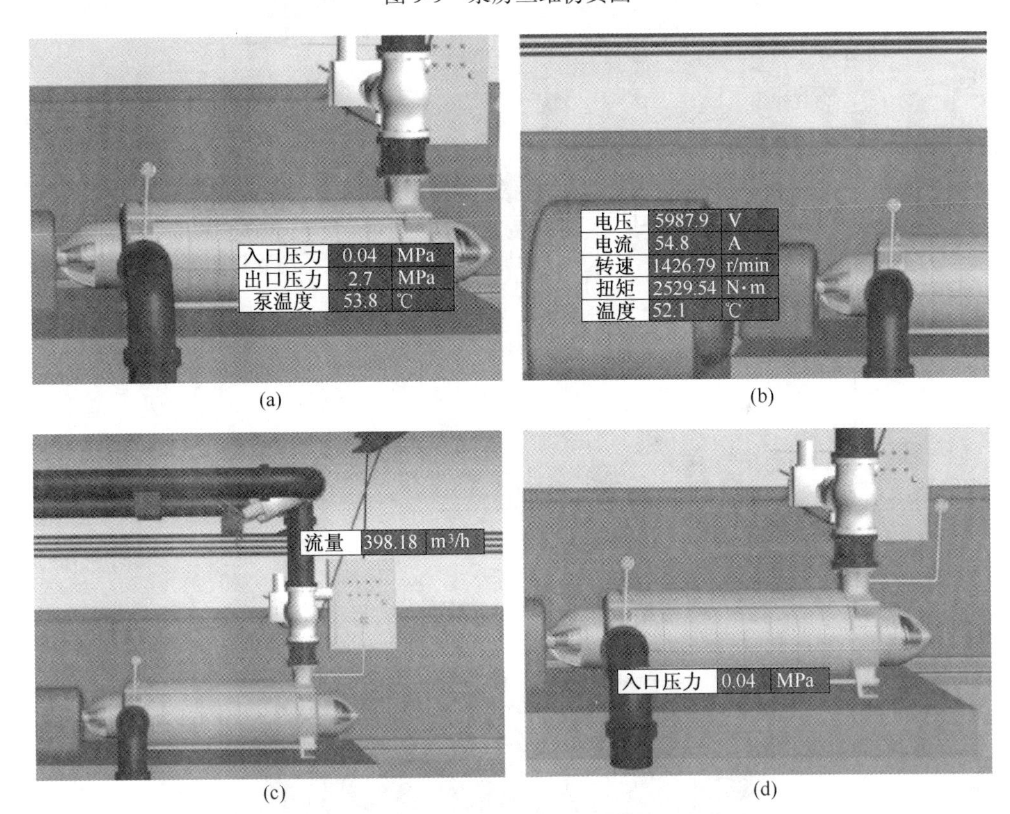

(a) (b) (c) (d)

图 9-10 监测数据的数值显示

(a) 水泵数据实时检测；(b) 电动机数据实时检测；
(c) 流量实时检测数据；(d) 压力流量实时检测数据

9.2.4 煤矿井下排水系统远程视频监测

煤矿井下排水系统远程视频监测技术结合了模拟图像、光纤传输、无线网络通信和数字化视频等信息技术，可实现井下和地面同时显示井下泵房的工作状况。其远程视频监测系统组成如图 9-11 所示，包括矿用本安型摄像仪（见图 9-12）、视频光端机、网络视频服务器、无线交换机和隔爆监视器等设备，其中本安型摄像仪采用 Watec-97LH 黑白 CCD，水平清晰度为 570TVlines，最低照度达 0.002Lux F1.4，手动定焦镜头。煤矿井下排水系统视频监测结合了有线光纤和无线网络两种传输方式，安装的摄像仪将图像经 4 路光端机转换成光信号，先通过光缆传输至隔爆监视器进行井下就地显示（见图 9-13），后经工业环网传至地面监控计算机进行远程监测（见图 9-14）。若采用无线视频监测，摄像仪图像经 2 路网络视频服务器转换成电信号，再通过无线交换机将数据传输至地面，地面

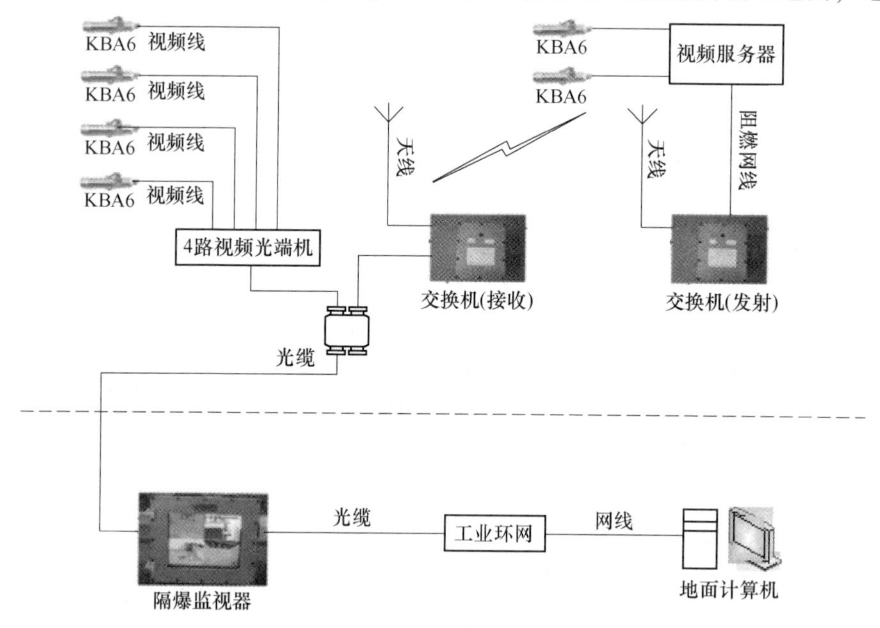

图 9-11　煤矿井下排水系统远程视频监测系统组成

图 9-12　本安型摄像仪

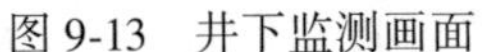
图 9-13 井下监测画面

图 9-14 地面远程监测画面

试验和井下试验表明：该系统运行稳定可靠，具有在多尘且振动条件下视频采集、传输及处理功能，其无线传输距离大于 20m，满足现场要求。

9.2.5 煤矿井下排水系统远程可视化监控

9.2.5.1 煤矿井下排水系统远程可视化监控组成与原理

煤矿井下排水系统远程可视化监控是指在距离井下排水系统一定距离范围内，对排水系统的运行状态进行画面监测并发出控制指令的技术，是实现井下自动化排水的关键技术。该技术将计算机、自动控制、网络通信等多学科技术相结合，其总体结构如图 9-15 所示。系统采用三级网络控制结构，由井下现场采集单元、PLC 控制单元、远程监控中心组成，通过工业以太网或光纤建立专用控制网络进行各级之间的数据传输和交换，以实现水泵的自动启停，附属设备的数据

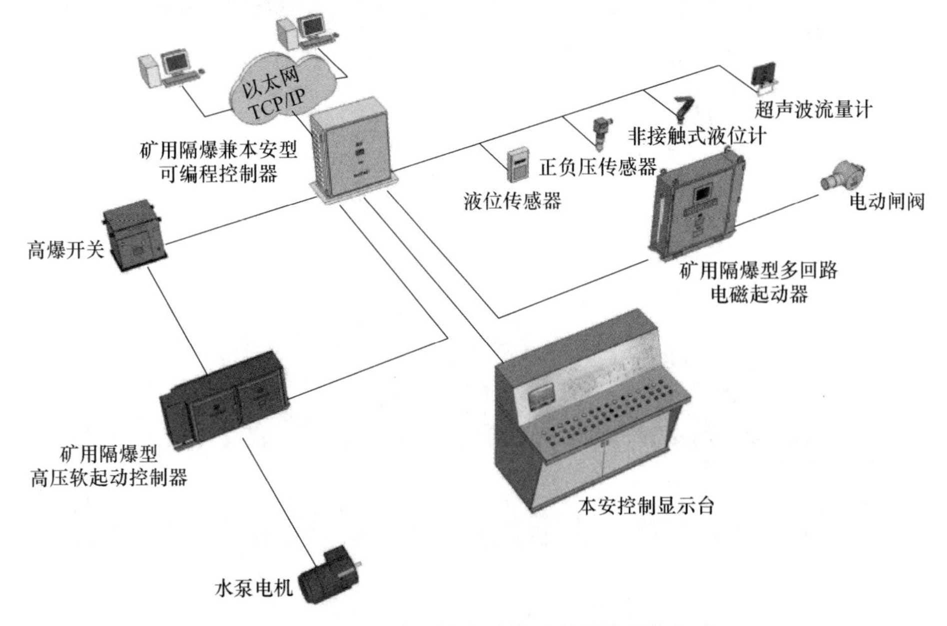

图 9-15 煤矿井下排水系统远程监控系统组成

采集，以及排水过程的实时监控和控制。

（1）井下现场采集单元。现场采集单元主要功能是通过各种传感器采集水仓液位、水泵的流量和压力、电机的电压和电流、闸阀状态等数据参量，并把这些数据传给 PLC 控制单元。

（2）PLC 控制单元。在整个排水系统中，水泵机组的控制、闸阀的开度和水仓水位的高度等参数都由 PLC 控制。PLC 控制单元通过接收现场层的数据信号，对信号进行变换、放大、存储等，并传输上位机发出的控制指令信号。

（3）远程监控中心。远程监控中心是煤矿井下排水系统远程监控的重要组成部分，由 PC 计算机和 IFIX 软件组成。PC 机选用 Intel Pentium M 微处理器，速度为 1GHz，80G 固态硬盘，工业级触摸板键盘，17 寸液晶显示屏，CSD 扩展板的硬件配置。同时还配有控制模块、存储模块、输入输出设备、通信模块和电源模块。远程监控系统可以通过服务器完成数据在客户端之间的传输，同时还可实现人机对话和远程监控。

9.2.5.2　煤矿井下排水系统远程可视化监控实现

以冀中能源峰峰集团有限公司孙庄采矿开发的远程可视化监控系统为例，上位机监控系统采用 IFIX 组态软件设计，具有数据报表实时显示与存储，设备故障报警及故障分析、历史数据存储、报警记录信息查询和打印等功能。上位机系统主界面（如图 9-16 所示）主要包括登录界面、监控界面、历史数据查询和故

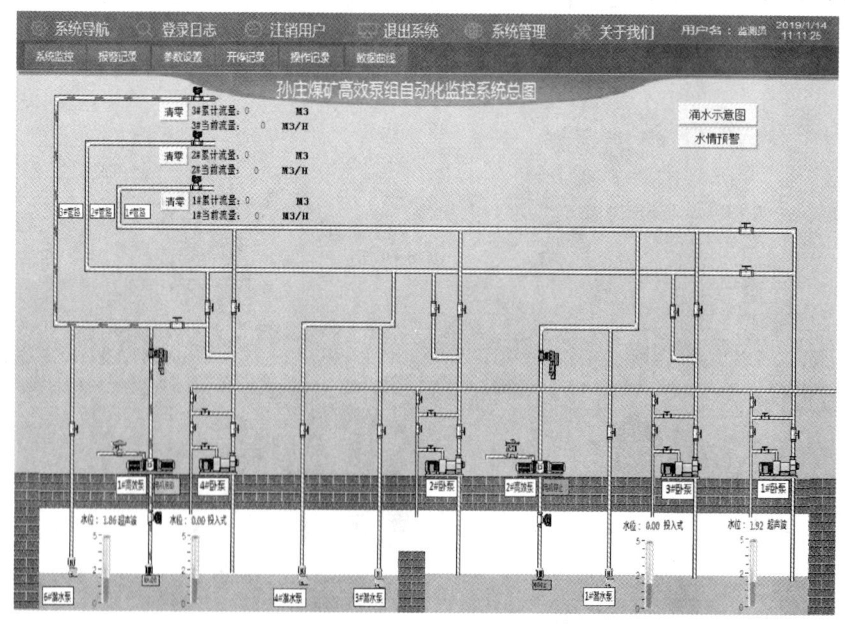

图 9-16　远程监控系统主界面

障记录界面、系统参数设置界面和水情预警界面等。监控软件为多进程同时运行，其主要进程模块包括核心监控进程、显示进程、CAN 通信进程、以太网通信进程。

系统打印报警记录界面可以实时查看系统设备故障、报警时间、持续时间和故障状态等信息，也可以打印报警记录，如图 9-17 所示。当故障指示灯显示红色时，表示有故障报警，点击红色指示灯可显示故障报警信息，点击“复位”按钮可复位故障。详细报警记录可在系统主界面中点击“报警记录”查看，选择需要查看的日期，点击“查询”即可。

图 9-17 打印报警记录界面

系统参数设置界面如图 9-18 所示，可设定温度、压力、水位、电压和电流的量程上下限以及故障报警限值。当某一台设备或是传感器出现故障但是不影响整体设备运行，则可通过界面屏蔽写 1 进行屏蔽，该设备将不会参与系统控制，界面屏蔽写 0 为设备投入控制系统运行。另外，可设定水仓高低水位报警限值，如水仓全自动高水位限值（开启一台水泵），水仓全自动极限水位限值（开启两台水泵）。

系统导航　登录日志　注销用户　退出系统　系统管理　关于我们　用户名：监测员　2019/1/14 14:33:01

系统监控　报警记录　参数设置　开停记录　操作记录　数据曲线

孙庄煤矿高效泵组自动化参数设置

泵2参数设置　1#泵组参数设置　设置

出口压力上限	4.0	MPa	注水用时	10	s	电机1A相温度限值	150.0	℃	震动1量程上限	200	mm/s
出口压力下限	0.0	MPa	潜水泵超时	7	s	电机1B相温度限值	150.0	℃	震动1量程下限	0.0	mm/s
进口压力上限	1000.0	KPa	潜水泵用时	5	s	电机1C相温度限值	150.0	℃	震动1量程限值	0.0	mm/s
进口压力下限	-100.0	KPa	出气超时	25	s	电机1前轴温度限值	150.0	℃	震动2量程上限	200.0	mm/s
盘根压力1上限	1000.0	KPa	出气用时	23	s	电机1后轴温度限值	150.0	℃	震动2量程下限	0.0	mm/s
盘根压力1下限	-100.	KPa	电动闸阀超时	120	s	电机2A相温度限值	150.0	℃	震动2量程限值	0.0	mm/s
盘根压力2上限	1000.0	KPa	电动闸阀用时	110	s	电机2B相温度限值	150.0	℃	震动3量程上限	200.0	mm/s
盘根压力2下限	-100.0	KPa	加压超时	14	s	电机2C相温度限值	150.0	℃	震动3量程下限	0.0	mm/s
出口压力量程限值	2.0	MPa	加压用时	12	s	电机2前轴温度限值	150.0	℃	震动3量程限值	0.0	mm/s
进口压力量程限值	0.0	KPa	电机超时	5	s	电机2后轴温度限值	150.0	℃	噪音量程上限	0.0	DB
盘根压力1量程限值	0.0	KPa	抽水电流	80.0	A	水泵前轴温度限值	150.0	℃	噪音量程下限	0.0	DB
盘根压力2量程限值	0.0	KPa	流量计量程上限	5000.0	m³/h	水泵后轴温度限值	150.0	℃	噪音量程限值	0.0	DB
流量计量程限值	500.0	m³/h	流量计量程下限	0.0	m³/h	潜水泵电流量程上限	300.0	A	水质量程上限	200.0	
高开电压量程上限	300.0	V	高开电流量程上限	50.0	A	潜水泵电流量程下限	0.0	A	水质量程下限	0.0	
高开电压量程下限	0.0	V	高开电流量程下限	0.0	A	潜水泵电流量程限值	150.0	A	水质量程限值	0.0	
高开电压量程限值	5000.0	V	高开电流量程限值	170.0	A	潜水泵电压量程上限	1000.0	V	环境温度量程上限	0.0	℃
屏蔽流量计	1		屏蔽潜水泵电压	0		潜水泵电压量程下限	0.0	V	环境温度量程下限	0.0	℃
屏蔽排气阀	1		屏蔽潜水泵电流	0		潜水泵电压量程限值	500.0	V	环境温度量程限值	0.0	℃
屏蔽排气阀关到位	0		屏蔽潜水泵	0		屏蔽高开电压	0		环境湿度量程上限	0.0	%
屏蔽排气阀开到位	0		屏蔽潜水泵运行反馈	0		屏蔽高开电流	0		环境湿度量程下限	0.0	%
屏蔽电动闸阀	0		屏蔽出口压力	1		屏蔽泵组前轴温度	1		环境湿度量程限值	0.0	%
屏蔽电动闸阀关到位	0		屏蔽进口压力	1		屏蔽泵组后轴温度	1		屏蔽水质	1	
屏蔽电动闸阀开到位	1		屏蔽电机2A相温度	0		屏蔽电机1A相温度	0		屏蔽环境温度	1	
屏蔽震动1	1		屏蔽电机2B相温度	0		屏蔽电机1B相温度	0		屏蔽环境湿度	1	
屏蔽震动2	1		屏蔽电机2C相温度	0		屏蔽电机1C相温度	0		屏蔽盘根压力1	1	
屏蔽震动3	1		屏蔽电机2前轴温度	0		屏蔽电机1前轴温度	0		屏蔽盘根压力2	1	
屏蔽噪音	1		屏蔽电机2后轴温度	0		屏蔽电机1后轴温度	0				

水仓参数设置		
1#仓超声波液位量程上限	5.0	m
1#仓超声波液位量程下限	0.0	m
1#仓投入式液位量程上限	5.0	m
1#仓投入式液位量程下限	0.0	m
2#仓超声波液位量程上限	5.0	m
2#仓超声波液位量程下限	0.0	m
2#仓投入式液位量程上限	5.0	m
2#仓投入式液位量程下限	0.0	m
水仓液位高限	2.5	m
水仓液位低限	1.0	m
水仓全自动液位高限	2.5	m
水仓全自动液位极限	3.0	m
水仓全自动液位低限	1.0	m
屏蔽1#仓超声波液位	0	
屏蔽1#仓投入式液位	1	
屏蔽2#仓超声波液位	0	
屏蔽2#仓投入式液位	1	

图 9-18　系统参数设置

9.3　矿井排水系统智能控制技术

9.3.1　基于自学习的涌水速率精准检测

9.3.1.1　水仓有效容量与空仓量初步估算

孙庄矿井下主水仓结构如图 9-19 所示，其断面为半圆拱形。因矿井水含有较多的煤泥和沙石杂质，从水仓入口至吸水井处，水层从上至下分别为流水层、煤水混合层以及煤泥淤积层三部分。设仓顶至底部的高度为 H，半圆拱形半径为 R，水仓长度为 L，水仓水位为 H_1，煤泥淤积厚度为 H_2，水面至煤泥层的距离为 H_3，根据上述参考可计算该水仓的空仓量、有效容量。

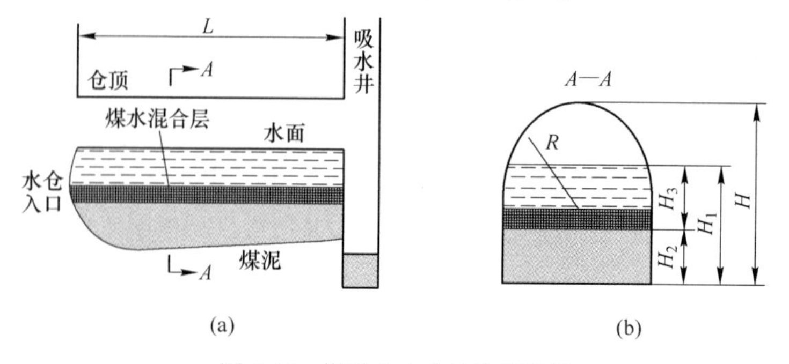

图 9-19　煤矿主水仓结构示意图

（a）纵向结构；（b）横向结构

水仓的总容量 V_{total} 为：

$$V_{total} = \left[\frac{\pi R^2}{2} + 2R(H - R)\right]L \tag{9-1}$$

当水位和煤泥淤积均处于正常状况，即 $H_1>H_2$时，空仓量根据水位是否达到水仓半圆拱得到两种计算结果。

（1）$H_1<(H-R)$，即水面尚未或即将进入半圆拱时，空仓面积为半圆面积与矩形面积之和，故空仓量为：

$$V_{empty} = \left[\frac{\pi R^2}{2} + 2R(H - R) - 2RH_1\right]L \tag{9-2}$$

（2）$H_1>(H-R)$，即水面已经进入半圆拱时，空仓面积为弓形面积，采用微积分计算该面积后，可得空仓量为：

$$V_{empty} = \left[\frac{\pi R^2}{2} - (H_1 + R - H)\sqrt{R^2 - (H_1 + R - H)^2} - R^2\arcsin\frac{H_1 + R - H}{R}\right]L \tag{9-3}$$

而水仓的有效容量 $V_{有效}$为总容量减去煤泥的体积，即：

$$V_{有效} = \left[\frac{\pi R^2}{2} + 2R(H - R - H_2)\right]L \tag{9-4}$$

从上述计算结果可知，如果能够实时测得水仓各处的水位 H_1及煤泥淤积厚度 H_2，就可以估算出水仓的空仓量和有效容量。

9.3.1.2 涌水速率的精准检测

因水仓空腔断面形状尺寸不规则，且受冲击地压因素影响，腔体尺寸会发生一定程度变形，故采用上述体积法计算水仓有效容量存在较大误差。在正常涌水条件下，根据液位传感器所检测的液位高度，初步估算出水仓有效容量，通过调节前置泵转速 n 使其水仓液位保持正常水位高度不变，此时水泵排水量 Q_1 等于涌水量 $Q_2(Q_1 = Q_2)$，即使水仓液位保持恒定。此时，当增大前置泵转速，使其为 n_i，增大水泵排水量 Q_i，水仓液位开始下降，则有：

$$Q_i - Q_2 = Q_i - Q_1 = \Delta Q_j = \int_h^{h_2} S(h_i)\,dh \tag{9-5}$$

式中 ΔQ_j——水仓水位下降变化量，L/min；

h——前置泵转速为 n 时水仓液位高度，m；

h_2——前置泵转速为 n_i时水仓液位下降位置高度，m；

$S(h_i)$——水仓液位变化时等效断面面积，m^2。

此时可精确计算出该段时间 t 内涌水速率的变化，有：

$$\frac{\Delta Q_j}{t} = \Delta eS(h_i) \tag{9-6}$$

式中　Δe——当前水位上升速率，m/s。

同理，当减小前置泵转速 n_i'，减小水泵排水量 Q_i'，水仓液位开始上升，则有：

$$Q_2 - Q_i' = Q_1 - Q_i' = \Delta Q_s = \int_h^{h_1} S(h_i)\,dh \tag{9-7}$$

式中　ΔQ_s——水仓水位上升变化量，L/min；

h_1——前置泵转速为 n_i时水仓液位上升位置高度，m。

通过实时在线检测水泵排水量变化，可准确计算出水仓液位下降或上升时水仓容量变化的准确值，构建水仓液位变化与水仓容量变化知识库，通过在线实时迭代学习，自动获取知识，完成水仓水位变化速率 Δe 及不同液位 h_i对应的水仓有效容量的精准计算。

9.3.2　基于模糊控制的单水平涌水控制策略

在煤矿排水系统中，由于涌水量、水仓液位、工业电价等参数是变量非线性的、时滞的、不确定的，不可能建立表示矿井各参数运动规律和特征的数学模型，因此，传统的线性控制不适合矿井排水系统。然而有些煤矿井下工人员却能凭借丰富的经验，减少排水系统运行电费，使水仓水位得到很好的控制。因此，凭借经验知识构建知识库，基于模糊控制技术可实现单水平涌水的最优控制。

9.3.2.1　模糊控制理论

模糊控制是一种非线性智能控制，是以模糊集合理论、模糊语言变量及模糊逻辑推理为基础的控制。基本思想就是对专家技术人员在长期实践中总结出的经验建立系统控制策略，然后将模糊的控制语言规则转化为相应的数值运算，并以模糊数学为理论基础、计算机为媒介进行非线性智能控制。

模糊控制技术具有如下突出特点：

(1) 不需要建立被控系统精确的数学模型，因为它是通过操作人员长期对系统的控制经验与知识积累实现的。对于对多输入多输出复杂的控制系统对数学模型依赖性小，可通过建立模糊控制语言对系统控制。

(2) 模糊控制模仿人类智慧思维中的模糊量，如：对一些不确定事件给出“多”“少”“大”“小”的模糊判断。人们可以更容易理解模糊控制策略，方便设计，容易形成专家“知识”。

(3) 模糊控制系统设计简单，在 PLC、单片机中可建立模糊控制规则，通过 PLC 控制语言代替精确的数字变量。

(4) 模糊控制系统的鲁棒性强，干扰和参数变化对控制效果的影响被大大减弱，可解决控制系统的非线性、时变以及滞后等问题。

9.3.2.2 模糊控制器设计

A 模糊控制器的确定

按输入变量的个数，模糊控制器可以分为一维、二维和三维模糊控制器。目前，模糊控制器使用最广泛的是二维控制器。三维模糊控制器具有 3 个输入变量，分别为系统偏差量 E、偏差变化量 EC 和偏差变化的变化率 ECC。三维模糊控制器在控制效果上要比二维控制器好得多，能够较严格地反映受控过程中输出变量的动态特性。

煤矿井下排水方案要考虑到水仓水位高低、涌水变化率及电价时段。所以，设计一个三输入单输出模糊控制器（即三维模糊控制器），输入变量为水位高度 E、涌水变化率 E_c 和避峰填谷时间 T；输出变量为水泵的开启台数 Q。三维模糊控制器将 3 个输入变量模糊化，在隶属度函数的论域上求出模糊集合的隶属度，再转化成为一个模糊变量。根据模糊控制规则进行模糊决策，得到模糊控制量之后进行非模糊化处理得到精确的输出变量。三维模糊控制器工作原理如图 9-20 所示。

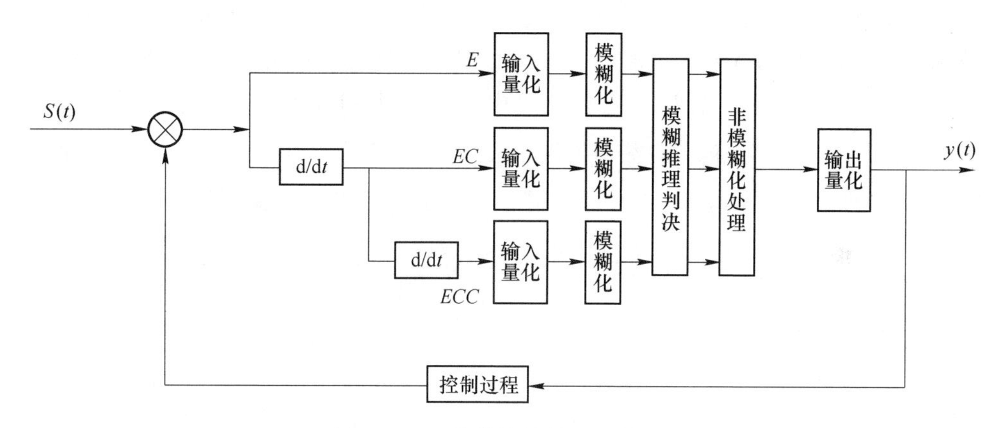

图 9-20 三维模糊控制器工作原理

B 模糊变量的确定

该系统模糊控制结合“避峰填谷”策略。根据不同的电价时段分为尖峰时段和谷平时段，输入变量时间 t 的物理论域选择为 [0，24]。时间变量 t 分为 4 个模糊子集：NB（低谷时段）、NS（高峰时段）、PS（平时段）、PB（尖峰时段），其模糊语言变量为 T 划分四个模糊论域，即 $T=\{-2, -1, 1, 2\}$。

定义井下水仓最低水位为 H_0，实际测得的水位高度为 H，得到水位偏差 $E=\Delta H=H_0-H$，并选其物理论域为 [0，4]。将偏差 E 分为 5 个模糊子集：NB（较低水位）、NS（低水位）、ZE（中水位）、PS（高水位）、PB（较高水位）。根据偏差 E 的变化范围分为 5 个等级的模糊论域，即 $E=\{-2, -1, 0, 1, 2\}$。

输入变量 EC 表示水位偏差变化率，其物理论域选择为 [−0.5, 0.5]。将水位偏差变化率 E_c 分为五个模糊子集：NB（水位下降很快）、NS（水位下降慢）、ZE（水位稳定）、PS（水位上涨慢）、PB（水位上涨很快），其模糊论域划分为5个模糊等级，即 $EC=\{-2, -1, 0, 1, 2\}$。

该系统控制器单输出变量为水泵的启动台数 q，其物理论域选择为 [0, 4]，并选取5个模糊子集：NB（全停）、NS（运行一台）、ZE（运行两台）、PS（运行三台）、PB（全启动）。q 的模糊语言变量为 Q，划分为5个模糊论域，即 $Q=\{-2, -1, 0, 1, 2\}$。

C　隶属函数的确定

隶属函数有高斯型、三角形、钟形、S形等，其表征是任意一个基本论域内的元素 X_e 属于模糊集合 E 程度的高低。选择不同的隶属函数，模糊控制效果会受到很大影响。当隶属函数曲线形状斜率较大、分布面积小时，反映模糊集合的分辨率较高，控制的灵敏度也较高；否则，系统模糊控制效果比较平缓、稳定性好。

本系统选择三角函数作为隶属函数，具有较大的灵敏度，能迅速产生相应的控制信号。在MATLAB中打开FIS Editor（模糊推理系统编辑器），分别建立输入变量水位偏差 E、水位偏差变化率 E_c、电价时间 T 和输出变量水泵启动台数 Q 的隶属函数。如图9-21～图9-24所示。

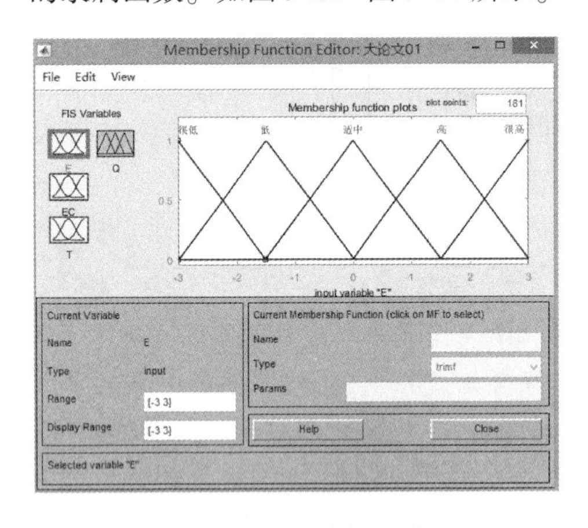

图9-21　E 的隶属函数

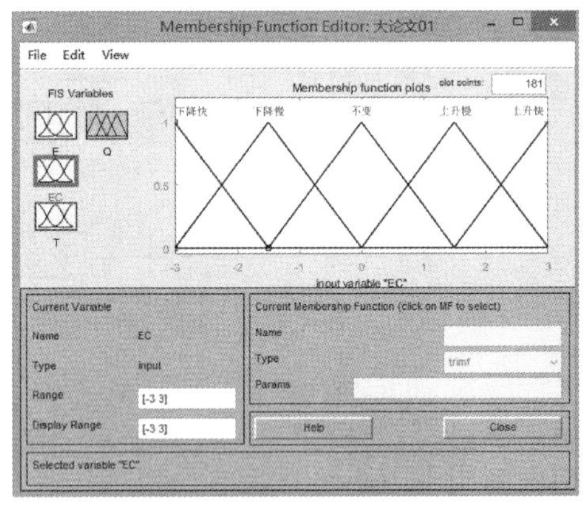

图9-22　E_c 的隶属函数

D　模糊控制规则

煤矿井下排水控制系统以水仓水位模糊控制为主，矿井各工作面涌水流向中央泵房的水仓，不同的季节，矿井涌水量也不同。中央泵房有4台多级离心泵，通过不同电价时段、水位的高低及水位偏差变化率确定开启水泵的台数，把水仓水位控制在安全范围内。本排水系统的模糊规则根据煤矿工人丰富的排水经验，可以得到基本的控制规则。可采用“if 条件，then 结果”的形式来表达谷段时段的 25 条控制规则。

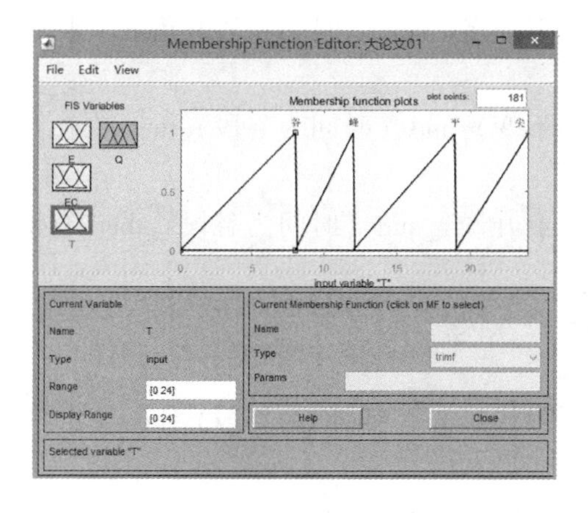

图 9-23 T 的隶属函数

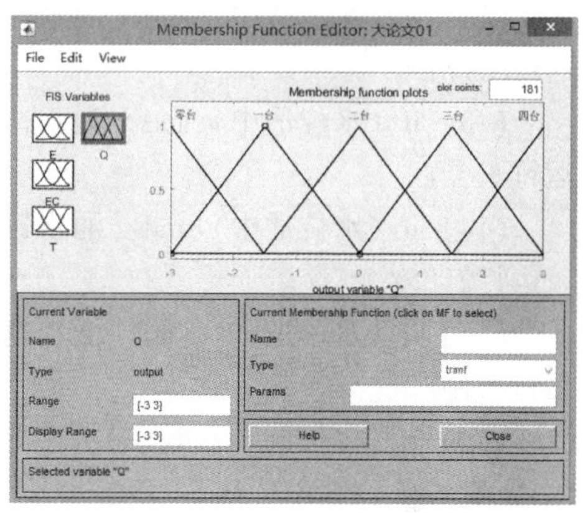

图 9-24 Q 的隶属函数

(1) if（水位很低）and（涌水速率下降快）and（时间为谷段）then（水泵运行零台）

(2) if（水位很低）and（涌水速率不变）and 时间为谷段）then（水泵运行零台）

(3) if（水位很低）and（涌水速率上升快）and（时间为谷段）then（水泵运行一台）

(4) if（水位很低）and（涌水速率上升慢）and（时间为谷段）then（水泵运行一台）

(5) if（水位很低）and（涌水速率下降慢）and（时间为谷段）then（水泵运行零台）

(6) if（水位低）and（涌水速率下降快）and（时间为谷段）then（水泵运行一台）

(7) if（水位低）and（涌水速率下降慢）and（时间为谷段）then（水泵运行零台）

(8) if（水位低）and（涌水速率不变）and（时间为谷段）then（水泵运行二台）

(9) if（水位低）and（涌水速率上升慢）and（时间为谷段）then（水泵运行二台）

(10) if（水位低）and（涌水速率上升快）and（时间为谷段）then（水泵

运行二台）

（11）if（水位中）and（涌水速率下降快）and（时间为谷段）then（水泵运行一台）

（12）if（水位适中）and（涌水速率下降慢）and（时间谷段）then（水泵运行二台）

（13）if（水位适中）and（涌水速率不变）and（时间为谷段）then（水泵运行三台）

（14）if（水位适中）and（涌水速率上升慢）and（时间为谷段）then（水泵运行三台）

（15）if（水位适中）and（涌水速率上升快）and（时间谷段）then（水泵运行三台）

（16）if（水位高）and（涌水速率下降快）and（时间为谷段）then（水泵运行三台）

（17）if（水位高）and（涌水速率下降慢）and（时间为谷段）then（水泵运行三台）

（18）if（水位高）and（涌水速率不变）and（时间为谷段）hen（水泵运行三台）

（19）if（水位高）and（涌水速率上升慢）and（时间为谷段）then（水泵运行三台）

（20）if（水位高）and（涌水速率上升快）and（时间为谷段）then（水泵运行四台）

（21）if（水位很高）and（涌水速率下降快）and（时间谷段）then（水泵运行四台）

（22）if（水位很高）and（涌水速率下降慢）and（时间谷段）then（水泵运行四台）

（23）if（水位很高）and（涌水速率不变）and（时间谷段）then（水泵运行四台）

（24）if（水位很高）and（涌水速率上升快）and（时间谷段）then（水泵运行四台）

（25）if（水位很高）and（涌水速率上升慢）and（时间谷段）then（水泵运行四台）

为了保证控制效果和提高运算效率，模糊控制规则不应太多。变量时间 t 的低谷时段和平时段按一种控制规则，高峰时段和尖峰时段控制规则也相同。所以，煤矿排水系统的模糊控制规则共有 50 种，见表 9-1。

表 9-1　模糊控制规则

E_{cc}	E	EC				
		NM	NS	ZE	PS	PM
谷/平	NM	NM	NM	NM	NS	NS
	NS	NS	NS	NS	ZE	ZE
	ZE	ZE	ZE	PS	PS	PS
	PS	PS	PS	PS	PM	PM
	PM	PM	PM	PM	PM	PM
峰/尖	NM	NM	NM	NM	NM	NM
	NS	NM	NM	NM	NS	NS
	ZE	NS	NS	NS	ZE	ZE
	PS	ZE	ZE	ZE	PS	PS
	PM	PS	PS	PM	PM	PM

在 MATLAB 模糊逻辑工具箱（Fuzzy Logic Toolbox）下的模糊规则编辑器（Rule Editor）中建立模糊控制规则，并在模糊规则观测窗下观察，如图 9-25 和图 9-26 所示。

在 MATLAB 模糊逻辑工具箱的 Surface Viewer 中观察建立的水位模糊控制器的输出曲面，如图 9-27 所示。图 9-27（a）所示为输入变量为 T 与 E_c 时；图 9-27（b）所示为输入变量为 T 与 E 时；图 9-27（c）所示为输入变量为 E_c 与 E 时。

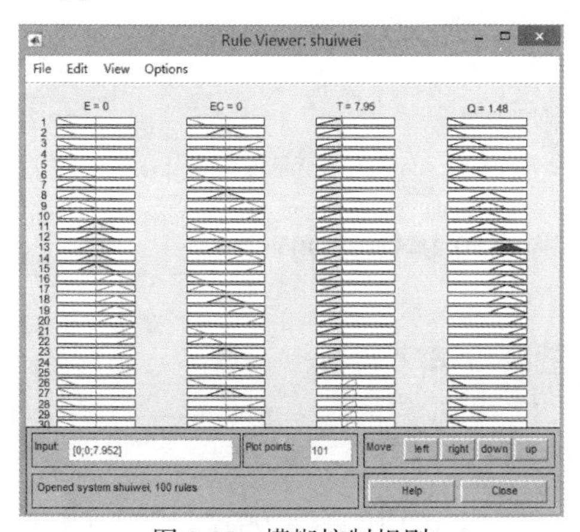

图 9-25　模糊控制规则

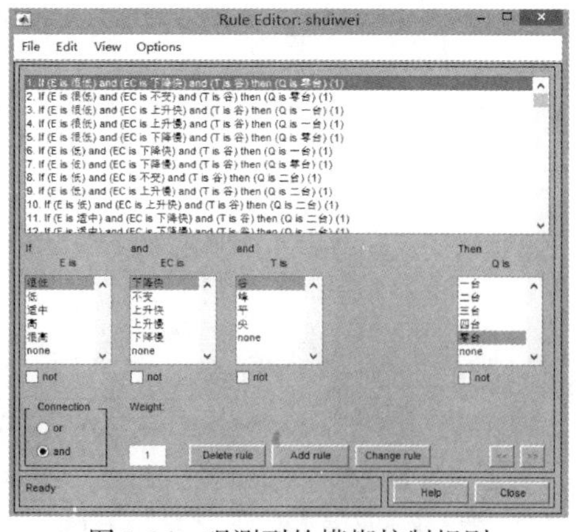

图 9-26　观测到的模糊控制规则

9.3.2.3　仿真结果及分析

冀中能源峰峰集团多数煤矿处于富水地区，矿井涌水量大、受水患威胁严重。根据孙庄采矿 3 年内每周记录的煤矿井下涌水量数据，建立矿井涌水量数学模型。

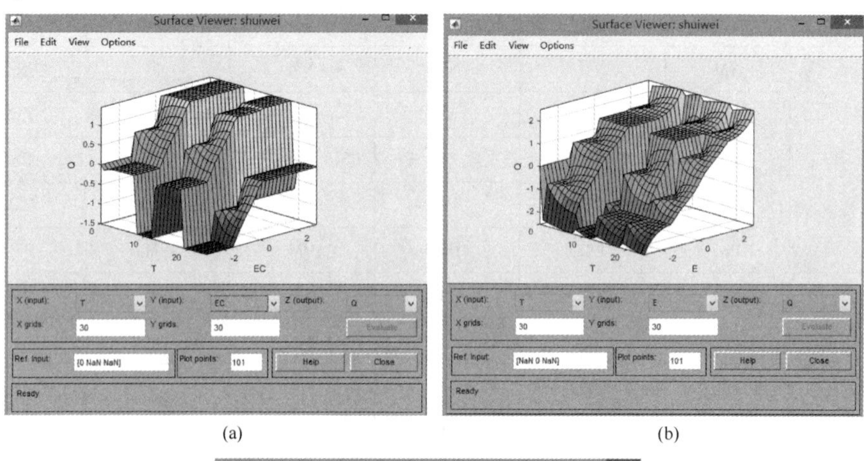

(a)　　(b)

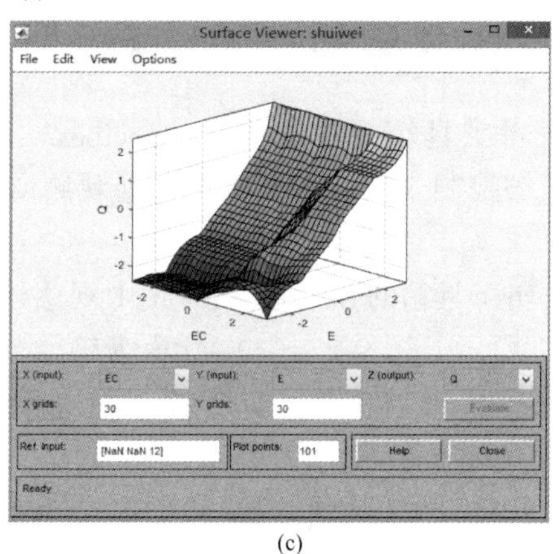

(c)

图 9-27　控制规则图

（a）输入变量为 T 与 E_c 时；（b）输入变量为 T 与 E 时；（c）输入变量为 E_c 与 E 时

$$\left\{\begin{aligned}&W=\frac{1}{2}(W_{\max}-W_{\min})\times[1+\sin(0.0411t-90)]\\&W_r=\frac{W_1+W_2+W_3+\cdots+W_r}{N}=\frac{\sum_{i=1}^{n}W_i}{N}\end{aligned}\right\}\tag{9-8}$$

式（9-8）简化为

$$W=(W_{\max}-W_r)+(W_{\max}-W_r)\times\sin(0.0411t-90)\tag{9-9}$$

式中　W_r——煤矿平均涌水量，m^3/h；

$W_{\max}$——煤矿最大涌水量，m^3/h。

将计算到的涌水量 $W_r=1250m^3/h$，$W_{\max}=1758m^3/h$ 带入式（9-9），并对公

式两边进行拉普拉斯变换，得到矿井涌水量传递函数模型：

$$G(s)=\frac{-454.15s^2-9.36s}{s^3+0.0017s+508} \tag{9-10}$$

在 MATLAB 中，对二维模糊控制器与三维模糊控制器采用相同的控制规则进行仿真对比。使用公式（9-10）的传递函数，设定采样时间为 1ms，输入信号为阶跃信号，建立仿真模型如图 9-28 所示。根据矿井工人对排水系统基本参数设定经验，将配置好的模糊控制器逻辑工具箱导入到 MATLAB 软件中的 Simulink 模块进行仿真。仿真结果如图 9-29 所示。

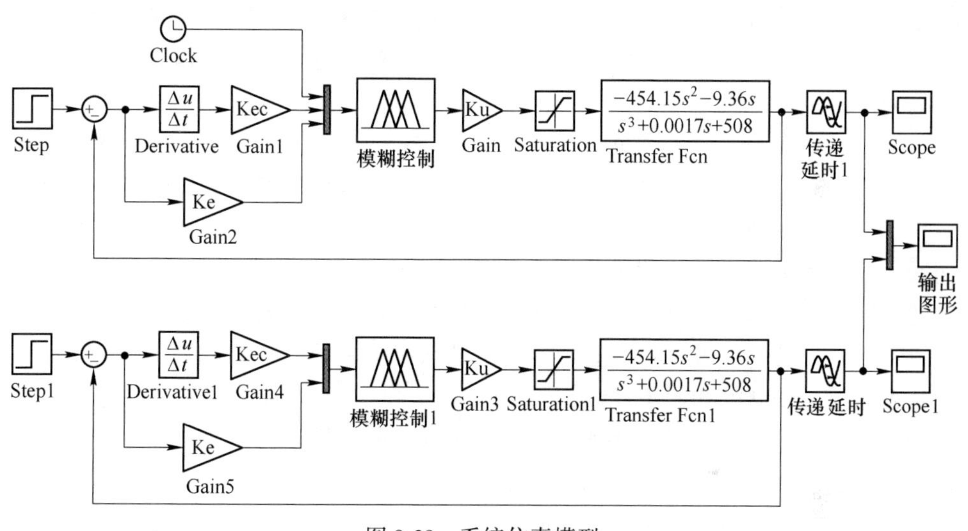

图 9-28 系统仿真模型

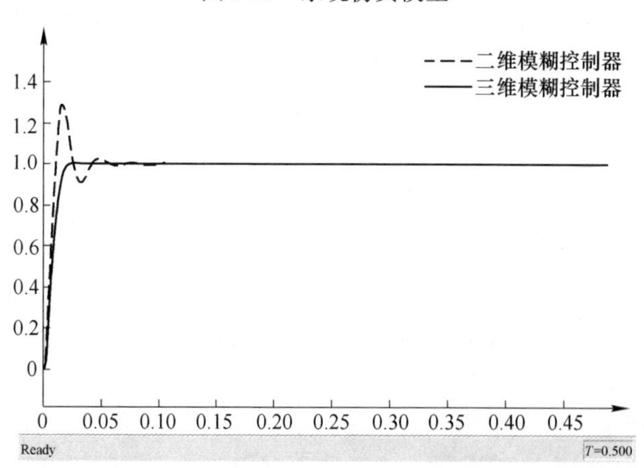

图 9-29 仿真结果

从仿真曲线可以看出，相对于二维模糊控制器曲线，三维模糊控制曲线超调量明显减小，响应时间、调整时间和稳定时间大大缩短。三位模糊控制器的调节时间比二维模糊控制器也相对减少。这验证了三维模糊控制的精确性，具有更优的控制效果。

9.3.3　基于动态规划算法的多水平泵群协同排水智能控制策略

9.3.3.1　动态规划法原理

动态规划算法是解决多阶段最优决策的方法，最初由美国数学家贝尔曼（R. Bellman）于1957年提出。贝尔曼指出应用动态规划法优化的思想是：“在对一个问题的多阶段决策中，按照某一顺序，根据每一步所选决策的不同，会引起状态的转移，最后会在变化的状态中获取到一个决策序列。”动态规划算法是将一种多阶段决策过程转化为一系列单阶段问题，然后逐个求解的运算方法。动态规划的各个决策阶段不但要考虑本阶段的决策目标，还要兼顾整个决策过程的整体目标，从而实现整体最优决策。

适用动态规划算法解决的问题，必须满足下面两个条件：最优化原理和无后效性。最优化原理：如果问题的最优解所包含的子问题的解也是最优的，就称该问题具有最优子结构。所谓无后效性，又称马尔柯夫性，是指系统从某个阶段往后的发展，仅由本阶段所处的状态及其往后的决策决定，与系统以前经历的状态和决策无关。换句话说，只能通过现阶段的状态去影响系统的未来，当前的状态就是后续过程发展的初始条件。

动态规划算法的问题最优解包含了其子问题的最优解，而每个子问题的最优解共同组成了多决策过程最优化问题。在煤矿排水系统中应用动态规划法算法时，将排水过程划分为几个相互关联的阶段，在每个阶段做出的决策要考虑涌水量速率、水仓容积和用时电价等状态变量。当每个阶段决策确定后，逐渐求解各个阶段的决策序列，可得到整个排水过程中最优决策，使排水系统达到最好的控制策略。下面介绍使用动态规划方法在求解排水系统最优化问题时涉及的概念。

（1）阶段。阶段是按照复杂问题的时间或空间特征来划分的。通常用 k 表示阶段的变量。在煤矿井下排水系统中，以一个排水周期24h为优化过程，使初始水位和最后水位大体相同，并以每一个小时为一个阶段。

（2）状态和状态变量。状态为事物的某种特征，状态是划分阶段的依据，通常一个阶段包含若干个状态。选择水仓水位高度作为状态变量，h_k 表示 k 阶段时水仓水位的高度状态。

（3）决策和决策变量。决策就是对各阶段状态演变为各种可能性的选择。描述决策的变量，称为决策变量。选取水泵的开启台数作为决策变量，用 $u_k(h_k)$ 表示水位状态处于第 k 阶段时，水泵投入运行的台数。中央泵房的控制决策向量为 $u_1(h_1)=f(h_k)$ 。

（4）策略。煤矿井下排水系统是多阶段决策优化问题，把每个阶段做出的

决策 $p_{1n}(k_1)=\{u_1(h_1), u_2(h_2), \cdots, u_n(h_n)\}$，组成的序列称作是策略，把解决问题时产生的最优效果称为最优策略。

（5）状态转移方程。用来表示 k 阶段水位状态到 k+1 阶段水位状态转移过程中的变化规律，是与状态和决策相关的函数，用 $h(k+1)=f(h_k, u_k)$ 函数表示。

9.3.3.2 建立数学模型

A 动态规划模型

建立动态规划数学模型的目标：在排水周期内将各水平泵房水位处于安全水位线的前提下，使整个排水周期用电费用达到最优。根据水位控制策略，把排水系统看作一个多段决策过程，将一个井下排水全过程划分成 24 个阶段，以各阶段水仓水位为状态向量，每个阶段决策控制向量为水泵开启的台数。假设水泵型号及各个阶段水泵运转情况相同。煤矿排水系统简化模型如图 9-30 所示。

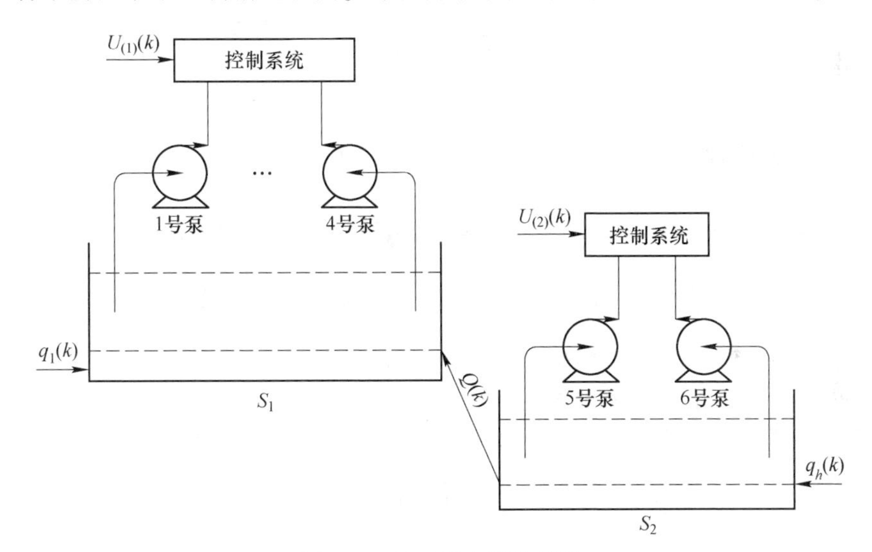

图 9-30 煤矿排水简化模型

假设中央泵房水泵数量为 m 台，任意一阶段 k 的最优控制决策向量为：

$$u(k)=\{u_0(k), u_1(k), u_2(k), \cdots, u_i(k), \cdots, u_m(k)\},\ u_i(k)\in\{0, 1\} \tag{9-11}$$

式中，$u_i(k)$ 表示第 i 台水泵在阶段 k 的运行状态；$u_i(k)=1$ 表示水泵运行；$u_i(k)=0$ 表示水泵停止。

另外，k 阶段对应水泵的排水能力为：

$$r(k)=\{r_1(k), r_2(k), \cdots, r_i(k), \cdots, r_m(k)\} \tag{9-12}$$

式中，$r_i(k)$ 为第 i 台水泵在阶段 k 的排水能力。

当采用"避峰填谷"策略时，一个周期 24h 内电价 $c(k)$ 是随时间变化的函数，且是时间的周期函数，则有：

$$c(k) = c(k + T) \tag{9-13}$$

中央泵房最优化控制表达为：一个排水周期按时间划分为 N 个阶段，以电费为目标函数，通过选择最优控制向量 $u(k)$，使一个周期内的电费支出最低，即用电费用函数为：

$$J = \int_0^{24} Pc(k)u(k)\mathrm{d}k \tag{9-14}$$

式中　P——电机的轴功率，kW；

$c(k)$——k 阶段时的电价，元/(kW · h)；

$u(k)$——t 时的水泵开机台数（可取 0，1，2，3，4）。

通过以上分析可知，煤矿井下自动化排水系统优化问题就是在一个排水周期内使得用电费用最低，即为最优性能泛函。费用函数达到最小值的控制序列称为最优决策序列。

$$J^* = \min\left\{\sum_{k=1}^{24}\sum_{i=0}^{4} Pc(k)u(k)\mathrm{d}k\right\} \tag{9-15}$$

B　状态转移方程和约束条件

假设任意一段的水位为 $h(k)$，此时 k 时段矿井涌水量与水位函数关系为：

$$f(k) = A[h(k)] \tag{9-16}$$

系统以水仓水位 $H(k)$ 为状态变量，则水仓水位方程可表述为：

$$H(k) = H_0 + \frac{1}{A}\int_0^k [f(k) - r_i(k) \cdot u_i(k)]\mathrm{d}k \tag{9-17}$$

式中　H_0、A——水仓水位初始值和水仓截面积；

Q——水泵实际排水流量。

动态规划模型的状态转移方程为：

$$H(k+1) = H(k) + \frac{1}{A}\int_0^k [f(k) - r(k)u_i(k)]\mathrm{d}k \tag{9-18}$$

式中　$H(k+1)$，$H(k)$——阶段 k+1 和阶段 k 水仓的初始水位。

状态转移方程要满足两个约束条件：其一是水仓水位应处于允许的最低水位 H_1 和允许的最高水位 H_u 之间，以保证排水工作的安全性。液位约束条件为：

$$H_1 \leqslant H(k) \leqslant H_u \tag{9-19}$$

其二，阶段 k 排水量应该大于 k-1 阶段的涌水量，并加入裕量参数 $z(k)$，在用电高峰期设置较高的裕量值 $z(k)$。流量约束条件为：

$$Q_{\min} \leqslant u(k)z(k) \leqslant Q_{\max} \tag{9-20}$$

根据井下排水系统要求，在一个周期内必须将水仓水位降至最低水位，才可停止全部水泵运行。所以可得到系统的边界条件为 $H(0) = 0$，$H(T-1) = 0$。

9.3.3.3　动态规划算法求解

以×××采矿公司井下 4 台主排水泵为例，通过动态规划算法对矿井水泵进行优化调度，即通过“避峰填谷”策略降低主排水泵运行成本。假定井下涌水量不随时间变化，在矿井排水系统中将以泵站所耗电费最小为目标，以矿井水仓水位和涌水速率为约束条件，并将不同时段电价考虑在内，运用动态规划算法对中央泵房水泵进行优化调度以求解其最优解。动态规划算法的决策过程如图 9-31 所示。

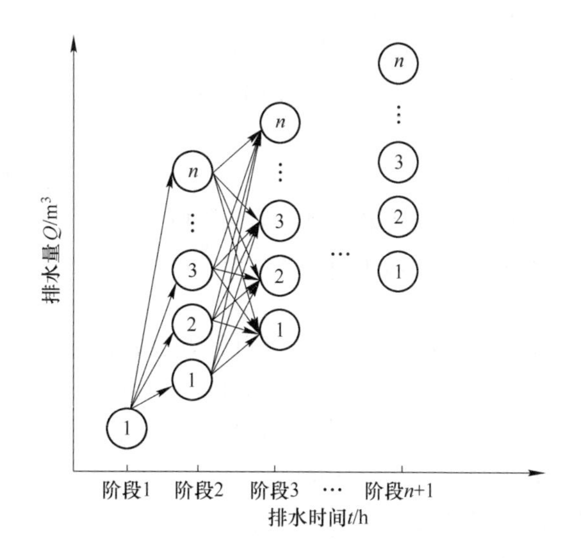

图 9-31 动态规划算法的决策过程

将中央泵房一个排水周期分为 24 个阶段，每阶段设定时间长为 1 个小时。假设初始时刻为 0，初始阶段为 $k=1$，可确定该阶段水仓的初始水位为 $H_1(1)$，用 $H_i(k)$ 表示第 k 阶段的第 i 个水位状态；初始费用为 $J_1(1)$，用 $J_i(k)$ 表示从 $H_1(1)$ 状态到 $H_i(k)$ 状态的最小费用。

A 阶段 1 到阶段 2

在每一阶段做出一个决策输入 $u(k)$，即水泵投入运行的台数。阶段 1 初始水位可以通过控制决策 $u(1)=0$，$u(1)=1$，$u(1)=2$，$u(1)=3$，$u(1)=4$ 到达阶段 2，通过式（9-18）计算出 5 个水位状态值 $H_1(2)$，$H_2(2)$，$H_3(2)$，$H_4(2)$，$H_5(2)$，并判断是否满足式（9-19）、式（9-20）两个约束条件，然后根据下面公式计算出阶段 1 到阶段 2 的电费 $\mathrm{d}J$ 和总耗电费用 $J(2)$。

$$\mathrm{d}J = \sum_{i=0}^{m-1} Pc(k)u(k)\mathrm{d}k \tag{9-21}$$

$$J(k) = J(k-1) + \mathrm{d}J \tag{9-22}$$

当水泵运行控制策略为 $u(1)=0$，$u(1)=1$，$u(1)=2$，$u(1)=3$，$u(1)=4$

时，对应该阶段总耗电费用为 $J_1(2)$，$J_2(2)$，$J_3(2)$，$J_4(2)$，$J_5(2)$，可得系统最优控制决策为 $u_1(2)=0$，$u_2(2)=1$，$u_3(2)=2$，$u_4(2)=3$，$u_5(2)=4$，此时耗电量最低。

B　阶段 $k-1$ 到阶段 k

假如第 $k-1$ 阶段存在 $H_n(k-1)$ 的水位状态，则可通过控制策略 $u(k-1)=0$，得到第 k 阶段的任意一个水位状态 $H_n(k)$。若此时水仓高度和涌水量满足约束条件，根据式（9-14）可计算出其阶段耗电总费用 $J_1=J_n(k-1)+\mathrm{d}J_1$。当水泵运行台数为 $u(k-1)=1$ 时，水位状态可能为 $H_{n-1}(k)$，计算出该水位状态下的耗电总费用为 $J_2=J_{n-1}(k-1)+\mathrm{d}J_2$。

同理，可求出 $u(k-1)=2$，$u(k-1)=3$，$u(k-1)=4$ 控制策略下 J_3、J_4、J_5 的耗电总费用，通过比较选出最小值。即从阶段 1 水位状态 $H_1(1)$ 到阶段 k 水位状态 $H_n(k)$ 所花费用的最小值 $J_n(k)$ 和相应的控制策略 $u_n(k)$，即为最优控制决策。

在运算到最后阶段，即可从阶段 1 到阶段 $N+1$ 中选择出每个水仓水位状态对应的最小耗电费用 J_d 以及在整个排水过程中最小耗电费用 J^*。可反向推出水泵运行最优控制决策序列 $u^*=\{u(1),u(2),u(3),\cdots,u(N)\}$ 和相对应的最佳水位状态序列 $H^*=\{H(1),H(2),H(3),\cdots,H(N)\}$。排水系统决策过程的流程图如图 9-32 所示。

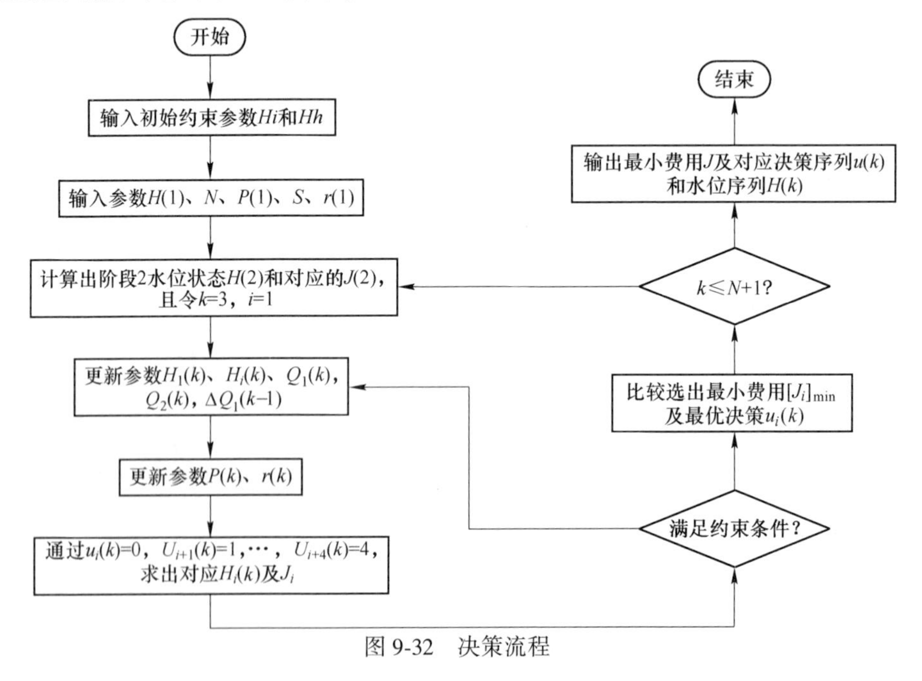

图 9-32　决策流程

9.4 矿井排水系统故障诊断技术

9.4.1 矿井排水系统故障诊断技术概述

机械设备的状态监测与故障诊断技术是近些年来发展起来的一门交叉学科，它综合应用了机械动力学、传感技术、信号分析、人工智能、控制理论及计算机软、硬件的理论和技术，对机械的运行状况进行实时监测，同时对机械可能发生的故障进行早期预报或在事故发生后进行故障分析。

设备状态监测与故障诊断技术经过近 30 年发展，现已广泛应用于航空、电力、石化、水利等领域，为经济发展提供了有力的技术保障。状态监测与故障诊断技术的应用在发展中存在 3 种模式：单机型、分布式与远程状态监测诊断。

单机监测诊断模式是由一台计算机来完成对一台或少量设备的监测诊断，包括数据采集、数据存储、信号处理和故障诊断在内的全部工作。由于监测测点、系统速度、容量有限，使得整体功能受到限制，信息不能共享。这种模式可用于小规模工厂中重要设备的监测。

随着企业规模的扩大，设备的分布地点数量增加、距离增大，单机型监测诊断系统已经不能满足生产的需要，由此产生了分布式监测诊断系统。它基于局域网，采用下位机进行数据采集和信号预处理，上位机完成信号分析、数据存储与管理。分布式监测诊断将数据采集与数据管理任务分离，分布由上、下位机完成，实现了数据共享，提高了系统功能。但它无法实现不同企业之间的数据、信息联系，需要建立各自独立的故障诊断系统，造成软硬件系统资源的浪费。

互联网的普及与发展解决了分布式监测诊断系统存在的不足。远程状态监测与故障诊断利用 Intranet/Internet 将多台现场设备与诊断中心远程联系起来，设备出现故障时，可以向诊断中心发出诊断请求，由诊断中心的专家对故障进行诊断，返回诊断结果和处理建议。这种模式同前两种相比，充分利用了网络诊断资源，提高了故障诊断的准确性，可以满足现代工业对监测诊断的要求，是故障诊断技术发展的必然趋势。

近年来，已有部分研究单位将远程状态监测技术应用到煤矿井下排水系统中，并取得了初步的研究成果，在一些先进的矿业集团已有所应用，可以实现井下工作状况的实时视频监测、水泵电机的起停机操作等。但是对于煤矿井下排水系统设备故障的监测相对较少，而且远没有达到全参数覆盖的水平，相应的井下关键工作状态参数的获取仪器也有限。

9.4.2 煤矿井下排水故障诊断系统

近年来，国内外许多学者对矿井排水系统的故障诊断技术的研究非常活跃。

目前常用的故障诊断方法一般可分为基于解析模型的方法、基于信号处理的方法和基于知识的方法三大类。

9.4.2.1　基于解析模型的故障诊断方法

作为最早发展起来的故障诊断方法，基于解析模型的方法主要是利用系统或设备实际运行过程中测量到的信息，来与数学模型根据先验知识获得的理想信息进行比较，分析两者之间的差异，并以此为依据判别和分离存在于系统或设备中的故障。

基于解析模型的方法需要为被诊断对象建立精确数学模型，但在实际工程应用中，通常无法获得研究对象的精确模型，而且故障会引起系统模型结构和参数的变化。因此，基于解析模型的故障诊断法在线性系统以外的应用中并不常见。基于解析模型的故障诊断算法需要被诊断对象精确的数学模型，又可以分为状态估计法和参数估计法。

状态估计法利用被测系统的定量模型和被测信号重新构建一个新的可观测变量，将估计值与测量值之差作为残差，用来检测出故障所在。状态估计法非常直观，是最直接的故障诊断方法，但其只有在知道被测系统的精确数学模型的前提下，才能发挥作用。井下排水系统的机械设备都是大功率旋转机械，且运作环境复杂，很难得到其精确的数学模型，故在实际运行中，基于状态估计法的故障诊断算法难以实现。

参数估计法根据被测系统的模型参数和相应的物理参数的变化来诊断和定位故障，该方法利用的是被测系统的模型参数和物理参数的一一对应关系。参数估计法比状态估计法更有利于分离故障，而且将参数估计法和其他基于解析模型的方法组合起来，可以起到相得益彰的作用，得到更好的检测和分离结果。由于在实际情况中，经常无法获得对象的精准的物理参数和精确的数学模型，而且故障引起的模型结构和物理参数变化的形式难以确定，导致参数估计法的使用范围被大量限制。对于排水系统来说亦是如此，目前利用基于参数估计法的解析模型的诊断方法对其进行故障诊断的研究也较少。

9.4.2.2　基于信号处理的故障诊断方法

基于信号处理的故障诊断方法是通过对监测到的信号进行分析和处理，提取并利用特征信号对故障进行识别和定位的故障诊断方法。根据对原始信号的加工程度，该类方法又可分为直接测量法和加工处理法两种。

（1）直接测量法。这种方法主要用于报警类的浅层故障判断，其原理是通过判断测量信号的大小、变化趋势及变化率是否在允许范围内，对被诊断对象是否出现故障进行判定。其诊断依据是系统或设备的输入输出及其变化，在正常情况下不允许超出其设定的范围。

（2）加工处理法。该方法在大型设备机械故障诊断方面应用十分广泛。其原理是在对测量信号进行频谱分析、功率谱估计或小波分析对煤矿井下水泵的几种常见故障的产生机理以及故障与振动信号频率之间的关系进行深入分析。

针对煤矿井下水泵每种故障在振动信号中具有特定频率分量的特点，通过小波变换对采集到的振动信号进行降噪并提取特征频率。利用 Matlab 平台 FFT 分析采集的信号，将采集到的故障信号与特征频率进行对比，从而实现对水泵的故障诊断。等分析处理后，根据信号的幅值、相位、频率及相关性等特征与故障之间的关系进行故障诊断。

9.4.2.3 基于知识的故障诊断方法

基于知识的故障诊断方法是目前最受关注的故障诊断方法，在各行各业尤其是非线性系统领域得到广泛应用。这种方法具有自学习、自组织、自推理等模拟人类思维过程的能力，它能够通过样本学习或规则输入将历史数据规律或专家知识存储，并利用这些存储规则对系统或设备的故障进行诊断。目前应用到排水系统故障诊断的基于知识的人工智能算法主要有粗糙集理论法、专家系统法、故障树分析法、故障模糊理论法、人工神经网络法、支持向量机法、Petri 网法等。

A 粗糙集理法

粗糙集理论作为一种数据分析处理理论，在 1982 年由科学家 Z. Pawlak 创立。粗糙集理论作为一种处理不精确、不一致、不完整等各种不完备的信息有效的处理方式，可直接对数据进行分析和推理，是一种天然的数据挖掘方法，相对于基于概率论、模糊理论和证据理论的数据挖掘方法有明显优势，因为该理论不需要先验信息。作为一种新的处理不确定信息的方法，可以对数据进行分类和属性约减。井下排水系统产生的故障，其类型和故障征兆表现形式很多，且不是一对一关系，如果将故障类型和故障征兆都列表来反应联系，未免太过复杂，粗糙集理论就可以进行属性约减，简化模型。

B 专家系统法

领域专家通常仅凭感官或简单测量获取的一些客观事实，便可根据经验对系统运行过程中发生的故障进行诊断，得出故障发生的原因和部位。专家系统便是在利用计算机技术将这种专家经验知识进行加工和存储后，形成具备人工智能的故障诊断系统。专家系统克服了基于解析模型故障诊断法对研究对象模型的过分依赖，因此在复杂的无法精确建模的系统中得到广泛应用。

专家系统的故障处理能力取决于它的知识库容量与质量，同时还取决于起推理引擎的结构和性能。专家系统的知识库中的知识主要由事实与经验知识构成，由领域专家群里公认的事实构成一个共用的数据体。经验性知识主要是一些有效的判别规则，这些规则是在专家处理问题的决策中提炼出来的，不仅仅是简单的逻辑推理，更主要是经验性的正确的判断规则。

C　故障树分析法

故障树分析法是将被诊断对象的结构、功能和关系通过树状结构进行描述后得到的定性因果模型，是一个根据异常现象寻找引发原因的求解过程，属于演绎分析方法中的“由果求因”。它以简单的树形结构实现了对故障原因的逐级细化，反映了非期望结果与诱发因素之间的逻辑关系，是一种非常有效的故障分析方法和手段。

D　故障模糊理论法

井下排水系统的故障现象与故障原因之间通常具有多种对应关系，既有确定性的因素，又有随机的因素，使得故障具有渐变性与隐蔽性等特点。针对这种非线性复杂性关系，在保证诊断精度的要求下，将模糊数学引入井下排水系统的故障诊断中，建立模糊诊断数学模型，使得定量分析与专家经验、定性分析相结合，并在计算机上实现，可为井下排水系统故障诊断决策者提供辅助作用。数学模型的建立首先需要考虑到井下排水系统领域的故障知识特性，选取适合的知识表达方式，建立表示故障原因和各种征兆之间模糊因果关系的对应矩阵。矩阵中的隶属度值的确定需要参考大量故障诊断经验和实验测试的结果，隶属度值可由实际诊断过程中产生的概率数据进行实时刷新。为了提高诊断的精度，可以在诊断过程中根据经验累积对权矩阵进行修改。

E　人工神经网络法

人工神经网络（artificial neural network，ANN），简称神经网络，是基于神经科学研究的最新成果发展起来的边缘学科，是对人类大脑神经网络系统的一种物理结构的模拟。它通过模拟生物神经对外提供联想记忆、自组织和非线性优化等功能，是一种具有自适应能力的非线性动力学系统。神经网络发展至今已经有百十种网络模型，但在井下排水系统故障诊断中运用的网络模型多为 BP 网络（back propagation network）、ART 网络（adaptive resonance theory）。前者是有导师监督模型，即需要事先准备好输入输出样本对，样本对一般为井下排水系统的故障征兆和故障结论，根据这些样本对训练 BP 网络，然后将训练好的 BP 网络用于井下排水系统的故障诊断；后者是一种无导师学习网络，它可以自动向环境学习，即边工作边学习，这种方法摆脱了对领域专家现有经验的依赖，可以通过样本学习建立隐含的知识规则，进而实现对新案例的快速学习、识别和诊断，提高故障诊断系统的稳定性和可靠性。但在实际应用中，神经网络用于知识学习的实验样本通常很难获取，这在一定程度上限制了其应用和发展。

F　支持向量机（support vector machines，SVM）法

支持向量机方法是一种建立在有限样本统计学习理论（statistical learning theory，SLT）的结构风险最小化原则之上的新的人工智能方法。与神经网络不同的

是，支持向量机能得到现有信息下的最优解而不仅仅是样本数趋于无穷大时的最优解，因此能在样本很少的情况下具有较好的分类推广能力，它较好地解决了小样本、非线性和高维模式识别等实际问题，并克服了神经网络学习方法中网络结构难以确定、收敛速度慢、局部极小点、过学习与欠学习以及训练时需要大量数据样本等不足，具有良好的推广性能，成为继神经网络研究之后新的研究热点。在实际工程应用中，支持向量机在解决大型井下排水泵设备的高维模式、非线性、小样本识别问题中有着显著的优势。

G Petri 网法

Petri 网由德国科学家 Carl Adam Petri 1962 年首次提出，是一种描述分布式系统的模型，尤其适用于描述系统中进程或部件的顺序、冲突、并发、同步等关系。作为一种有向网，既可以描述系统的静态，又可以描述系统的动态变化过程。Petri 网通过引入变迁（transition）、库所（place）、有向弧、标识（marking）等概念直观化地对复杂系统进行建模，用简单易懂的图形将复杂系统的状态变化和离散事件运行过程展现出来。近年来，Petri 网算法被广泛应用于基于知识表示的方法中。因为故障诊断过程是离散动态变化过程，故障征兆和故障原因难以用清晰的数学关系表示，且不具有一对一的简单映射关系，而 Petri 网可以解决这些困扰，用图形的方式将故障征兆和故障原因的非线性关系表示出来，并可通过仿真动态展现故障发生和传播过程中系统的状态变化过程，是一种颇具应用前景的故障诊断算法。

9.4.3 排水系统常见故障

水泵机组故障通常具有复杂性和隐蔽性，传统的诊断方法难以快速、准确的诊断。我们通过总结国内现有的一些井下排水系统常见的故障，探索解决办法。

9.4.3.1 水泵机组故障

煤矿井下排水系统常见的水泵机组机械故障见表 9-2。

表 9-2 水泵机组机械故障

故障部位	故障现象	故障原因
泵轴承故障	运转时产生振动和噪声	轴承的内外轨道和滚珠的接触表面上，磨损不断扩大，裂纹也不断扩大，造成滚珠损伤
转子不平衡	水泵在运行中发生异常振动	转子重心偏移及转子零件缺失或磨损
转子不对	平行不对中	轴产生错位，两轴中也不在一条直线上，但轴心线平行
	角度不对中	轴产生错位，两轴中必不在一条直线上，且轴心线呈一定角度
	组合不对中	不仅在垂直方向上转子轴线之间会有位移，而且轴心线之间存在一定的角度

续表 9-2

故障部位	故障现象	故障原因
叶轮与转轴间配合不当	导致水泵剧烈振动	在叶轮及叶片高速转动的过程中叶轮有可能由于配合紧力不足而脱落，破坏叶轮的稳定性
水泵过热	水泵外壳温度高	电压偏高或偏低； 水泵叶轮磨损或脱落、轴承故障
水泵不出水	水泵电机干烧	水泵的进水管和泵壳内有空气； 水泵转速太低； 转子不平衡

由表 9-2 可以看出，井下排水系统水泵机组常见的机械类故障一般表现为温度升高、异常噪声、振动变强烈和水泵机组干烧不启动，因此需监测的参量主要有温度、振动、压力和流量等模拟量信号。

9.4.3.2 电气类故障

煤矿井下自动排水系统主要由泵房 PLC 隔爆控制箱、水泵机组、就地控制箱、电动闸阀、电动球阀、传感器、以太网光纤交换机、排水管道、电缆等组成。实现控制水泵启停、电动闸阀开关、自动排真空设备开关及各类保护、报警、故障诊断等功能。

目前常用的井下自动排水系统都采用了工控机、PLC 等作为主控系统，并在水泵机组上布置了大量传感器，可以实时采集和显示各电机的电流、电压、转速、温度，水泵运行速度、方向等信息，对于一些简单的电路系统故障可以给出预警、预判等信息。在实际使用中常见的电气类故障多为水泵故障和电机故障。故障多由过载、短路、缺相、漏电或继电器损坏等造成，故障较易判断和排除。

9.4.3.3 上位机及通信网络故障

由于自动排水系统的控制逻辑由现场的可编程控制器进行控制，其上位机或通信网络的常见故障见表 9-3。

表 9-3 上位机及通信网络故障

故障部位	故障类型	故障现象
监控计算机	组态软件故障	系统监控界面异常、OPC 数据正常
	OPC 故障	OPC 异常、监控界面数值异常
地面交换机	设备或接口故障	监控主机网络连接中断，或与所有相关联网络设备通信中断
井下交换机	设备或接口故障	一个或多个水泵房通信中断，地面网络设备通信正常

9.4.3.4　现场设备故障

排水设备出现故障时，可能使系统运行发生瘫痪，丧失排水功能。现场设备的故障诊断是自动排水系统故障诊断的主要部分，现场各设备的常见故障见表 9-4。

表 9-4　现场设备故障

故障部位	故障类型	故 障 现 象
排水阀	控制功能失效	闸阀一直处于开/关到位状态，开/关时间超长
逆止阀	损坏	水泵停止后，排水阀打开时，有正压显示
负压传感器	膜片老化变形	抽真空时负压峰值过低，水泵运行时其他参数正常
真空管	取压管路堵塞	抽真空过程负压上升速度慢，水泵运行时负压参数正常
正压传感器	取压管路堵塞	水泵启动后，升压速度慢
射流器	射流器老化	抽真空时负压上升速度慢或峰值达不到水泵启动条件
静压水	压力过小	抽真空时负压上升速度慢或峰值达不到水泵启动条件； 排水管取水射流时，水泵运行后正压偏低，但逐渐增加
真空阀	状态显示不准	水泵启动后突然掉水，抽真空停止后负压下降
球阀	开/关超时	阀门无法正常开/关到位
电动闸阀	过力矩	阀门无法正常开/关到位
	开/关超时	阀门无法正常开/关到位，且无过力矩信号
水位传感器	探头堵塞，安装位置下降	抽真空时负压峰值相对较低，水泵运行过程中突然掉水
传感器	断线	传感器数值显示为负值且固定不变
可编程控制器	电气故障	网络通信中断，所有排水设备状态和参数异常
采集控制模块	电器故障	相关联的部分设备或参数异常
排水管道流水	管体诱蚀穿孔或破裂	管路进行漏水检测以及更换管道

9.4.4　煤矿排水系统故障诊断技术及应用实例

在煤矿开采过程中，由于各种自然和生产原因，会有大量的水进入煤矿井巷，形成矿井涌水。井下排水系统的主要作用是及时将井下涌水排放至地面或其他区域，从而保障煤矿井下设备正常运转和人身安全。在煤矿排水系统中，水泵属于大功率旋转机械，其结构复杂，同时受井下复杂工作环境影响，往往容易出现各种各样的故障。针对煤矿井下水泵每种故障在振动信号中具有特定频率分量的特点，可采用基于信号处理的方法对其进行故障诊断。

9.4.4.1　排水系统常见故障及其信号特征提取

（1）转子不平衡。转子不平衡故障是水泵最常见的故障，发生这种故障主要有两种原因：

1）转子质量偏心。主要是因为零件质量不均匀、制造安装失误、转子内部器件位置搭配不合理等原因导致转子不平衡。

2）转子部件缺损。水泵的转子在长时间工作过程中不可避免地会有零件的自然损耗。水泵转子不平衡振动信号以 1 倍基频为主，并伴有极少的 2 倍频和 3 倍频的振动分量。其振动特性见表 9-5。

表 9-5　水泵转子不平衡振动信号特性

时域波形	特征频率	常随频率	振动稳定性	振动方向
正弦波	$1f$	$2f$，$3f$	稳定	轴向

（2）转子不对中。不对中故障是旋转机械常见的故障之一，不对中分为：平行不对中、角度不对中以及这两者的组合。3 种类型的转子不对中故障分别如表 9-6 所示。

表 9-6　转子不对中的振动频率特性

时域波形	特征频率	常随频率	振动稳定性	振动方向
正弦叠加	$2f$	$1f$ 或高频	较稳定	径向轴向

（3）油膜振荡。当水泵发生油膜振荡故障时，其振动特性主要表现有：在基频波的基础上叠加了低频振荡波的波形，使原有的正弦振动波形发生畸变，进而导致振动波形幅值的不稳定。而且油膜振荡的发生与消失具有很大的突然性，对转速和油温的变化敏感，具有滞后现象。水泵发生油膜振荡时的振动特性如表 9-7 所示。

表 9-7　油膜振荡的振动特征

时域波形	特征频率	常伴频率	振动稳定性	振动方向
低频	$(0.4\sim0.9)\ f$	低频	不稳定	径向

（4）泵内异物。在煤矿井下日常开采生产中，定期对排水系统中的水仓以及排水泵内部进行清理，而越靠近煤矿开采区的泵房，其内部流过的水质含有的煤质和其他颗粒状的污物数量越多，会使排水泵内部淤积越来越多的污垢。如果不对这些污垢进行及时的清理就会严重影响水泵的排水效率。当水泵发生内部异物故障时，其主要振动特征表现如表 9-8 所示。

表 9-8 泵内异物的振动特征

时域波形	特征频率	常伴频率	振动稳定性	振动方向
正弦波	$1f$	无	稳定	径向

（5）水泵汽蚀。水泵的汽蚀由液体“汽化”引起的，液体汽化主要取决于气体周围的压力和气体的温度，液体的流速以及与液体所流过的物体表面的粗糙程度也会对液体的汽化程度产生影响。当外界物理条件发生变化时，存在于液体中的气体就会从液体中逸出，造成液体内部压力下降，形成气穴或气泡。汽蚀严重时会使水泵的寿命下降。当水泵发生气蚀故障时，其振动特性如表 9-9 所示。

表 9-9 水泵汽蚀的振动特征

时域波形	特征频率	常伴频率	振动稳定	振动方向
正弦波	低频	$1f$，$2f$	稳定	径向

（6）动静碰磨。在旋转机械中，转子弯曲、转子不对中会引起转子轴心发生严重形变。当水泵发生此种故障时其振动特性如表 9-10 所示。

表 9-10 动静碰磨的振动特征

时域波形	特征频率	常伴频率	振动稳定	振动方向
消顶	广泛	$1f$	不稳定	径向

（7）轴承支撑系统连接松动。水泵的支撑轴承一般要求其具有很高的连接刚度，并且转轴与轴承结合面间隙很小，才能保证水泵正常稳定工作。若出现轴承支承系统连接松动故障，很小的不平衡或是不对中都会引起水泵的剧烈振动。其特性见表 9-11。

表 9-11 轴承支撑系统连接松动的振动特征

时域波形	特征频率	常伴频率	振动稳定	振动方向
振幅大不稳	$2f$	$3f$ 到高频	不稳定	振动大

（8）叶轮和转轴之间配合失效。这种故障一旦发生没有及时发现，将会直接导致泵体损坏，一般正常检修时很难发现。产生这种故障的原因是泵体叶轮在高速旋转过程中松脱，导致转子失去稳定性。一般会误以为转子不平衡或不对中而引起的故障，该故障的主要特征见表 9-12。

表 9-12 叶轮和转轴之间配合失效的振动特征

时域波形	特征频率	常伴频率	振动稳定	振动方向
正振幅大	多频谐波	$1f$，$2f$	失稳	轴向进动

（9）转轴横向裂纹。当转子出现横向裂纹故障后，在其振动信号中会富含几倍于基频的高频信号，而且这些高频信号的幅值有进一步扩大的趋势。此时，水泵振动信号中的分量以 2*f*、3*f*、4*f* 等频率分量为主。当水泵发生转轴横向裂纹故障时，其振动特性见表 9-13。

表 9-13　转轴横向裂纹的振动特征

时域波形	特征频率	常伴频率	振动稳定	振动方向
不稳定	1*f*	2*f*，3*f*，5*f*	不稳定	轴向径向

9.4.4.2　煤矿井下水泵振动信号小波降噪

现场采集的水泵前轴水平方向振动信号，采样频率为 10.24kHz，采样点数为 1024 个点，采样时间为 0.1s，即提取前 1024 个点对其进行小波消噪处理，水泵转速小于 1480r/min，即约为 25Hz 频率。

对水泵故障诊断需要将小波变换引用到系统中来，实现故障水泵振动样本数据的信号采集。通过传感器采集到的实际信号往往包含多种噪声信号的叠加，需要对采集的信号进行降噪处理。利用 Matlab 中自带的噪声信号 noisbump 和 wden 的第 1 种函数调用格式实现了上述 4 种阈值规则降噪仿真，其结果如图 9-33 所示。

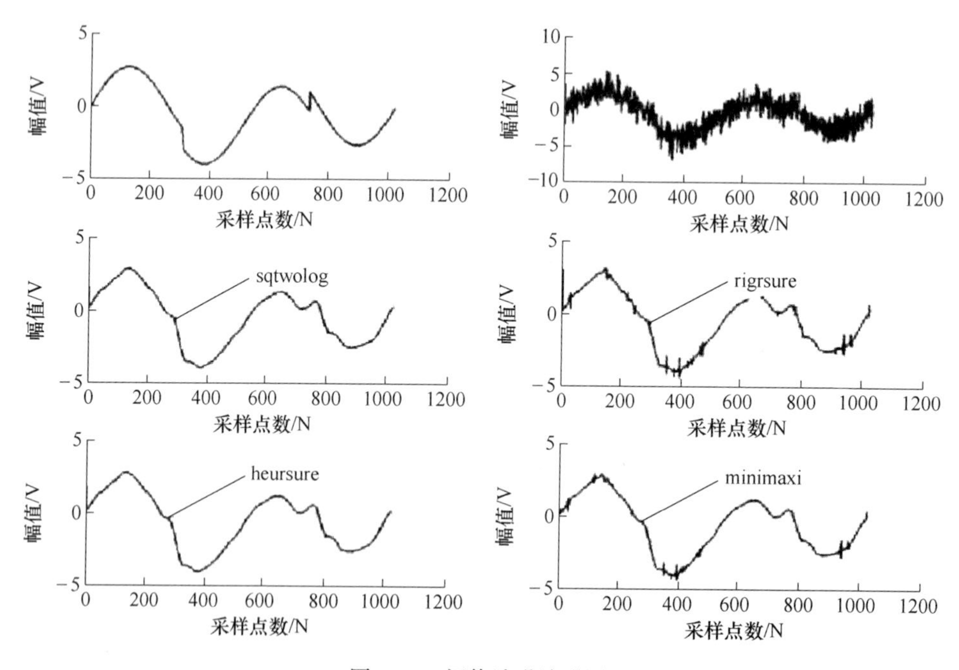

图 9-33　阈值消噪波形图

由仿真波形图可以看出 sqtwolog 和 heursure 两种阈值降噪效果好，曲线平滑。

而 rigrsure 和 minimaxi 两种去除噪声不彻底。

从图 9-34 可以看出，小波消噪取得了比较理想的消噪效果，波形的噪声含量大大降低，并基本保留了信号突变部分的能够反映信号重要特征的高频量。

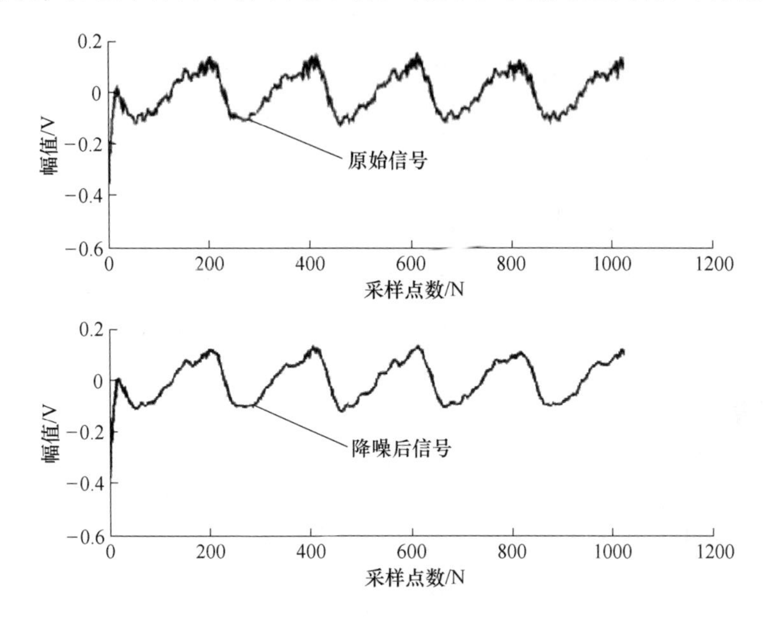

图 9-34　水泵机组振动信号的采样波形

根据采集到的振动信号，利用 Matlab 的快速傅立叶变换（FFT）对信号进行频谱分析，结果如图 9-35 所示。水泵转速 1480r/min，因此其基频为 25Hz。从频谱图上可以看出，基频分量很小，主要有 2 倍频、4 倍频、8 倍频等。其中 2 倍

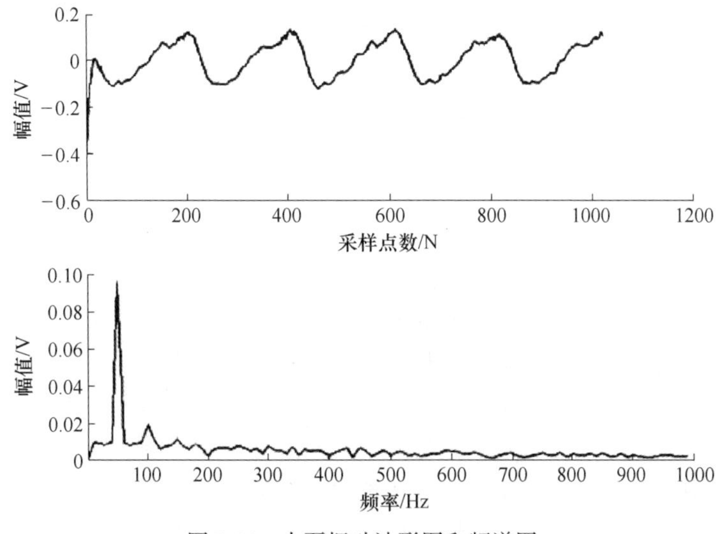

图 9-35　水泵振动波形图和频谱图

频即 50Hz 分量特别大。转子不对中故障的特点：振动频率为 2 倍基频，同时也存在多倍基频振动，如果转子不对中较严重，2 倍频所占的比例会越大。因此，从频谱分析可以看出，此时水泵机组发生了转子不对中故障。

通过小波变换对采集到的振动信号进行降噪并提取特征频率，利用 Matlab 软件 FFT 模块分析采集的信号，将采集到的故障信号与特征频率进行对比，可以实现煤矿井下水泵故障诊断。实验验证表明，该故障诊断方法诊断精度高、用时短。

9.5　水仓煤泥分级沉淀清淤技术

煤矿井下水仓是煤矿排水系统的重要设施，及时清挖水仓沉积煤泥，确保水仓的有效容积关系到煤矿的排水安全，水仓煤泥性状介于固体和液体之间，清挖困难。水仓煤泥沉积量可达数千立方米，清理工作量大且存在一定的危险。因此水仓煤泥清挖工作一直是煤矿生产管理中的一个难题。以往采取的一些机械化清挖措施，缺乏对煤泥性状的研究，存在各种技术缺陷，至今未能大面积推广应用。

研究煤矿井下水仓煤泥分级沉淀清淤技术，采用两级预沉淀和水仓分级沉淀，将煤泥分级成为类固态和类液态两种状态，并分别按类固态清挖、类液态抽排的组合清理方式，开发了机械化清淤系统设备，取得良好应用效果。

9.5.1　井下水仓煤泥清淤

全矿井各地区的涌水通过巷道引流汇集于水仓之内，再经中央泵房大功率高压泵排至地面，以维持和保证矿井的安全。通常在煤矿井底附近或中央区适当位置，设计有中央正副两个水仓和中央泵房。水仓都与中央泵房联通（见图 9-36）并倒替使用，即一个使用，一个清挖备用。

煤矿井下水仓根据矿井地下水分布情况和涌水量大小以及矿井的排水能力而设计。其目的在于缓存涌水及使水中的携带物尽可能地沉淀于入水仓底部，以便于水仓排水端抽排。整个水仓体低于水平运输大巷 6~8m，其容积、长短从数千立方米到数万立方米，从数十米到数百米不等。水仓断面一般为光爆锚喷的拱形巷道。

矿井水在经过各采、掘现场和巷道流向中央水仓的过程中，携带大量的煤粉、煤块和其他杂质，沉淀到水仓底部，形成水仓淤积煤泥。水仓淤积煤泥不仅占有水仓的有效容积，而且当淤积量过大时，煤泥颗粒进入主排水系统的配水小井，加大主排水系统的磨损，甚至会堵塞主排水泵的吸水口，危及矿井排水安全。因此当水仓煤泥沉淀量达到设计上限量时，会严重影响水仓的使用和排水效果，必须停用并启用另一个水仓。停用的水仓，需立即进行清挖。

《煤炭安全规程》第二百八十条规定，主要水仓的总有效容量不得小于 4h 的

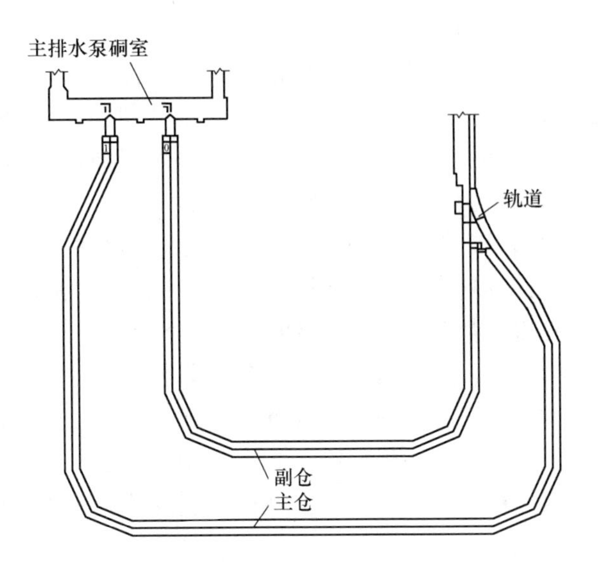

图 9-36　矿井水仓

矿井正常涌水量。水仓的空仓容量必须经常保持在总容量的 50%以上。目前水仓的使用现状是（以冀中能源峰峰集团某矿为例）一水平主水仓有两个，设计总容量为 8382m^3，其中甲水仓 4500m^3，乙水仓 3882m^3，每年雨季来临之前清水仓煤泥一次，淤积煤泥量约为 3350m^3。表面看来水仓的空仓容积可达到 60%。而实际上人工（每天两班，每班 10 人）每清理一个水仓需要 5~6 个月的时间，两个仓交替清理，也就是说全年几乎始终有一个水仓是在清理之中，根本无法发挥容水作用，水仓的有效空仓容积仅为 30%左右。

水仓淤泥属于高黏度、膏体状固液两相流体，形态介于固体和液体之间，在常温常压下不具有流动性，经扰动又呈稀糊状流体，清挖起来十分困难。目前主要的水仓淤泥清理方法主要有：

（1）人工清淤法。人工清挖罐车运输是最原始的清挖方式，人们用铁锹或小筒向罐车内装煤泥，其存在的主要问题有：

1）煤泥沾黏不好操作，劳动强度大，清挖时间长。

2）罐车外运要经斜坡提升只能装 1/2 或 1/3，运输工作量大。

3）罐车中泥浆流洒漏浆，对运输沿途及设备造成严重污染。

4）清理出的煤泥直接排放对地面环境造成污染。

（2）挖装清淤法。利用专门的挖装机械，也就是小型化的装载机，将淤泥装入矿车运出水仓。

（3）刮板清挖法。采用旋向相反的螺旋滚筒将工作位置的淤积煤泥由两侧向中间输送到刮板输送机上，再由刮板输送机装入紧跟在清理机后面的矿车里。

（4）链斗清挖法。采用链轮驱动装置带动链斗按顺时针运转，链斗运行到底部时自行刮物料，至顶部链斗倾翻，把物料倒入矿车。

（5）水射流造浆、泥浆泵清理水仓。该方法的基本工作原理是利用高压水流对水仓淤泥进行稀释和搅拌，然后用抽排设备将淤泥抽吸并输送至过滤设备，物料经过滤设备脱水减量后，装入矿车提升。

通过对水仓煤泥清挖现有技术的分析可知。挖装清淤法、刮板及链斗清挖法是将水仓淤泥作为固体物料来清理，而沉积的淤泥特别是经扰动后会表现出一定的流动性。而且两种方法都要跟随矿车将淤泥运出水仓，矿车途径水仓出口处陡坡时里面淤泥会流失大半，淤泥喷溅污染沿途环境等问题没有得到很好解决，加之设备不稳定，因此一直没有得到推广应用。

水射流造浆、泥浆泵清理法相对而言是较成功的方法，其将淤泥作为流体物料来处理，目前在很多矿井得到使用，但这种方法直接进入水仓清理全部煤泥，且需要对已沉积的煤泥加水搅拌再脱水，耗费能量。实际上效果仍然很不理想，主要问题首先是这一系统在抽排设备对淤泥的收集入料困难；其次是脱水设备技术不过关，稳定性差、维护量大。

9.5.2　分级沉淀清淤技术方案

水仓煤泥分级沉淀清淤技术的基本思路是：从煤泥的淤积特性入手，控制流入水仓的煤泥量，实现动态清理与定时清理相结合，优化水仓清理周期；采用机械化快速清淤设备，缩短清理时间。快速清淤新工艺总体方案如图 9-37 所示，在距煤矿井下水仓入口前的大巷里并联设置两组沉淀池，每组沉淀池又包括一个一级沉淀池和一个二级沉淀池串联布置，一级沉淀池为上宽下窄的斗式结构，二级沉淀池为平流式沉淀池。

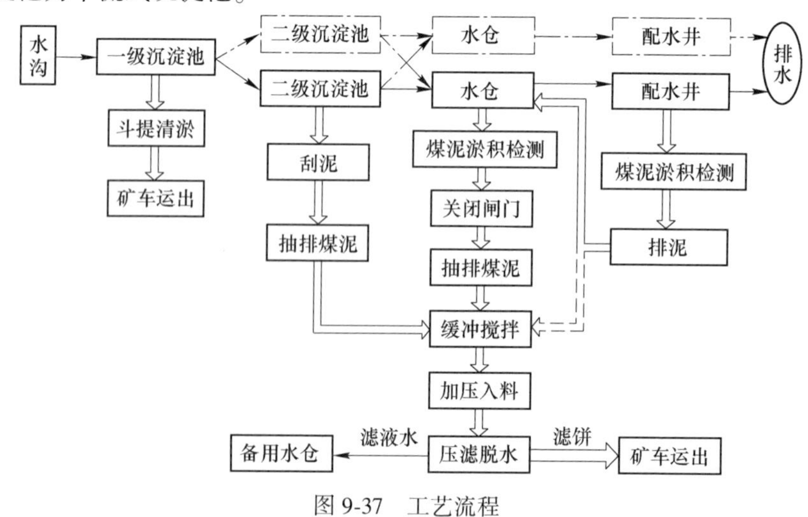

图 9-37　工艺流程

矿井水进入沉淀池后，流速减缓，其中携带的较大煤泥颗粒在重力的作用下在一级沉淀池中沉降，悬浮于矿井水中的细小颗粒在二级沉淀池中进一步沉降。因此可大大减少流入水仓内段的固体颗粒的总量，达到减少水仓深处沉积淤泥的目的。

这样，大部分的清淤工作可以集中于沉淀池的清理，由于沉淀池长度远小于水仓，而且沉淀池布置于具备通风条件的大巷，工作条件好，故便于实现机械化快速清淤。

矿井水经拦截、沉降后，沉积下的煤泥表现为不同的物理特性，一级沉淀池中的煤泥颗粒相对粗大、含水量低、黏度小、流动性差，物理特性接近于固体散料；二级沉淀池和水仓内部的煤泥颗粒细、含水量高、黏度大、经扰动后流动性好，物理特性接近于流体。

因此，可以对沉积淤泥分段处理，采用不同的清挖工艺。一级沉淀池中的煤泥按固体散料清理，采用挖装，二级沉淀池和水仓内部的煤泥按黏性流体清理，采用泵吸抽排，压滤脱水。工艺流程如图 9-37 所示。

该工艺采用了一级沉淀池斗提除渣，二级沉淀池刮泥抽排和主水仓移动抽排相结合的清淤方案。由此，形成了两级沉淀池日常清理，水仓定期清理的动态化、多层次的清淤模式。

9.5.3 煤泥特性

根据水仓煤泥快速清淤新工艺要求，大部分煤泥拦截在沉淀池中，因此要研究煤泥的沉降特性；二级沉淀池和水仓内部煤泥要经脱水处理，因此要对煤泥的颗粒特性进行分析；水仓内部煤泥若经泵吸输送至水仓入口的脱水设备，因此要掌握煤泥的流变特性。

9.5.3.1 煤泥的沉降特性

根据河流动力学的相关理论，在水流作用下河床表面附近以滑动、滚动或跳跃方式运动的泥沙颗粒称为推移质。泥沙颗粒的运动方式与水流强弱、颗粒大小和形状及其在床面所处的相对位置有关。对于组成相同的床沙，如流速较小，泥沙颗粒基本上作推移质运动；流速加大后，一部分泥沙颗粒跃离床面进入主流区，悬浮在水中随水流运动，成为悬移质。

当矿井水以层流流动时，可以采用静水沉降试验结果近似表示煤泥的沉降特性。分别为从距水仓入口 20m、150m、300m 提取的煤泥样本和入流水仓的矿井水样本。由试验结果绘制的沉降率和沉降时间关系曲线如图 9-38 所示。

由沉降实验可以看出，当矿井水以层流流动 3min 左右，平均颗粒沉降率达到 50%。由于雷诺数 $Re<2000$ 为层流状态，如果式中矿井水密度 ρ 取 1.05kg/L，矿井水动力黏度 μ 取 1.14kPa · s，矿井水流量 Q 取 1000m^3/h，代入式 $Re=\rho vr/\mu$

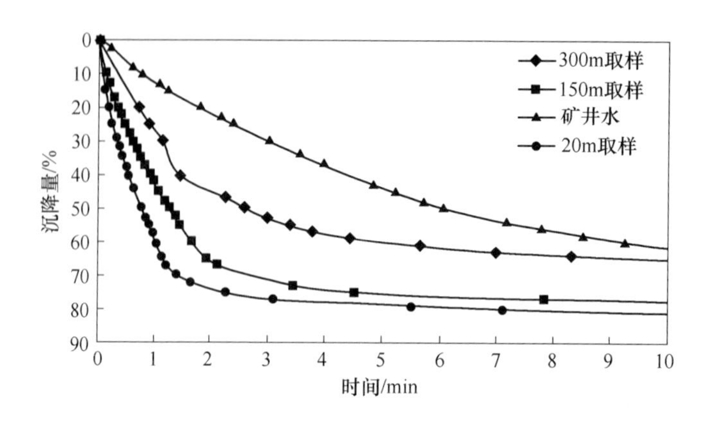

图 9-38　沉降率和沉降时间的关系曲线

可得沉淀池过流断面面积和所需沉淀距离。

9.5.3.2　煤泥的颗粒特性

粒径是指被测物料的单个颗粒固体在处于自由状态时的空间等效尺寸，不同粒径的颗粒组合叫粒度级配。井下水仓的煤泥来源很复杂，既有大于 10mm 的大颗粒，也有小于 0.045mm 的微细颗粒，还有处于两者之间的大量粗颗粒。

A　粒度组成

水仓清淤一个重要的环节是煤泥脱水，因此小于 0.5mm 的煤泥需要采用压滤脱水，当煤泥沉降段小于 0.075mm 粒径颗粒含量很少，则该段煤泥脱水相对容易；当进入到极细颗粒区域时脱水过程就会很困难，因此需要进行小筛分实验分析。由于采用小筛分已经无法准确测定其真实的粒度组成，故需要进行激光粒度测定分析（见图 9-39）。

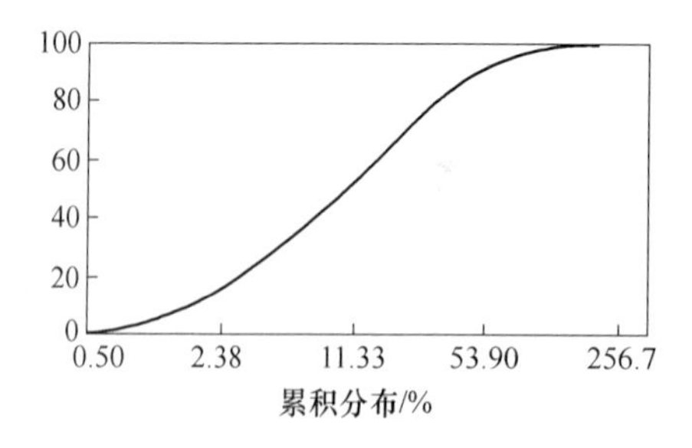

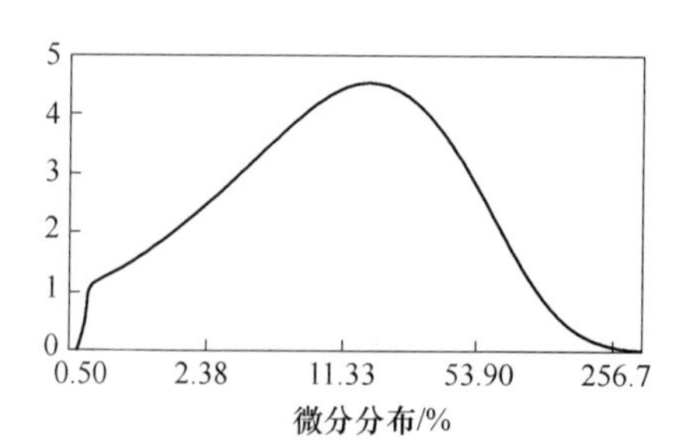

图 9-39　煤泥颗粒的累计分布和微分分布曲线

B　过滤性能判定

由于-200 网目（0.075mm）含量较大，因此对-0.075mm 粒径煤泥进行产

表 9-14 煤泥过滤性能判定表

粒径/mm	产率/%	灰分/%
>0.5	2.83	67.62
0.5~0.3	4.17	69.96
0.3~0.2	1.77	66.27
0.2~0.15	3.85	59.03
0.15~0.1	2.28	50.52
0.1~0.075	1.66	54.34
<0.075	83.44	53.87

根据煤泥过滤难易程度的评价准则：$K=A\times\sqrt{W}$

W——<0.075mm粒径颗粒的含量，%

A——<0.075mm灰分的含量，%

K——评价准则

$K<100$	$K=100\sim200$	$K=200\sim300$	$K>300$
很好过滤	好过滤	难过滤	很难过滤

率和灰分分析，初步判定煤泥的过滤性。从表 9-14 中的经验公式可以得出：

$$K = 53.87 \times \sqrt{83.44} = 492 > 300 \tag{9-23}$$

根据数据初步判定此煤泥很难过滤。通过这项分析可以初步判断细颗粒及极细颗粒段的滤布选择（结合 pH 值），还可判定是否需要添加助滤药剂（结合 pH 值）。

C 黏土组成分析（水仓末端沉降段）

要采用 X 射线衍射的方法对煤泥进一步进行黏土分析。判定煤泥的泥化程度，其中蒙脱石遇水呈几十倍膨胀生成极细颗粒，其分子结构呈片状。当这部分成分含量多时，脱水就变得异常困难，因此需要添加合适的药剂对煤泥进行改性，使其形成絮团，提高脱水效率，并结合实验确定药剂添加量。

9.5.3.3 煤泥的流变特性

煤泥属于非牛顿流体，相同剪切速率下，浓度越高其剪切应力越大，也就是相同管径和流量下输送阻力越大，煤泥在仅靠重力脱水的情况下质量浓度最高不超过 55%~65%，因此实验针对浓度为 55%~65%的煤泥，测试温度为室温 23℃，测试仪器：NXS-11 型旋转黏度计。对沿程阻力损失 Δp 的计算，工程上常用公式

$$\Delta p = 4f\frac{L}{D}\frac{\rho V^2}{2} \tag{9-24}$$

式中 f——范宁摩阻系数，可以通过上面实验数据解析得出；

L——管路长度；

D——管道直径；

ρ——煤泥密度；

V——平均流速。

知道沿程阻力损失 Δp，就可以合理选用输送管道和抽排泵的设备。当输送管道内径取 100mm，设计流量取 $40m^3/h$ 时，输送阻力和煤泥浓度间的关系曲线如图 9-40 所示。

通过对煤泥的特性研究发现，可以通过雷诺数确定矿井水过流半径，通过沉

降实验确定煤泥颗粒沉降率与沉降时间的关系，进而为沉淀池的过流断面和长度的选择设计提供依据；由煤泥的颗粒特性研究发现，矿井水经沉淀溢流后所含颗粒小于 0.075mm 粒径颗粒含量少，则煤泥脱水相对容易，当进入到极细颗粒区域时脱水过程就会很困难；当输送管道内径取 100mm，设计流量取 $40m^3/h$ 时，输送阻力一般在1～8kPa。

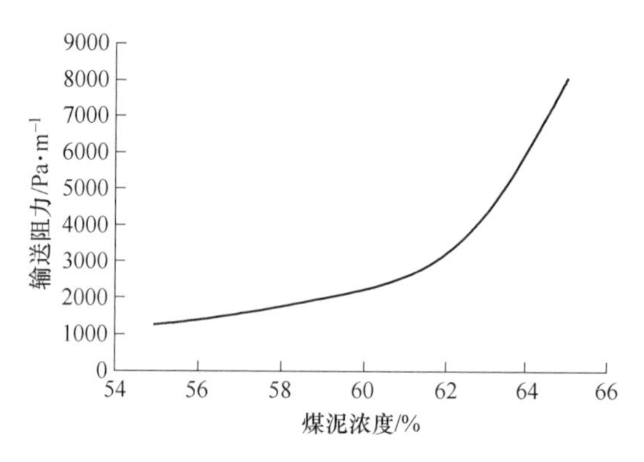

图 9-40　输送阻力和煤泥浓度的关系曲线

9.5.4　水仓清挖系统设备

水仓清挖系统设备如图 9-41 所示，由可移动抽排设备、清淤专用防爆压滤机、振动筛分及搅拌装置、防爆电气控制系统、斗式脱水清挖机以及排污潜水泵、刮泥机、加压泵等设备组成。

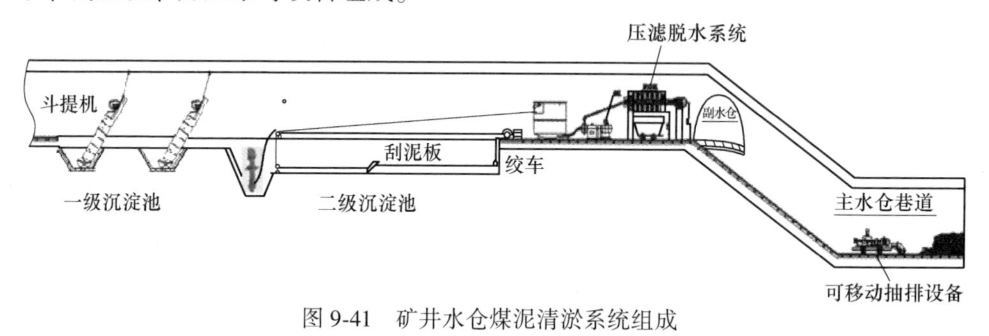

图 9-41　矿井水仓煤泥清淤系统组成

9.5.4.1　可移动式抽排设备

可移动式抽排设备由行走机构、集料搅拌机构和矿用隔爆型抽排泵组成，如图 9-42 所示。行走机构采用液压马达驱动，通过传动装置带动轮子在轨道上或水仓内行走，方便移动清挖水仓，更加及时有效。集料搅拌机构由一个内置有搅拌叶片的铲斗构成，铲斗底部连接抽排泵管道，铲斗绞结在行走机构上。

矿用隔爆型抽排泵为一种利用螺杆的旋转产生容积变化原理吸排液体的泵，它的主要工作部件是偏心螺旋体的螺杆（称转子）和内表面呈双线螺旋面的螺杆衬套（称定子）。其工作原理是当电动机带动泵轴转动时，螺杆一方面绕本身的轴线旋转，另一方面它又沿衬套内表面滚动，于是形成泵的密封腔室。螺杆每转一周，密封腔内的液体向前推进一个螺距，随着螺杆的连续转动，液体以螺旋形方式从一个密封腔压向另一个密封腔，最后挤出泵体。

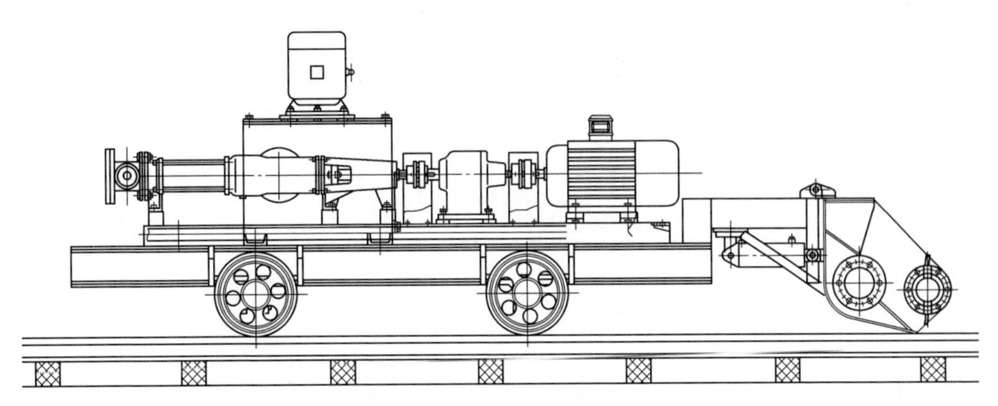

图 9-42 可移动式抽排设备

9.5.4.2 清淤专用压滤机

清淤专用压滤机为防爆型板框压滤机，用于对从二级沉淀池和水仓内部抽排出的煤泥进行压滤脱水。QW-Y 型清淤专用压滤机（图 9-43）主要技术性能参数如下：

回收粒度：0.02～3mm；

清挖量：3～5t/h（脱水后煤泥）；

入料浓度：≤50%；

回收煤泥水分含量：≤27%；

水仓长度：≤500m；

电压：660/1140V；

最大设备外形尺寸：4200mm×1530mm×1560mm

9.5.4.3 斗式脱水清挖机

井下主水仓一级沉淀池（预沉淀池）沉积煤泥的清挖设备为斗式脱水清挖机，如图 9-44 所示，适用于块状或颗粒状的物料。料斗把煤泥从预沉淀池中舀起，随着输送带或传动链提升到顶部，矿井水经过斗底的小孔滤出，绕过顶轮后向下翻转，斗式提升机将物料倾入接收槽内。

物料在提升运输过程中，在斗子内自行脱水，物料的水分一般可以控制在26%以下，可以直接装入矿车或转载至皮带运输。

TSQW-20 型斗式脱水清挖机主要技术参数：

生产能力：8～15t/h；

倾斜长度：5～25m；

倾角：50°～70°；

输送粒度：0～100mm；

料斗宽度：200～400mm；

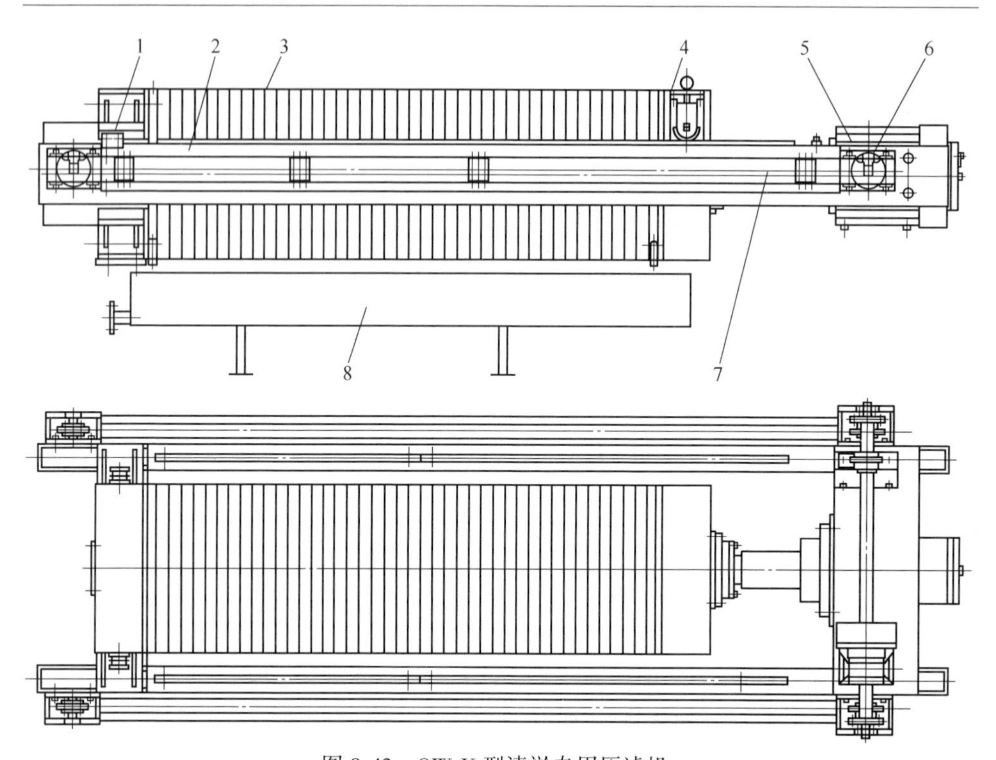

图 9-43　QW-Y 型清淤专用压滤机

1—固定压板组件；2—大梁组件；3—滤板组件；4—活动压板；
5—油缸座组件；6—拉板机构；7—护罩组件；8—接水槽

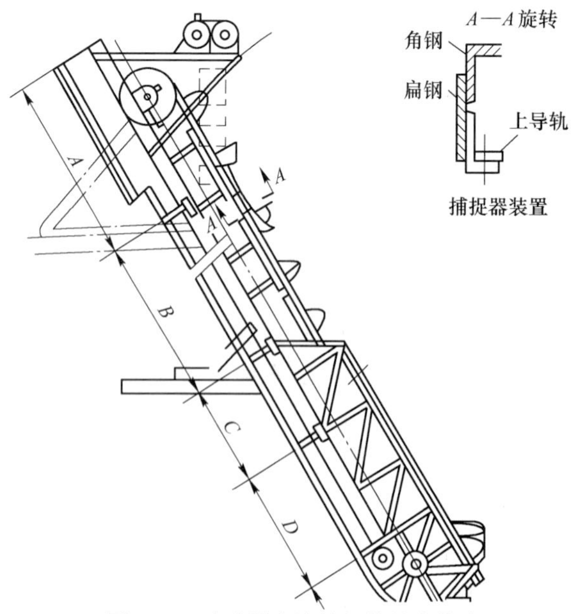

图 9-44　斗式脱水清挖机的基本构造

料斗间距：640mm；

功率：1.5kW；

减速比：1∶50。

9.5.4.4 振动筛分及搅拌装置

抽排煤泥进入压滤机前要进行筛分搅拌，筛分及搅拌装置由振动筛和搅拌桶组成，如图 9-45 所示。抽排煤泥先经过振动筛，振动筛将煤泥中较大颗粒筛分出来，筛上物直接运出，筛下物再进入搅拌桶，可有效减少压滤脱水煤泥量，提高效率，降低大颗粒煤泥对压滤机的损害。

图 9-45 振动筛分及搅拌装置

采用煤矿井下水仓煤泥分级沉淀清淤技术后，近 2/3 的煤泥在进入水仓前自动拦截清理，防治结合，煤泥占用水仓的容积为原来的 1/3，需要进入水仓清理的煤泥量和清挖煤泥占用水仓时间下降为原来的 1/3，清仓效率大幅度提高，节约大量人工成本，而且提高了水仓的有效容积和有效使用时间。

经沉淀拦截后进入水仓的煤泥颗粒明显变细，更有利于提高抽排效率，延长了抽排泵和压滤机 30%的使用寿命。减少了流入水仓煤泥颗粒，降低了对煤矿主排水系统的磨损，对保证煤矿排水安全有明显效果。

参 考 文 献

[1] 杨景峰. 基于虚拟现实技术的煤矿三维可视化展示系统设计 [J]. 陕西煤炭，2019，38（4）：127~129，81.

[2] 王立梅. 三维可视化建模技术在矿山设计中的应用 [J]. 煤矿安全，2018，49（11）：121~124.

[3] 赵丽娜，赵倩，宋保健. 基于 Petri 网的矿井排水系统多源信息故障诊断 [J]. 电子技术，2018，47（05）：73~76，72.

[4] 张龙. 矿井机电设备故障及其诊断 [J]. 机械管理开发，2017，32（09）：64~65.

[5] 张磊．煤矿井下煤质预测及工作面三维可视化研究与实现［D］．西安：西安科技大学，2017.
[6] 华丰．煤矿完善三维可视化系统［J］．中国矿山工程，2017，46（1）：76.
[7] 张海峰．矿井自动排水系统故障诊断技术研究与实现［D］．北京：煤炭科学研究总院，2016.
[8] 王东升，张登攀，田振华．煤矿排水三维可视化在线监测系统构建模式［J］．装备制造技术，2015（06）：265~267.
[9] 赵志娟，陈惠英．基于SOA的煤矿三维可视化系统研究［J］．煤炭技术，2015，34（4）：316~318.
[10] 王东升．煤矿排水三维可视化在线监测系统研究［D］．焦作：河南理工大学，2015.
[11] 张国平．煤矿生产三维可视化综合管理系统的设计与实现［D］．西安：西安电子科技大学，2015.
[12] 焦龙潇．三维可视化技术在数字煤矿中的应用［D］．北京：中国地质大学（北京），2014.
[13] 李杨，杨天鸿，刘洪磊，等．大安山煤矿三维可视化系统的建立及安全监测分析［J］．采矿与安全工程学报，2014，31（02）：277~283.
[14] 张志强，王嫣．矿井排水计算机控制及故障诊断系统开发［J］．煤炭技术，2014，33（1）：59~61.
[15] 周娟．矿井主排水装置状态监测及故障诊断技术开发［D］．太原：太原理工大学，2013.
[16] 于治福，李旭鸣，商德勇，等．基于PLC的煤矿主排水泵自动控制系统设计［J］．煤矿机械，31（1）：24~26.
[17] 赵洪建．基于三维可视化平台的煤矿综合自动化系统设计［J］．工矿自动化，2012，38（10）：63~66.
[18] 张伟，汪雄海．一种新颖的排水系统故障诊断方法［J］．科技通报，2009，25（6）：835~838.
[19] 薛彩龙．基于VR技术的井下排水可视化监测系统研究［J］．机械管理开发，2018，33（10）：106~107.
[20] 张令涛．矿井三维建模与可视化系统设计与实现［D］．邯郸：河北工程大学，2015.
[21] 付胜，张亚彬．基于模糊理论的水泵监测及故障诊断系统开发［J］．北京工业大学学报，2012，38（7）：1008~1012.
[22] 杨波，王金全，刘启国．阀门电动执行机构故障诊断研究［J］．阀门，2007（1）：36~38.
[23] 李文宇．基于超限学习机的煤矿井下水泵故障诊断研究［J］．江西煤炭科技，2019，（1）：100~101.
[24] 臧薇．基于支持向量机的煤矿井下水泵故障诊断研究［J］．煤炭技术，2017，36（6）：258~260.
[25] 张海峰．矿井自动排水系统故障诊断技术研究与实现［D］．北京：煤炭科学研究总

院，2016.

[26] 薛彦波 . 基于小波变换的煤矿井下水泵故障诊断 [J]. 煤矿机械，2015，36（4）：307~309.

[27] 谭爱兵 . 煤矿井下水泵的故障诊断和自动控制系统的设计 [J]. 煤矿现代化，2014（6）：54~56.

[28] 李震 . 煤矿井下水泵性能分析状态监控与故障诊断系统研究与应用 [D]. 北京：中国矿业大学，2014.

[29] 马苏湖 . 煤矿井下水泵性能监测和故障诊断系统的研究 [D]. 淮南：安徽理工大学，2011.

[30] 张伟元，张朋飞，潘越，等 . 基于正压给水的矿井自动排水控制系统设计 [J]. 煤矿安全，2020，51（2）：128~131.

[31] 潘越，张朋飞，左光宇，等 . 基于 PLC 的矿井主排水泵变频调速系统设计 [J]. 自动化与仪表，2018，33（10）：28~32.

[32] 潘越，张朋飞，左光宇，等 . 基于 PLC 正压给水的矿井自动排水系统 . 中国版权保护中心，流水号：2019R11L447479.

[33] 张朋飞 . 基于前置泵正压给水的矿井排水控制系统研究 [D]. 邯郸：河北工程大学，2019.

[34] 庞懿元 . 正压给水工况下的矿井主排水泵特性研究 [D]. 邯郸：河北工程大学，2018.

[35] 张恩瑜，庞懿元，潘越 . 基于时间序列与小波分离的畸变信号的分析 [J]. 科技创新与应用，2017（28）：24~25.

[36] 潘越，庞懿元，刘永生，等 . 矿井主排水泵压入式补水的效率分析 [J]. 煤炭技术，2017，36（7）：213~215.

[37] 薛彦波 . 基于小波变换的煤矿井下水泵故障诊断 [J]. 煤矿机械，2015，36（4）：307~309.

[38] 李震 . 煤矿井下水泵性能分析状态监控与故障诊断系统研究与应用 [D]. 北京：中国矿业大学，2014.

[39] 潘越，张凯 . 阀门小开度对突扩管流下游脉动压力特性的影响 [J]. 排灌机械工程学报，2020，38（5）：488~493.

[40] 潘越，左光宇，张朋飞，等 . 正压给水的主排水泵启动特性仿真分析研究 [J]. 煤矿机械，2020，41（2）：50~52.

[41] 刘洋 . 井工矿山正压给水前置泵串级调速技术研究 [D]. 邯郸：河北工程大学，2019.

[42] 刘志民，刘洋，魏振宇，等 . 矿山排水前置泵串级调速技术实验模拟 [J]. 煤矿机械，2019，40（6）：54~57

[43] 赵丽娜 . 基于 Petri 网的井下排水系统故障诊断算法研究 [D]. 青岛：山东科技大学，2016.

[44] 潘越，张伟杰，赵喜敬，等 . 基于遗传算法的水仓清理机传动机构的优化设计 [J]. 煤矿机械，2005，7：24~26.

[45] 潘越，赵学义，陈洁，等 . 浓密膏体输送管道正向压力传感装置的研制 [J]. 仪表技术

与传感器，2008，5：78～79.

[46] 申秀颀，孙鹏程，潘越，等．井下水仓煤泥压滤脱水机的 PLC 控制系统［J］. 煤矿机械，2012，11：245～247.

[47] 潘越，孙鹏程，陈尉，等．井下水仓煤泥水沉降特性研究［J］. 煤，2013，22（2）：4～5.

[48] 潘越，王帅，王朋，等．抽挖双用煤矿水仓清挖机：中国，201410168039.4［P］. 2016-04-27.

[49] 任书堂，孟国营，潘越，等．一种井下水仓煤泥淤积量检测装置：中国，201220479595.X［P］. 2013-03-13.

[50] 孙鹏程．井下水仓清淤技术研究及关键设备控制［D］. 邯郸：河北工程大学，2013.

[51] 中矿佳越科技（北京）有限公司，潘越，左光宇，等．矿井正压给水潜水泵调速系统 V1.0：中国，2019SR1117918［P］. 2019-11-05.

[52] 左光宇．矿井主排水泵启动特性及集成化监测的研究［D］. 邯郸：河北工程大学，2020.

[53] 马浩，潘越，杨帆，等．基于 PumpLinx 的叶片出口安放角对离心泵内外性能影响的研究［J］. 煤矿机械，2020（5）：60～63.

[54] 张凯．突扩截面管流流场及脉动压力特性分析［D］. 邯郸：河北工程大学，2020.

[55] 中矿佳越科技（北京）有限公司，潘越，张泽鹏，等．潜水泵自动保护系统 V1.0：中国，2019R11L1074297［P］. 2019.